新工科建设之路·计算机类专业精品教材

数据与计算科学基础

陈展荣　余宏华　林龙新　主　编

梁里宁　周　珊　副主编

U0291288

电子工业出版社·

Publishing House of Electronics Industry

北京·BEIJING

内 容 简 介

本书提出了以理解数据和处理数据为目标的计算生态的教学理念，全面系统地介绍了数据与计算科学基础的基本理论与方法。本书主要内容包括数据与计算概述、计算机系统、数据的表示、算法、计算机语言与程序、数据收集与预处理、数据计算、数据分析与可视化。

本书内容丰富，结构清晰，在重点讲解各种算法思想的基础上，通过数据分析与可视化的各种应用案例，进行多维度的"数据思维"训练，以满足读者对理解"信息技术跨学科赋能"的现实需求。同时本书附赠电子教学课件、案例源文件和结果文件，以方便教学。

本书适合作为普通高等学校大学计算机通识教育教材使用，也适合对数据与计算感兴趣的读者阅读。

图书在版编目（CIP）数据

数据与计算科学基础 / 陈展荣，余宏华，林龙新主编. —北京：电子工业出版社，2022.6
ISBN 978-7-121-43764-9

Ⅰ. ①数… Ⅱ. ①陈… ②余… ③林… Ⅲ. ①计算机科学－高等学校－教材 Ⅳ. ①TP3

中国版本图书馆 CIP 数据核字（2022）第 101347 号

责任编辑：孟　宇
印　　刷：三河市鑫金马印装有限公司
装　　订：三河市鑫金马印装有限公司
出版发行：电子工业出版社
　　　　　北京市海淀区万寿路 173 信箱　　邮编：100036
开　　本：787×1092　1/16　印张：13.25　字数：340 千字
版　　次：2022 年 6 月第 1 版
印　　次：2022 年 10 月第 2 次印刷
定　　价：49.80 元

凡所购买电子工业出版社图书有缺损问题，请向购买书店调换。若书店售缺，请与本社发行部联系，联系及邮购电话：(010) 88254888，88258888。

质量投诉请发邮件至 zlts@phei.com.cn，盗版侵权举报请发邮件至 dbqq@phei.com.cn。

本书咨询联系方式：mengyu@phei.com.cn。

前　言

最近几年，全国高校计算机基础教育课程改革主要围绕"信息技术赋能"这个主题展开，"大学计算机基础"作为计算机基础教育的核心课程，其跨学科交叉融合与赋能正越来越受到人们的广泛重视。随着大数据技术的发展，人们对身边大量数据的价值越来越重视，对数据进行分析与处理的意识也在不断增强，很多高校都尝试把计算机科学的基本理论与数据分析处理的相关技术进行融合，做到真正地把信息技术进行跨学科赋能。因此，编写一本信息技术跨学科赋能的"大学计算机基础"教材，满足"双一流"高校新学科建设及非计算机专业大学生的广泛需求，是我们多年来在计算机基础教学过程中一直在探索的目标。

本书以数据为主线，以计算为引擎，在介绍数据与计算、计算机系统、数据的表示的基础上，重点讲解各种常用算法，同时结合具体的实例讲解应用 Excel、VBA 实现数据分析处理的理论与方法。本书共分 8 章，章节的构架按照由浅入深、循序渐进的思路进行。

第 1 章介绍数据的概念、计算的概念、计算机模型、网络、大数据与云计算，并对数据和计算之间的关系进行梳理。

第 2 章以"计算引擎"的全新视觉介绍计算机软硬件的基础知识。

第 3 章介绍计数系统与数制、各类数据的表示法以及数据存储等，并从不同维度分析数据的存储方法。

第 4 章介绍算法特性、算法结构、常用算法设计及递归与分治法。

第 5 章系统地介绍数据计算所需的计算生态。

第 6 章从不同维度介绍数据收集的方法和预处理的全过程。

第 7 章介绍运用各种函数进行字段计算，利用"公式填充"实现简单的递推计算，Excel 中的算法推演，以及 VBA 在数据计算中的应用。

第 8 章通过介绍基础统计分析、数据挖掘中的关联分析、聚类分析与时间序列分析等，让读者切实体会信息技术跨学科赋能的真正应用。数据可视化以易于感知的图形符号将数据呈现给读者，让读者交互地理解数据。

本书结构清晰、内容丰富、取材新颖，采用理论与实践相结合的讲述方法，在内容编写上注重理论知识的实用性和方法的可操作性，通过大量实例让读者直观、快速地通过 Excel 环境中的数据处理功能及 VBA 编程，实现对数据的分析和处理。此外，本书除了配有一定数量的练习题供读者对所学知识加以巩固，还有与本书配套的辅助教材《数据科学基础实践教程》，在学习中配合使用将会得到更好的效果。

全书内容由陈展荣规划，第 1、2 章由林龙新编写，第 3、4 章由余宏华编写，第 6 章由陈展荣编写，第 5、7、8 章由陈展荣、林新龙、梁里宁、周珊共同编写，最后由陈展荣统稿，由周珊审校整个书稿。

书中的纰漏和不足之处在所难免，敬请读者提出宝贵意见和建议，你的反馈是我们继续努力的动力，本书的后续版本也将更臻完善。

感谢电子工业出版社对本书的鼎力相助，感谢作者所任教的暨南大学

本书的出版得到了暨南大学本科教材资助项目的支持。

编 者

2022 年 5 月

目　　录

数据与计算概述

当前，物联网、大数据、人工智能等新一代信息技术正深刻地改变着人们的生活方式。2019 年 4 月，教育部、科技部等 13 个部门在天津联合启动"六卓越一拔尖"计划 2.0，全面推进"新工科、新医科、新农科、新文科"建设。我国在新工科建设方面，推动各高校加快构建大数据、智能制造、机器人等 10 个新兴领域的专业课程体系；在新医科建设方面，开设精准医学、转化医学、智能医学等新专业；在新农科建设方面，以现代科学技术改造提升现有的涉农专业，布局适应新产业、新业态发展需要的新型涉农专业。在新文科建设方面，推进经济、金融、管理、哲学社会科学与新一轮科技革命、产业变革的交叉融合。在这样的背景下，数据科学已经成为新工科、新医科、新农科、新文科中"新"的重要组成部分，也是该学科是否能够成功发展的关键元素之一。

1974 年，著名计算机科学家、图灵奖获得者 Peter Naur 在其著作《计算机方法的简明调研》的前言中首次明确提出了数据科学（data science）的概念，即"数据科学是一门基于数据处理的科学"，其核心内容为"数据"和"处理"，在计算机领域中，"处理"等同于"计算"。

数据科学是利用科学方法、流程、算法和系统从数据中提取价值的跨学科领域。数据科学家综合利用一系列技能（包括统计学、计算机科学和业务知识）来分析从网络、智能手机、客户、传感器和其他来源收集到的数据。数据科学家揭示趋势并产生见解，企业可以利用这些见解做出更好的决策并推出更多创新产品和服务。数据是创新的基石，但是只有数据科学家从数据中收集信息，然后采取行动，才能实现数据的价值。

无疑，当今社会，以计算机、互联网通信为主的相关技术是学习数据科学的有力工具，计算机的核心功能是对输入的数据进行分析、加工、处理和存储等，而这些工作需要依赖相应的程序通过"计算"来完成。本章重点围绕"数据"和"计算"两个主题进行简要描述。

1.1 数据的概念

数据（data）是源于拉丁语的复数词，最早出现于 1648 年，英国神职人员亨利·哈蒙德出版的一本宗教小册子中使用了"数据"这个词。在此书中，哈蒙德在神学意义上使用了"数据堆"这一短语，来指称无可争辩的宗教真理。虽然本书在英语中首次使用了"数据"这一术语，但它与现在表示"一个有意义的事实和数值总体"并不是同一个概念，我们现在所理解的"数据"，源于 18 世纪由普里斯特利、牛顿和拉瓦锡等科学巨人引领的科学革命。数字时代的数据在计算机广泛使用之前，人口普查、科学实验或精心设计的抽样调查和调查问卷的数据都记录在纸上。数据收集只有在研究人员确定他们想要对实验或调查对象询问哪些问题后才能进行，收集到的这些高度结构化的数据按照有序的行和列转录到纸张上，然后通过传统的统计分析方法进行检验。到 20 世纪上半叶，有些数据开始被存储到计算机中，这有助于缓解部分劳动密集型工作的压力，但直到 1989 年万维网的推出及其快速发展，以电子方式生成、收集、存储和分析数据才变得越来越可行，这也是现代意义上的"数据"。

数据和信号、消息、信息等概念是息息相关的，它们之间有着紧密的联系和细微的差别。为深刻理解数据和计算的内涵，需要进一步理清这些概念。

1.1.1 信号、消息、信息和数据

1. 信号

信号（signal）是消息的传输载体，是承载消息的工具，如光信号、声音信号、电磁波信号等，其本身在某种程度上具有特定的意义，我们可以通过一种特殊的方法来识别其含义。例如，在电信系统中，传输的是电信号，为了将各种消息（如一张图片）通过通信线路传输，必须首先将消息转变成电信号（如电压、电流、电磁波等）；人类通过眼、耳、口、鼻所感知的各种声波、电磁波、光波、气味等各种来自客观世界的外在刺激都属于信号。信号分为两大类，即模拟信号和数字信号。

模拟信号（analog signal）是指信号所承载消息的参量取值是连续（不可数、无穷多)的，如电话机送出的语音信号，其电压瞬时值是随时间连续变化的。因此，模拟信号有时也称连续信号，这里连续的含义是指信号所承载消息的参量连续变化，在某一取值范围内可以取无穷多个值。

数字信号（digital signal）是指信号所承载消息的参量取值是离散的（可数、有限多），如电报机、计算机输出的信号。最典型的数字信号是只有两种取值的信号，如低电平和高电平。

2. 消息

消息（message）在不同的地方有不同的含义。在本书中消息是指信号所承载或者表示的内容，是通信系统通过光、电、电磁波等信号传输的对象，它是信息的载体，如语音、音乐、图片、文字、符号、数据等。类似信号的分类，消息也可以分成两大类，即连续消息和离散消息。连续消息是指消息的状态是连续变化或不可数的，如语音、温度数据等；离散消息则是指消息具有可数的有限个状态，如符号、文字、数字数据等。

3. 信息

信息（information）是消息中所包含的有效内容。信息与消息的关系可以这样理解：消息是信息的载体和表现形式，而信息是消息的内涵。

"信息"一词在英文、法文、德文、西班牙文中均是"information"，日文中为"情报"，我国台湾和香港地区称之为"资讯"，我国古代用的是"消息"。20 世纪 40 年代，信息的奠基人香农（C.E.Shannon）给出了信息的明确定义，此后许多研究者也从各自的研究领域出发，给出了不同的定义。具有代表意义的表述如下：

（1）香农认为"信息是用来消除随机不确定性的东西"，这一定义被人们看成经典性定义并加以引用。

（2）控制论创始人维纳（Norbert Wiener）认为"信息是人们在适应外部世界，并使这种适应反作用于外部世界的过程中，同外部世界进行互相交换的内容和名称"，它也被用作经典性定义并加以引用。

（3）经济管理学家认为"信息是提供决策的有效数据"。

在本书中，我们认为信息是对消息进行加工和处理后的内容。如前面所说的，消息是信息的载体和表现形式，信息是消息的内涵。例如：给定一篇纸质学术论文，这篇论文所包含的全部文字，可以被认为是消息；当读者对其进行分析、理解后，归纳出来的阅读笔记可以被认为是信息。

4．数据

本书所描述的数据是计算机根据特定规则记录信息的排列和组合的物理符号，它可以被认为是消息的二进制编码序列，这些消息可以是数字、文本、图像，也可以是计算机代码。数据可以描述现实世界所有物质的各种性质、状态变化等。

数据和信息之间有细小的差别，数据是信息的来源，是获取信息的事实或细节。数据是需要处理的、原始的、无组织的事实，在它被组织和处理之前，它是简单的、看似随机的事物。而信息是数据被处理、组织之后有用和富有含义的事物。例如，一个班级学生的学习成绩表可以被看成一张数据表格，而平均成绩可以被认为是对这些给定数据进行计算、处理后的信息。

简而言之，我们可以这样看待信号、消息、数据和信息：

（1）信号是消息的传输载体，以声波、光、电磁波等方式来呈现，被人们所识别。

（2）消息是信息的物理形式，如语音、文字、图像、数字等。

（3）数据是计算机对消息进行二进制编码之后获得原始物理符号序列。

（4）信息是消息通过计算、处理、组织后的有效内容，通常是对消息所表示的数据处理后的结果。

下面将通过具体的实例进一步描述现实世界中的各种信号、计算机的消息、信息、数据模型之间的转换过程。

1.1.2　现实世界的数据模型

当前，现实世界中的万事万物，以及人的思维、计算机之间的关系如图 1-1 所示，其内涵如下：

（1）在现实世界中的各种物体、对象、现象，无论是具体的还是抽象的，都能通过光、电磁波、声音、气味等各种信号被人们的器官如眼、耳、口、鼻等所感知，如在图 1-1 中人们看到的红色苹果、听到的声音等。

（2）人们通过大脑的已有认知对这些外在信号所承载的消息进行了相应的转换，以数学、文字的方式建立相应的符号模型，即数学模型和文字模型。如图 1-1 中人脑所获得的用数学、文字方式表达的消息，例如："1+1+0.5 个苹果""意大利足球队获得 2022 年世界杯冠军"等。

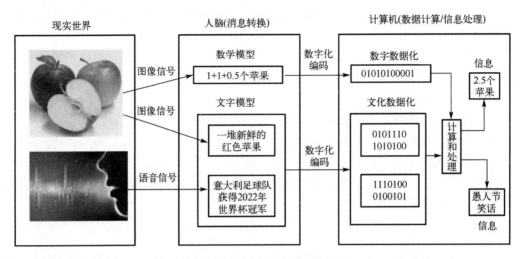

图 1-1　现实世界的数据模型

（3）人们基于数学计算和逻辑推理，对所获得的消息进行计算、加工和处理，以形成进一步的知识。然而，在发明电子计算机之前，这种依赖人脑的计算、推理效率比较低。因此，数学家、科学家等通过孜孜不倦的科学研究和工程实践发明了各种计算工具，如从机械式的算盘、计算尺到现代功能强大的电子计算机，无非是寻找一个工具来提升人们进行计算、推理的效率。从这个方面而言，电子计算机在很大程度上替代了人脑，因此又被称为"电脑"。

（4）由于现代计算机只能处理由 0 和 1 组成的数字序列，因此它通过数字化编码技术将人们所熟悉的数字、文字、声音、图像等形成各种各样的"数据"。

（5）计算机通过"计算"功能对原始数据进行处理和加工，进一步形成了新的信息。在日常生活中，大家常常把数据和信息等同看待，事实上它们之间有细微的差别。如图 1-1 中，"2.5 个苹果""意大利足球队获得 2022 年世界杯冠军是一个愚人节笑话"之类的信息。

1.1.3　结构化数据和非结构化数据

如图 1-1 所示，数据的主要来源是现实世界的各种具体或抽象的物体、现象、观念等，人类通常经过大脑进行数字、文字的建模，然后对这些数字和文字等通过编码的方式形成，其关系如表 1-1 所示。

表 1-1　数据和物体、数字、文字之间的关系

自然界	人类思维模型	数据
各种常见的物体、现象或概念等	自然语言模型（文字）的核心是名词，如苹果、意大利、世界杯、笑话等	对这些文字进行二进制编码后形成的内容，如将"苹果"编码成"00111011"
某些满足数学运算规则的物体、对象或者概念等	各种数学对象，如整数、实数、矩阵、向量、集合等	对这些数学对象进行二进制编码所形成的内容，如把整数"9"编码成"1001"

其实数据都是有类别之分的。在数据分析和处理的过程中，我们会接触到很多数据，可以将这些数据根据结构划分为三种：结构化数据、半结构化数据和非结构化数据。

1. 结构化数据

结构化数据一般是指可以使用关系型数据库表示和存储的数据，即可用二维表来逻辑表达实现的数据。例如，为了表示一个班级学生的基本信息，需要为班上每名学生准备一条数据，这些数据都具有相同的结构，由"学号、姓名、性别、电话号码、地址"来描述，多条数据会构成如表 1-2 所示的二维表结构。

表 1-2　班级学生的基本信息表

学号	姓名	性别	电话号码	地址
2022001	张三	女	13527866202	湖北省武汉市
2022002	李四	男	13629866202	广东省广州市天河区
2022003	王小二	男	18027856208	广东省深圳市福田区

在结构化数据中，数据以行为单位，一行数据表示一个实体的信息，每行数据的属性都是相同的，即每行数据描述的实体具有相同的属性结构，这些属性字段的类型为数字、文本或其他类型。结构化数据的主要理论是关系代数数据模型，而由关系代数构建的结构化数据管理系统就是我们熟悉的关系数据库，典型代表有 Oracle、MySQL、SQL Server 等。结构化数据的存储和排列都是很有规律的，这对查询和修改等操作很有帮助，对于结构化数据而言，通常是先有结构再有数据，而对于下面所要描述的半结构化数据来说则是先有数据再有结构。

2. 半结构化数据

半结构化数据可以看成结构化数据的另外一种形式，它并不符合关系型数据库或以其他数据表形式关联起来的数据模型结构，但包含相关标记。半结构化数据用来分隔语义元素及对记录和字段进行分层，其数据的结构和内容混在一起，没有明显的区分，因此，它也被称为自描述的结构。简单地说，半结构化数据就是介于结构化数据和非结构化数据之间的数据。常见的半结构化数据有 HTML 文档、JSON、XML 和一些 NoSQL 数据库所存储的数据等。图 1-2、图 1-3 分别为以 XML 和 JSON 格式描述的半结构化数据信息。

```xml
<person>
    <name>张三</name>
    <age>20</age>
    <gender>男</gender>
    <address>广东省广州市天河区</address>
</person>
```

图 1-2　半结构化数据信息举例（XML 格式）

```json
{
    "students": [
    { "name":"张三" , "gender":"女", "address":"湖北省武汉市" },
    { "name":"李四" , "gender":"男", "address":"广东省广州市天河区" },
    { "name":"王小二" , "gender":"男", "address":"广东省深圳市福田区" }
    ]
}
```

图 1-3　半结构化数据信息举例（JSON 格式）

3. 非结构化数据

非结构化数据是指描述数据的结构不规则或不完整，没有预定义的数据模型，不方便用关系数据库中的二维数据表来表示的数据。包括所有格式的办公文档、文本、图片、各类报表、图像和音频/视频信息等都属于非结构化数据。我们一般将这类数据对象直接整体存入文件系统中，而且一般将其存储为二进制形式的数据。

1.2 计算的概念

1.2.1 数学计算

计算（compute）在狭义上而言是一个数学概念，通常指数学意义上的各种运算，例如，加、减、乘、除、开方、积分、微分、矩阵运算等，即根据数学规则，对量或数进行代换或变换求出表达式结果的过程。计算是数学研究的主要内容，数学就是研究量及其运算、图形及其变换的一门学科。每种运算都有各自适合的运算法则，如结合律、交换律、分配律等。运算的中文原义是搬运算筹或拨动算珠，现在已泛指数学中进行的任何一种变换。数学计算驱动了各种计算工具的发展，尤其是现代电子计算机发明的原动力。

1.2.2 通用计算

计算或者运算本质上是一种"变换"，在数学上就是把一些数或者量通过一些规则进行变换，变换成其他的数或者量。在数学上，求解问题的过程被看成通过运算规则不断变换数学对象的过程。把数学意义上的"计算"扩展到现实生活中，这种类似的"计算"无处不在，例如，做一盘美味的酸菜鱼，需要多个操作步骤，需要把鱼洗干净、切成鱼片、烧锅爆炒、加入各种佐料、加入酸菜主料等，即通过"洗、切、炒"等动作把整条的鱼、酸菜等"变换"成色香味俱全的"酸菜鱼"。从计算的本质即"变换"的角度来看，一切引起各种物体、对象属性发生变化的活动都可以称之为计算。

1.2.3 现实世界的计算模型

在通用计算的概念下，我们重新认识现实世界、数学模型、自然语言和计算机之间的关系，它们之间大体可以做如表 1-3 所示的等价类比。

表 1-3 现实世界、数学模型、自然语言和计算机之间的等价类比

特性类别	现实世界	数学模型	自然语言	计算机
静态特性	物体、对象、概念	数学对象，如实数、矩阵、向量等	名词、代词	常量、变量、数据对象
动态特性	事情、过程、活动	运算、函数	动词、动名词等	指令、语句、函数、算法

依然以图 1-1 中的苹果和声音为例，来思考人脑和计算机对现实世界构建的计算模型有什么不同，如图 1-4 所示。

（1）当人们看到眼前两个完整的红苹果和半个苹果，自然会在脑海中建立一个"1+1+0.5"的算术计算模型，得出 2.5 个苹果的计算结果。若计算机完成这个计算过程，

则需要把 1、1、0.5 编码成计算机能识别的二进制数据，然后通过所编制的计算机程序及算术逻辑运算单元中的多次加法运算来完成相应的计算功能，并且得到 2.5 的计算结果。

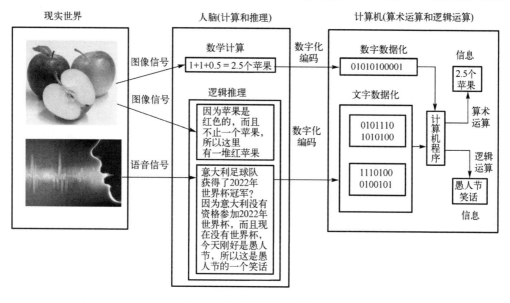

图1-4 现实世界的计算模型

（2）当人们看到眼前的 2.5 个红苹果这一情景时，通过大脑的语言逻辑推理活动，例如，因为"所有苹果都是红色的逻辑判定为真"，并且"不止一个苹果的逻辑判定也为真"，从而推理出"这里有一堆红苹果"的结论，这也是一种"计算"或者"转换"的过程。

（3）当人们听到一条消息时，消息内容为"意大利足球队获得了 2022 年世界杯冠军"，通过大脑的语言逻辑推理活动，如"意大利足球队进入 2022 年世界杯的逻辑判定为假"，并且"今年还没有举办过 2022 年世界杯并且今天是愚人节的逻辑判定为真"，从而推理出"这是愚人节的一个笑话"的结论。

（4）针对上面两个逻辑推理活动，若由计算机来完成这个推理过程，则需要把上述文字化语句映射为计算机能识别的文字编码数据，然后通过所编制的计算机程序和算术逻辑运算单元中的逻辑运算功能来完成相应的逻辑判定，并通过计算机的"赋值运算"（是一种算术运算）得到最终的判定结果。

总之，如果可以通过一台机器来实现数学意义上的"算术运算"和"逻辑运算"，那么这台机器就可以实现一般意义的"通用计算"，这就是现代意义的"计算机模型"所要解决的问题。

1.3 计算机模型

通用图灵机是对现代计算机的首次描述，只要提供合适的程序该机器就能做任何运算。可以证明，一台功能很强大的计算机和通用图灵机一样，都能进行同样的运算。我们所需要的仅仅是为这两者提供数据及用于描述如何做运算的程序。实际上，通用图灵机能做任何可计算问题的运算。

1.3.1 图灵机

图灵机是在 1936 年由 Alan M.Turning（艾伦·麦席森·图灵）提出的，用于解决可计算问题，它是现代计算机的基础，其结构如图 1-5 所示。

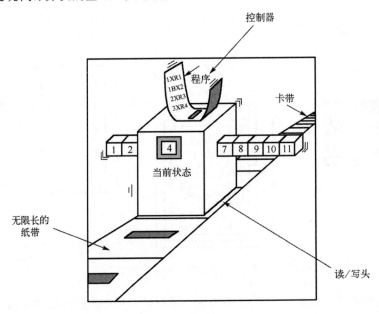

图 1-5 图灵机结构

图灵机由三部分组成：无限长的纸带、控制器和读/写头，如图 1-5 所示。

（1）无限长的纸带

纸带等价于现代计算机中的内存，尽管现代计算机中使用的随机存储设备容量是有限的，但我们假定图灵机中的内存是无限的。纸带任何时候只能保存一系列顺序字符，该字符来自计算机所能接收的字符集中。图灵在奠定图灵机理论时，假定图灵机只能接收两个符号：空白字符和数字 1。

（2）读/写头

读/写头在任何时刻总是指向纸带上的一个符号，我们称这个符号为当前符号，读/写头每次只能在纸带上读/写一个符号。读/写头每读/写完一次后，它向左移或者向右移。读/写和移动都是在控制器的指令下进行的。

（3）控制器

控制器在理论上的功能类似于现代计算机中央处理器（CPU）的一个部件，它是一个有限状态自动机，即该机器有预定的有限个状态并能根据输入从一个状态转移到另一个状态，但任何时候它只能处于这些状态中的一种。

图灵提出图灵机模型并不是为了同时给出计算机的设计，它的意义在于：

（1）图灵机模型证明了通用计算理论，肯定了计算机实现的可能性，同时它给出了计算机应有的主要架构。

（2）图灵机模型引入了读/写、算法与程序语言的概念，极大地突破了过去的计算机的设计理念。

（3）图灵机模型理论是计算学科最核心的理论之一，因为计算机的极限计算能力就是通用图灵机的计算能力，很多问题都可以转化到图灵机这个简单的模型来考虑。

通用图灵机向人们展示这样一个过程：程序和其输入可以先保存到纸带上，图灵机就按程序一步一步地运行直到给出结果，结果也保存在纸带上。更重要的是，让人们隐约可以看到现代计算机的主要构成，即后来的冯·诺依曼理论所阐述的现代计算机模型。

1.3.2 现代计算模型

基于通用图灵机建造的计算机都是在存储器（纸带）中储存数据的，控制指令和数据两者是分离的。在 1944—1945 年期间，冯·诺依曼指出，鉴于程序和数据在逻辑上是相同的，因此程序也能存储在计算机的存储器中。冯·诺依曼计算机模型是现代计算机模型的代名词，其结构如图1-6所示。

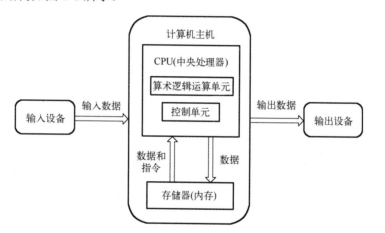

图1-6　冯·诺依曼计算机模型

（1）存储器

存储器是用来存储数据的组件，在计算机的处理过程中存储器用来存储数据和程序，通常指计算机中的"主存"或者"内存"。

（2）算术逻辑运算单元

算术逻辑运算单元（ALU）是用来进行算术计算和逻辑运算的场所。若是一台数据处理计算机，则能够对数据进行算术运算（如加、减、乘、除运算等）。当然该单元也可以对数据进行一系列逻辑运算（如逻辑与、或、非等运算），以实现逻辑推理。算术逻辑运算单元是实现"计算"的核心单元。

（3）控制单元

控制单元是对存储器、算术逻辑运算单元、输入/输出子系统进行控制的单元。

（4）输入/输出系统

在图1-6中，输入设备负责形成便于计算机进行计算和处理的数据，并把这些数据输入到计算机主机中，如键盘和鼠标等；输出设备负责接收来自计算机的处理结果数据，如显示器和打印机等设备。输入/输出子系统的定义相当广泛，它们还包含辅助存储设备，如用来存储处理所需的程序和数据的磁盘和磁带等。

冯·诺依曼架构的核心思想为**"存储程序、顺序执行"**,其内涵如下:

（1）存储程序

冯·诺依曼模型中要求程序必须存储在内存中,这与早期只有数据才能存储在存储器中的计算机结构完全不同。完成某一项任务的程序是通过操作一系列的开关或改变其配线来实现的。现代计算机的存储单元用来存储程序及其相关数据,这意味着数据和程序应该具有相同的格式,实际上它们都是以位模式（0 和 1 序列）存储在内存中的。

（2）顺序执行

冯·诺依曼模型中的一段程序是由一组数量有限的指令组成的。按照这个模型原理,控制单元从内存中提取一条指令,接着解释指令、执行指令,然后针对下一条指令重复上述操作。换句话说,指令会一条接着一条地顺序执行。当然,一条指令可能会请求控制单元以便跳转到其前面或者后面的指令去执行,但是这并不意味着指令没有按照顺序来执行。指令的顺序执行是冯·诺依曼计算机模型的初始条件,当今计算机能高效地顺序执行程序所包含的指令序列。

1.4 网络、大数据和云计算

1.4.1 计算机网络概述

计算机网络就是利用通信设备和线路将地理位置不同、功能独立的多个计算机系统互联起来,用功能完善的网络软件和通信协议实现网络中资源共享和信息传递的系统,从而实现计算机系统之间的信息、软件和设备资源的共享及协同工作等功能,其本质特征在于提供计算机之间的各类数据、计算资源和存储资源的高度共享,是现代社会人们日常生活中不可或缺的组成部分。

最简单的计算机网络就是只有两台计算机和连接它们的一条链路,即两个节点和一条连接链路。当前最庞大的计算机网络就是因特网（也称互联网,Internet）,它由非常多的中小型计算机网络通过许多路由器互联而成,所以互联网也称"网络的网络"。另外,从网络媒介的角度来看,计算机网络可以看成由多台计算机通过特定的设备与软件连接起来的一种新的传播媒介。计算机网络具有广泛的用途,其中最重要的三个功能是数据通信、资源共享和分布式计算。

1. 数据通信

数据通信是计算机网络最基本的功能之一,它用来快速传送计算机与终端、计算机与计算机之间的各种信息,包括文字信件、新闻消息、咨询信息、图片资料、声音信息、视频信息等。通过计算机网络的数据通信功能可实现将分散在各个地区的单位或部门用计算机网络将其联系起来,进行统一调配、控制和管理。

2. 资源共享

"资源"是指网络中所有的软件、硬件和数据资源。"共享"是指网络中的用户能够部分或全部地享用这些资源。例如,某些地区或单位的数据库（如飞机机票、饭店客房等信息）可供全网使用;某些单位设计的软件可供需要的地方有偿调用;一些外部设备如打印机，可面向所有或者特定用户，使不具有这些设备的地方也能使用这些硬件设备。通过计算机网络的资源共享功能，可以大大节省全系统的投资费用。

3．分布式计算

当某台计算机负载过大时，通过计算机网络可将新任务转交给空闲的计算机来完成，这样处理能均衡各台计算机的负载，提高处理问题的实时性；对于大型综合性问题，可将这类问题各部分交给不同的计算机分头处理，充分利用网络资源，提高计算机的处理能力。对于解决复杂问题来说，多台计算机联合使用并构成高性能的计算机体系，这种协同工作和并行处理要比单独购置高性能的大型计算机便宜得多。

计算机网络具备的数据通信、资源共享和分布式计算能力，为海量数据的存储、计算提供了必要的基础条件，并且进一步促进了当今社会广泛应用的大数据和云计算等相关技术和基础设施的发展。

1.4.2 计算机网络图模型和 TCP/IP 体系结构

1．计算机网络图模型

计算机网络在结构上可以采用图理论（graph）来建立描述模型，如图 1-7 所示。在图理论中，任何一个图都是由节点（node）和边（edge）构成的。一个简化的计算机网络可以被分为三类元素：主机节点、交换节点或路由节点、通信线路，分别用图 1-7 中的圆形、矩形和连接线表示。

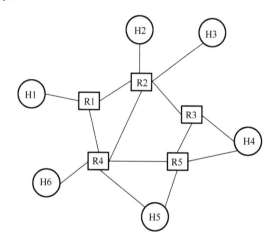

图 1-7 计算机网络图模型

主机节点可以指任意具备计算、存储和网络功能的计算机设备或者终端。例如，各种智能手机、各种智能终端、具备网络功能的物联网设备和传感器、普通的个人计算机、功能强大的服务器、大型系统等，它们的主要功能都是完成面向用户、面向应用的计算服务等。交换节点或路由节点通常不直接面向用户和应用，只是作为桥梁实现数据信息的中转和交换等，这类节点就是我们生活中熟知的各种交换机、路由器等通信设备。图 1-7 中的连接线表示计算机网络中的各种通信线路，用于数据的单向或者双向流动，即数据传输和通信等功能；根据通信线路采用的技术可以分为有线通信和无线通信。有线通信是指通过常见的双绞线、光纤、同轴电缆等进行的通信；无线通信有红外线通信、微波通信、卫星通信、移动蜂窝通信等。

如前所述，计算机网络的核心功能之一是数据通信，以图 1-7 为例，数据需要从节点 H1 传递到 H4。根据图理论，可以采用多条数据传输路径，例如，（1）路径 1：H1→R1→R2→R3→H4（2）路径 2：H1→R1→R2→R4→R5→H4（3）路径 3：H1→R1→R4→R2→R3→R5→H4。当然，还有很多条路径，这里就不一一列出了。如何选择合适的路径用于数据通信是计算机网络中的核心问题之一，即"数据路由"问题，所采用的方法和策略，以及相应的算法主要由交换机、路由器等设备完成。根据是否需要为一个端到端通信活动保留通信路径所需要的信道资源，可以把计算机网络的数据通信分为两类即分组交换技术和电路交换技术，其原理如下：

（1）电路交换技术：如果把图 1-7 当成一个固定电话通信网络，所有的主机节点均为人们熟知的普通电话机或者移动电话机，那么为了实现 H1 和 H4 之间的端到端通信，就等价于在实际生活中 H1 打一个固定电话给 H4。打一个固定电话之前需要首先拨通一个电话，对方应答后才可以正常通话，将其放到图 1-7 的语境中需要 H1 拨号给 H4，假定系统选定了通信路径 1，则需要把路径 1 所需要的所有通信资源都预留给 H1 和 H4 的这一次通话。然后在 H1 和 H4 的通话过程中，这些通信链路资源只能被它们独占，而不可以用于其他的数据通信服务。当 H1 和 H4 通话结束后，也就是其中一方挂断后，通信路径 1 的所有通信资源才会被完全释放。

（2）分组交换技术：电路交换技术的优点是通过独享端到端通信链路资源，提供高质量的通信服务，但是缺点也很明显：通信链路资源被独享导致利用率不高；通信前需要建立端到端的连接和预留资源，进而造成面对突发性数据传输响应太慢等情况的发生。而基于计算机的数据通信的主要特点是突发性强、对端到端通信的实时性无严格要求。因此，在电话网络系统中，成熟的电路交换技术不适合计算机网络的数据通信，而是采用分组交换技术。所谓分组交换，以图 1-7 中 H1 到 H4 的端到端数据通信为例，其思路为：首先，H1 把需要传递的一大段数据分割成多个固定大小的分组（packet），假如用 p1、p2、p2 等来表示；其次，把每个分组根据当前负载情况分给与自己相连的合适的交换设备，如图 1-7 中的 R1；然后，交换或者路由节点 R1 再根据数据交换的拥塞情况，选定下一个交换或者路由节点，如 R2 或者 R4；依此类推，最终每个数据分组都可能通过不同的路径被传递到 H4；H4 再按照分组的编号重新组装成原始的大分组。这就是分组交换的核心思路，其理念可以等价于交通网络中自驾车的选路问题，哪个路段通畅就优先选哪一个，交通网事先不会为任何一个用户预留通道，除非来了一个"大人物"。为"大人物"预留驾车选择道路的模式就是上面所说的电路交换模式。

2. TCP/IP 体系结构

TCP/IP（Transmission Control Protocol/Internet Protocol，传输控制协议/互联网协议）体系结构是指能够在多个不同网络间实现的协议簇。该协议簇是在美国国防高级研究计划局（Defense Advanced Research Projects Agency，DARPA）所资助的实验性分组交换网络、无线电分组网络和卫星分组网络上研究开发成功的，是我们常说的互联网的基础。实际上，互联网已经成为全球计算机互联的主要体系结构，而 TCP/IP 协议是互联网的代名词，是指将异种网络、不同设备互联起来，进行正常数据通信的格式和共同遵守的约定。

协议（protocol）是一个关键的网络术语，为进行网络中的数据交换而建立的规则、标准或约定，用于不同系统中实体间的通信，两个实体要想通信，必须有"同一种语言"，而且，对于通信内容，怎样通信和何时通信，都必须遵守一定的规定，这些规定就是协议。也可简单地定义为：协议是指控制两个实体间数据交换的一套规则。

TCP/IP 模型的核心协议是 TCP 协议和 IP 协议。TCP/IP 的通信任务组织成 5 个相对独立的层次：应用层、传输层、互联网层、网络接口层和物理层，其中网络接口层和物理层常称为物理网络层。TCP/IP 模型和数据传输对象如图 1-8 所示。

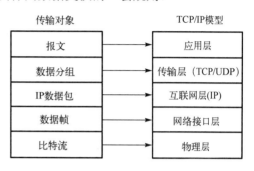

图 1-8　TCP/IP 模型和数据传输对象

（1）应用层

处于应用层上的应用程序直接运行于传输层之上，为用户提供服务。包含的主要协议有文件传输协议（File Transfer Protocol，FTP）、简单邮件传输协议（Simple Mail Transfer Protocol，SMTP）、远程登录协议和超文本传输协议（Hyper Text Transfer Protocol，HTTP）等。HTTP 协议是当前 WWW 浏览服务的核心协议；SMTP、IMAP、POP3 等应用层协议是电子邮箱服务的核心协议；FTP 协议定义了文件传输服务。任何网络应用程序都可以通过制定适合自己的应用层协议来完成相应的数据通信，如微信、QQ、抖音、网络游戏软件等都需要定义自身的私有应用层协议以完成端到端通信。处于应用层的各种网络应用程序形成需要通信的各种数据报文，通过传输层提供的服务完成端到端通信。

（2）传输层

传输层的主要功能是将应用层传递过来的用户信息分成若干数据分组，并为这些分组加上分组头，便于端到端通信。该层的核心协议主要有两个，即 TCP 协议和 UDP 协议（User Datagram Protocol，用户数据报协议）。面向连接的 TCP 协议为应用程序之间的数据传输提供可靠的连接，并提供重传、纠错和拥塞控制等基本机制，能够保证数据正确到达目的地；而面向无连接的 UDP 协议不保证数据一定到达目的地，也不保证数据报的顺序，不提供重传机制。基于 TCP 协议和 UDP 协议的上述特征，显然，网络应用程序大多采用基于 TCP 的传输层机制，如常用的 WWW 浏览服务、FTP 文件共享服务、电子邮箱、SSH 远程登录服务等都采用 TCP 协议；UDP 协议虽然不能保证端到端的可靠传输，但是在实时性、传输效率等方面具备一定的优势，在流媒体数据传输、DNS 域名服务等应用中常被使用。

（3）互联网层

互联网层采用的核心协议称为互联网协议（Internet Protocol，IP），它提供跨多个网络的寻址选路功能，使 IP 数据分组（带有 IP 地址）从一个网络的主机传到另一网络的主机。在互联网层，除了 IP 协议，还包含 ICMP 协议（网际控制报文协议），以及将 IP 地址转换成物理层地址的 ARP 协议，将物理层地址转换成 IP 地址的 RARP 协议等。

（4）网络接口层

网络接口层负责与物理传输的连接媒介打交道，接收来自互联网层的数据包，并把接收到的数据包发送到指定的网络中。该层需要适配不同技术和协议的局域网，通过局域网协议与 TCP/IP 的转换，使数据经过多个互联网络正确地传输，实现异种网络接入互联网。在网络接口层，所传输的数据通常被称之为数据帧（data frame）。

（5）物理层

物理层利用物理媒介为比特流提供物理连接，一般将网络接口层和物理层统称为 TCP/IP 协议的物理网或物理网络层。物理层包含的协议有 IEEE 802.3 以太网协议、面向连接的 X.25 公用数据网协议、X.75 虚通路无连接协议、ARPANET 网络协议、ATM 网络协议、令牌环网协议等。

在分组交换中，应用层数据分组依据分组交换的分层模型（如 TCP/IP 模型），在发送端通过层层增加分组头，形成最终的物理帧，再通过通信网络传递到接收端，接收端再经过一个逆过程获取原始的应用层数据分组，该过程如图 1-9 所示。

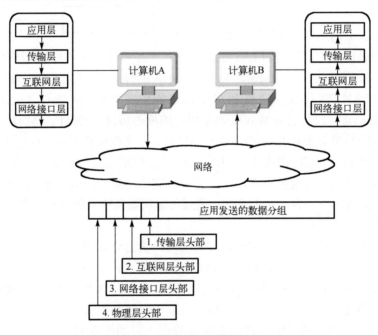

图 1-9　数据分组传递的过程

在图 1-9 中，假如发送端计算机 A 和接收端计算机 B 都运行了一个微信程序，当 A 发送"你好，我是张三"这样的文本信息给 B 时，整个过程的数据流描述如下：

（1）A 中的微信进程把"你好，我是张三"这样的问候信息（假定为分组 P1）传递到传输层，并假定使用 TCP 协议来保证数据端到端通信的可靠性。

（2）A 中的 TCP/IP 协议栈增加了 TCP 头部信息并附加在 P1 分组的前面，此时信息变为 TCP 头部+P1，并将其假设为分组 P2。

（3）P2 被传递到互联网层，互联网层会增加 IP 头部信息并附加在 P2 分组的前面此时信息分组变为 IP 头部+P2，将其假设为分组为 P3。

（4）P3 分组被传递到物理网络层（包含网络接口层和物理层），物理网络层会对 P3 增加该层的头部信息，从而形成比特流形式的物理帧 F。

（5）物理帧 F 通过互联网层的各种中间设备（如路由器、交换机等），经过多跳转发，最终会到达 B。

（6）B 再经过一个完全相反的过程，逐层剥除对应层的头部信息，最终在 B 的应用层会获得原始信息"你好，我是张三"。

在互联网中，任何端到端通信都需要经过上述数据流的通信过程。

3．网络服务实现原理

互联网使用多种通信协议来支持基础数据传输和服务，如电子邮件、Web 访问和文件下载等。表 1-4 简要地描述了一些常用的互联网服务所使用的主要协议。

表 1-4　常用的互联网服务所使用的主要协议

协议	说明	功能
TCP	Transmission Control Protocol，传输控制协议	创建连接并交换数据包
IP	Internet Protocol，互联网协议	为设备提供唯一的地址，即 IP 地址
UDP	User Datagram Protocol，用户数据报协议	域名系统、IP 电话、在线流媒体应用等使用的另一种不同于 TCP 的数据传输协议，是一种不需要建立连接的传输层协议
HTTP	HyperText Transfer Protocol，超文本传输协议	在 Web 网络上交换信息
FTP	File Transfer Protocol，文件传输协议	在本地计算机和远程主机之间传输文件
POP	Post Office Protocol，邮局协议	从邮件服务器向客户端收件箱传送电子邮件
SMTP	Simple Mail Transfer Protocol，简单邮件传输协议	将电子邮件从客户端收件箱传送到邮件服务器

TCP/IP 是负责互联网上消息传输的主协议簇。协议簇是指协同工作的多个协议的组合，TCP 协议能够将消息或者文件分成数据分组，IP 协议负责给各种数据分组加上地址以便它们能够路由到其目的地。从实用角度看，TCP/IP 提供了一个易于实现、通用、免费并且扩展性好的互联网的协议标准。IP 地址是 TCP/IP 的一部分，IP 地址被用来确定计算机的唯一身份，在互联网领域中，有时也称 IP 地址为"TCP/IP 地址"或者"互联网地址"。互联网上的所有设备都被指定了一个 32 位比特的 IP 地址（如 202.116.6.205），它被点号分为 4 个 8 位组。每个 8 位组中的数字都对应着一种网络级别，在传递数据分组时，互联网路由器会使用第一个 8 位组来确定传送数据包的大致方向，而 IP 地址的其他部分则用来向下搜索确切的目的地。

一台计算机可以有一个固定分配的静态 IP 地址或者一个临时分配的动态 IP 地址。一般来说，在互联网中，作为服务器的计算机需要使用静态 IP 地址，通常 ISP（Internet Service Provider，互联网服务提供商）、网站、虚拟主机服务和电子邮件服务器等需要一直连接互联网的用户拥有静态 IP 地址，而多数其他互联网用户都只有动态 IP 地址，如大部分家庭通过宽带接入互联网所获得的 IP 地址就是一些动态 IP 地址。

使用 32 位的 IP 地址提供了大约 43 亿个唯一地址，但很多地址都是为特定用途和特定设备所保留的，这样留给互联网用户的就大约不到 12 亿个 IP 地址，要避免静态 IP 地址用完的情况发生，在条件允许的情况下都会使用动态 IP 地址或者使用 IPv6（IP 地址通过 128 位数据表示）。动态 IP 地址可以在不需要时进行分配，而且可以在需要时重新使用。每个 ISP 都能够支配一组唯一的 IP 地址，并分配给有需要的用户。例如，如果用户需要调制解调器建立电话连接的互联网连接，那么 ISP 的 DHCP 服务器会在用户的计算机连接到互联网时为其指定一个临时的 IP 地址，在用户断开连接后，那个 IP 地址就会被收回到那个 IP 地址组中，这样这个地址就可以分配给登录互联网的其他用户。

15

尽管计算机间通信时要用到 IP 地址，但人们发现要记住这些长的数字串很困难，为此，许多互联网服务器也有一个简单易记的名字（如 jnu.edu.cn），这个名字就是域名（domain name），提供域名和 IP 地址之间转换的服务就是我们常说的域名服务（Domain Name Service，DNS）。

从应用层角度来看，TCP/IP 提供两种重要的服务：**基于连接的有服务质量保障的服务**，即 TCP 协议提供的服务；**基于无连接的没有服务质量保障的服务**，即 UDP 协议提供的服务。

端口（port）在 TCP/UDP 中是非常重要的概念，也是程序员设计网络程序必须懂得的内容。在 TCP/IP 中，端口用 16 位二进制数表示，那么其最大取值为 65535，意味着最大的端口数目为 65536 个（0~65535）。TCP 协议有 TCP 的端口，UDP 协议有 UDP 的端口。TCP/UDP 端口和服务示意图如图 1-10 所示。

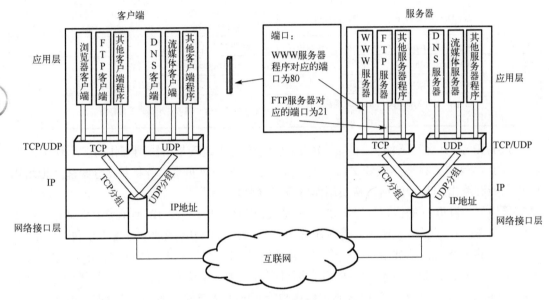

图 1-10　TCP/UDP 端口和服务示意图

互联网中基于 TCP/UDP 进行编程的模式一般为 C/S（Client/Server，客户机/服务器）模式，每种服务的运作机理都是一致的，下面以 WWW 浏览服务为例进行分析：

（1）WWW 服务器程序，如 Apache、Tomcat、IIS 等，其运行在应用层，在使用 TCP 协议时，它会把自己当成一个守护进程，守护在服务器的 TCP 协议对应的 80 号端口。

（2）当客户端中的浏览器（如 Chrome、Edge、IE、360 极速浏览器等）客户端程序运行时，客户端会动态分配一个本地的 TCP 端口，假如为 1234，接下来通过操作系统中的 TCP/IP 建立与服务器之间的 TCP 连接。

（3）浏览器客户端通过 HTTP 协议发起获取一个服务器文件 index.html 的请求分组，此分组会通过刚才的 TCP 连接发送到服务器。所带的目的 IP 地址为服务器 IP 地址，对应目的端口为 TCP 80 号端口，所带的源 IP 地址为客户端 IP 地址，源端口为 TCP 的 1234 端口。

（4）服务器接收到此请求后，若发现是一个 TCP 请求，则把此分组发送到 TCP 处理区进行处理。

（5）TCP 处理组件若发现分组的目的端口是 80，则把此分组发送给 WWW 服务器程序，如 Apache、Tomcat 等。这样浏览器服务器程序就可以处理相应的请求了，并且通过源 IP 地址和源 TCP 端口把 index.html 文件准确地传回到浏览器客户端。

（6）浏览器客户端程序（如 Chrome）在本地对 index.html 文件进行文本、图片信息的组合和渲染，就形成了图文并茂的网页内容，展示给最终用户。

1.4.3　大数据

大数据是指数据集的数量、速度和种类都非常庞大，以至于使用传统的数据库和数据处理工具难以存储、管理、处理和分析这些数据。近年来，由信息技术、工业、医疗保健、物联网和其他系统生成的结构化和非结构化数据呈指数级增长，根据 IBM 公司的估计，每天互联网产生超过 2.5 万亿字节的数据。

大数据有潜力推动下一代智能应用程序的发展，这些应用程序将利用数据的力量使应用程序智能化。大数据的应用范围非常广泛，如零售和营销、银行和金融、工业、医疗保健、环境、物联网和信息物理系统等。

大数据分析是指对海量数据的收集、存储、处理和分析。在以下情况下，需要专门的工具和框架进行大数据分析：① 涉及的数据量太大，单台计算机难以储存、处理和分析数据；② 数据生成的速度非常快，需要提供高效的实时数据分析能力；③ 有各种各样的异构数据，可以是结构化、非结构化或半结构化的，并且来自不同的数据源；④ 需要执行各种类型的分析并从数据中提取价值，如描述性、诊断性、预测性和规范性分析等。

IBM 提出了大数据的"5V"特点，即 Volume（大量）、Velocity（高速）、Variety（多样）、Value（价值）和 Veracity（真实），如图 1-11 所示。

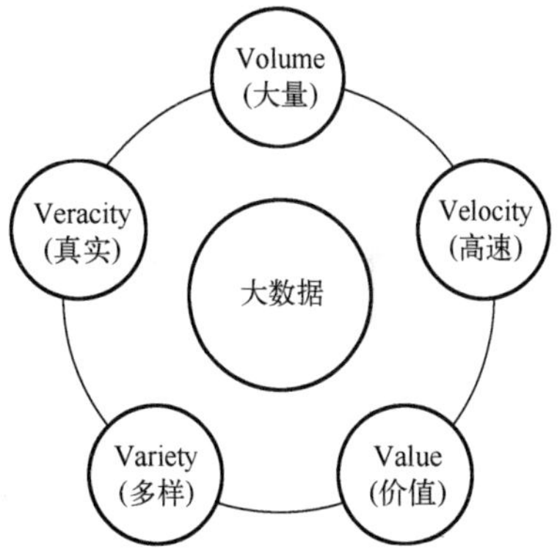

图 1-11　大数据的 5V 特性

1．Volume（大量）

大数据是一种数据形式，它的容量非常大，单台机器无法容纳它，因此需要专门的工具和框架来存储处理和分析这些数据。例如，社交媒体应用程序每天处理数十亿条消息，工业和能源系统每天可以生成 TB 级的传感器数据，出租车聚合应用程序每天可以处理数百万个事务，等等。由于数据存储和处理架构的成本降低，以及需要从数据中提取有价值的内容来改善业务流程、效率和对消费者的服务，现代 IT、工业、医疗保健、物联网和其他系统产生的数据量正呈指数级增长。虽然被认为是大数据的数据量没有固定的阈值，但是，通常情况下，"大数据"一词用于描述难以使用传统数据库和数据处理架构存储、管理和处理的大规模数据。一般而言，大数据是指采集、存储、管理和分析的数据量很大，超出了传统数据库软件工具能力范围的海量数据集合，其计量单位通常是 PB（千 TB）、EB（百万 TB）或 ZB（十亿 TB）。

近年来，我国大力推动大数据产业的发展，各地数据中心如雨后春笋，工业和信息化部力推企业业务上云。截至 2021 年年底，我国在用数据中心共计超过 2000 个，装机规模约 1000 万台服务器，产业整体增速较快。

2．Velocity（高速）

数据的速度是指数据生成的速度。某些数据来源所产生的数据可以以非常高的速度到达，如社交媒体数据或传感器数据。高速是大数据的另一个重要特征，也是数据呈指数增长的主要原因。数据的高速生成导致在短时间内积累的数据量变得非常大。对于一些应用程序来说，可能需要严格的数据分析期限（如交易或在线欺诈检测等），所以这些程序的数据需要被实时分析，故必须依靠专门的工具将如此高速的数据采集到大数据基础设施中，并进行实时分析。

在大数据分析和计算过程中，因为数据增长速度快，所以要求实时分析与处理数据，并进行合理丢弃，而非事后批处理，这是大数据区别于传统数据挖掘的地方。

3．Variety（多样）

在大数据中，数据种类和来源呈现多样性特征，包括不同种类的数据，如文本、图像、音频、视频、位置信息、各种传感器状态等，它们可以被归类为各种结构化、半结构化和非结构化数据。据调查，企业数据占比 80%的数据为非结构化数据，这对数据处理能力提出了更高的要求。集合了数学、心理学、神经生理学与生物学的机器学习方法在数据挖掘、自然语言处理、搜索引擎、医学诊断等方面不断寻求突破，以期将人脑的智慧与机器的能力相结合，从大数据的混沌状态中发现数据的价值和规律，故需要有足够灵活的大数据分析系统来处理各种各样的数据。

4．Value（价值）

大数据的另外一个特征是低密度价值，即海量信息中的价值密度相对较低，如何在大数据中条分缕析、披沙拣金，进行分析、预测，找到数据的意义和价值所在，是机器学习和人工智能努力的方向。单位数据的价值低，如同蚂蚁，但聚合后的大数据却是蚁兵，战斗力惊人。数据的价值是指数据对于预期目的的有用性，任何大数据分析系统的最终目标都是从海量数据中提取有价值的数据。

5．Veracity（真实）

大数据的真实性特征是指大数据的质量，它的内容是与真实世界息息相关的，是真实数据而不是虚假数据，这也是数据分析的基础。基于真实的交易与行为产生的数据才有意义，只有当数据有意义且准确时，数据驱动的应用程序才能从大数据中获益。此外，若要从数据中提取值，则需要对数据进行清理、去除噪声等操作。因此，清理数据非常重要，以便过滤掉不正确和错误的数据。

1.4.4　云计算

1．云计算基本概念

云计算（cloud computing）是一种提供共享计算资源的方式，云计算通过提供标准化和自动化使计算资源更容易使用。标准化是使用一组一致接口支持的一致方法实现服务。同样，云计算通常需要通过使用自动化来实现流程。自动化是一个基于业务规则、资源可用性和安全需求触发的过程，需要自动化来支持自助服务供应模型。为了提高效率，自动化可以确保在预置的服务不再需要时，将其返回到资源池。业界有名的云计算服务有阿里云、腾讯云、华为云、Amazon 云、Google 云、微软云等。

今天，大多数企业已经在使用某种类型的云服务。例如，任何使用微软 365、Slack 或微信、抖音等服务的公司都在使用基于云的服务。云计算的主要部署模型有两种：公有云（public cloud）和私有云（private cloud）。此外，很多企业基于数据安全的考虑，使用私有计算资源（数据中心和私有云）和公共服务的组合，这就是我们所说的混合云（mixed cloud）。

2. 云计算分类

（1）公有云

公有云是由第三方云服务提供商拥有和运营的硬件、网络、存储、服务、应用和接口的集合，供其他公司或个人使用。这些云服务提供商创建了一个高度可伸缩的数据中心，它向消费者隐藏了底层基础设施的细节。由于许多资源始终可用，因此用户可以快速选择、优化和使用那些与他们将在公共云中运行的应用程序的需求相匹配的资源。大多数云服务提供商提供各种各样的 API（应用程序接口）和服务，如支持特定工作负载的专用基础设施（如用于数据科学的 GPU 计算资源）、应用程序开发工具及支持客户需求的其他技术，所有这些云服务都可以按需提供。公有云服务提供商越来越多地在其数据中心内提供专用的、非多租户的实例。前面所说的阿里云、腾讯云等都属于公有云类型。

（2）私有云

私有云是一组由单个组织拥有、操作的硬件、网络、存储、服务、应用程序和接口，供其员工、合作伙伴或客户使用。私有云可以由第三方创建和管理，仅供一家单位或企业使用。私有云处于一种高度受控的部署环境，不对公众开放，因此，通常位于防火墙之后。越来越多的云服务提供商将他们的云服务打包到设备中，这些设备可以安装在防火墙后面的客户的本地数据中心中。

（3）混合云和多云模式

混合云是将私有云与公有云服务结合使用的组合，其中两个云环境同时工作以解决业务问题，其目标是创建一个混合的云环境，该环境可以将来自各种云模型的服务和数据组合起来，以创建一个统一的、自动化的、管理良好的计算环境。在精心设计的混合云环境中，最终用户不会觉察到他们使用的是私有云服务还是公有云服务。

除了混合云，多云模式是指在组织中使用两个或多个公有云。许多企业使用多云模式，是因为不同的开发团队或业务单位需要选择使用不同的公有云来满足不同的应用需求。

3. 云计算服务类型

云计算所提供的服务模型可以分为三种：IaaS 云服务、PaaS 云服务、SaaS 云服务。

（1）IaaS 云服务（Infrastructure as a Service）

基础设施即服务（IaaS）为服务请求交付基础设施服务，包括操作系统、存储、网络和各种实用软件元素等。最简单的理解 IaaS 的方法是，它提供了一个虚拟服务器，相当于一个物理服务器，用户必须选择一个操作系统（如 Linux、Windows 等），以及所有将要运行的应用程序。阿里云、Amazon 云服务所提供的虚拟主机等服务就是典型的 IaaS 云服务。

19

（2）PaaS 云服务（Platform as a Service）

平台即服务（PaaS）是一种将 IaaS 与一组抽象的中间件服务、软件开发和部署工具相结合的机制，这些工具允许组织以一致的方式在云或内部环境中创建和部署应用程序。理解 PaaS 最简单的方法是，它首先是一种 IaaS，即操作系统和开发工具已经存在了，并且部署了各种和开发相关的工具和服务等。因为 PaaS 环境已经为开发做好了准备，所以生产效率和时间价值都大大提高了。PaaS 提供了一组一致的编程和中间件服务，确保开发人员拥有一种经过良好测试和良好集成的方式在云环境中创建应用程序。PaaS 环境将开发和部署结合在一起，以创建一种更易于管理的方式来构建和部署应用程序。

（3）SaaS 云服务（Software as a Service）

软件即服务（SaaS）是由服务提供商在多租户模型中创建和托管的业务应用程序。用户通常按月或年合同模式支付 SaaS 服务费用。SaaS 应用程序位于 PaaS 和 IaaS 之上。然而，用户通常并不关心底层的基础设施和平台服务，更关心的是应用程序的功能、性能、可用性和安全性等。

习 题 1

一、单项选择题

1. 2019 年 4 月 29 日，在天津联合启动"六卓越一拔尖"计划 2.0，全面推进新工科、新医科、新农科、_____（简称"四新"）建设。

    A. 新商科   B. 新文科   C. 新理科   D. 以上都不是

2. "信息是用来消除随机不确定性的东西"，该定义是_____给出的。

    A. 香农   B. 图灵   C. 维纳   D. 牛顿

3. 下列选项中，_____不属于信号。

    A. 电流   B. 电磁波   C. 声波   D. 图片

4. 数据通常可以分为三类，即结构化数据、非结构化数据和_____。

    A. 随机数据   B. 半结构化数据   C. 数值型数据   D. 文本型数据

5. 关于结构化数据，以下说法错误的是_____。

    A. 结构化数据一般可以使用关系型数据库表示和存储

    B. 结构化数据以行为单位，每行数据所描述的实体具有相同的属性结构

    C. 实际应用中，结构化数据的主要模型是关系代数数据模型

    D. 结构化数据在存储时，每行数据都可以具有不同的属性结构

6. 下列文档格式，属于半结构化数据类型的是_____。

    A. 视频文件   B. 音频文件

    C. JSON 格式文件   D. 关系数据库数据表

7. 图灵机由控制器、读/写头、_____组成。

    A. 无限长的纸带   B. 键盘   C. 鼠标   D. 显示器

8. 在冯·诺依曼架构中，CPU 由控制单元和_____构成。

    A. 输入设备   B. 输出设备

    C. 内存   D. 算术逻辑运算单元

9. 冯·诺依曼架构的核心思想是"存储程序、_____"。

    A．顺序执行   B．随机执行   C．按需执行   D．控制执行

10. 计算机网络的主要功能是数据通信、资源共享和_____。

    A．并行计算   B．并发计算   C．数据存储   D．分布式计算

11. 关于电路交换，以下说法错误的是_____。

    A．不需要预留通信线路资源   B．通信前需要建立连接

    C．通信过程中通信链路资源被独享   D．端到端服务质量高

12. TCP 是_____英文缩写。

    A．传输控制协议   B．终端通信协议   C．传输通信协议   D．数据交换协议

13. WWW 浏览服务通常使用 TCP 的_____号端口。

    A．21   B．80   C．23   D．25

14. 大数据的"5V"特性是指大量、高速、多样、低价值密度和_____。

    A．稀缺   B．真实   C．高效   D．海量

15. 云计算按照部署模式可以分为三类，即公有云、私有云和_____。

    A．内部云   B．外部云   C．混合云   D．开放云

16. 云计算服务可以分为三种，即 IaaS 云、PaaS 和_____。

    A．SaaS 云   B．CaaS 云   C．FaaS 云   D．以上都不是

二、判断题

1. 信号是消息的传输载体，以声波、光、电磁波等方式来呈现，被人们所识别。

2. 从计算机的角度而言，数据是信息的物理形式，如语音、文字、图像、数字等。

3. 计算的本质是对输入的数据进行处理和变换。

4. 图灵定义了现代计算机的架构模型，冯·诺依曼奠定了可计算理论。

5. 互联网采用的是电路交换技术。

6. 微信、QQ 等程序处于 TCP/IP 的传输控制层。

7. 相比 TCP 协议，UDP 协议可以提供更好的端到端服务质量，因为它提供了分组重传、拥塞控制等一系列有效机制。

8. DNS 服务提供 IP 地址到域名之间的转换功能。

9. 阿里云面向公众提供的云服务为公有云服务。

10. 如果我们从阿里云上只租用一台单独的 Linux 主机，那么相当于我们采购了阿里云的一项 SaaS 服务。

三、简答题

1. 请说明信号、消息、信息和数据的区别和联系？

2. 什么是模拟信号，什么是数字信号？它们的区别是什么？

3. 结构化数据、半结构化数据、非结构化数据的区别是什么？

4. 简单描述图灵机的组成和工作原理。

5. 简单描述冯·诺依曼计算机模型的组成和原理。

6. 简述计算机网络的核心功能。

7. 简单描述 TCP/IP 的系统结构和工作原理。

第 2 章

计算机系统

冯·诺依曼计算机模型是现代计算机最常用的架构模型之一，由算术逻辑运算单元、控制单元、主存储器、输入设备和输出设备五大部件组成，其中算术逻辑运算单元和控制单元构成了中央处理器，输入设备和输出设备构成了输入/输出子系统。主存储器用于保存各种类型的"数据"，中央处理器完成对数据的"计算"工作，输入/输出子系统实现数据的输入和输出。

在计算机基础硬件上直接编制程序是一件极其复杂和容易出错的事情。因此，计算机科学家设计操作系统（Operation System，OS）来屏蔽底层硬件带来的复杂性，便于各种应用程序的开发。操作系统是最复杂的系统软件之一，其功能是实现对底层硬件资源如中央处理器、主存储器、输入设备和输出设备等各种资源的有效管理和利用，并通过一系列的系统调用接口供上层应用软件使用。

中央处理器（CPU）是计算机系统最重要的资源之一。计算机系统的功能是通过 CPU 运行程序指令来体现的，计算机系统的工作方式主要由 CPU 的工作方式决定，因此管理 CPU 成为操作系统的核心功能。为了提高 CPU 的利用率，使计算机系统的资源得到充分利用，操作系统引入了多道程序设计的概念。为有效地管理 CPU，操作系统引入了进程（process）的概念，即以进程为基本单位来实现 CPU 的分配与执行。随着并行处理技术的发展，为了进一步提高系统的并行性，实现进程内部的并发执行，操作系统又引入了线程（thread）的概念。这样，CPU 的管理最终归结为对进程和线程的管理。

本章将重点介绍现代计算机的硬件组成、操作系统的核心功能，以及利用计算机和网络技术展开的大数据分析和处理流程等。

2.1 计算机结构

第 1 章描述的冯·诺依曼现代计算机模型由五大部件构成，根据彼此间的联系，可以进一步把它们分为三大子系统：即由算术逻辑运算单元（ALU）和控制单元（CU）组成的中央处理器（CPU）、主存储器和输入/输出子系统。图 2-1 显示了一台计算机的三大子系统。

2.1.1 主存储器

主存储器又称内存，是计算机中用于存放程序和数据的主要部件，任何程序在执行期间必须把其对应的指令和数据装载到内存中。内存由一组存储单元组成，每个单元都有唯一的标识符，称为地址（见图 2-2）。数据以称为字（word）的一组比特位的形式写入到内存中或者从内存中读出（如图 2-2 中的数据值）。一个字可以是 8 位、16 位、32 位或 64 位的一组比特值，若字长为 32 位，则称这个计算机为 32 位计算机；若字长为 64 位，则称这个计算机为 64 位计算机。为了便于计算，一个 8 位比特的组合为 1 字节（Byte），则 16 位数据为 2 字节数据、32 位数据为 4 字节数据，字节是计算机中计算存储容量的基本单位。

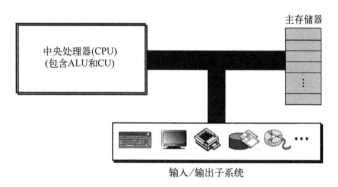

图 2-1　一台计算机的三大子系统

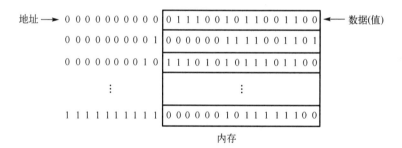

图 2-2　内存中的地址和数据

1．地址空间

若要访问内存中的一个字，则需要有唯一的标识符，虽然程序员使用名称来标识一个数据或者对象，但在硬件级别，每个数据字都由内存地址来标识。内存中唯一可识别不同位置的总数称为地址空间，例如，一个存储容量为 64KB 的内存地址空间的范围是 0～65535。表 2-1 显示了用来表示内存容量的常用单位。

表 2-1　内存容量的常用单位

单位	实际的字节数	近似值
KB	2^{10}（1024）字节	10^3 字节
MB	2^{20}（1048576）字节	10^6 字节
GB	2^{30}（1073741824）字节	10^9 字节
TB	2^{40} 字节	10^{12} 字节

因为计算机是通过将数据存储为位模式来进行操作的，所以内存地址也被表示为位模式。因此，如果一台计算机有 64KB 的内存，字大小为 1 字节，那么需要一个 16 位的位

模式来定义一个地址。可以将地址表示为无符号整数，第一个位置称为地址0000000000000000（地址0），最后一个位置称为地址1111111111111111（地址65535）。一般来说，如果一台计算机有 N 字节的内存，我们需要一个大小为 $\log_2 N$ 位的无符号整数来标识每个内存位置。

2．存储器类型

常见的存储器可以分为两类：RAM（随机访问存储器，Random Access Memory）和ROM（只读存储器，Read Only Memory）。

（1）RAM

在现代计算机中，主存储器一般采用 RAM 存储单元。在随机存取设备中，可以使用存储单元地址来随机存取一个数据项，而不需要存取位于它前面的所有数据项。该术语有时因为 ROM 也能随机存取而产生一定的混淆。RAM 和 ROM 的区别在于，用户可读/写RAM，即用户可以在 RAM 中写信息，之后可以方便地通过覆盖来擦除原有信息，而ROM 不可以。RAM 的另一个特点是易失性，当系统断电后，信息（程序或数据）将丢失。换言之，当计算机断电后，存储在 RAM 中的信息将被清除。RAM 存储技术又可以分为两大类：SRAM（静态 RAM）和 DRAM（动态 RAM），同材质的 SRAM 比 DRAM 的存取速度更快，同时价格也更昂贵。

（2）ROM

ROM 中存储的数据内容一开始是由制造商写进去的，用户只能读但不能写，它的优点是非易失性，即当计算机断电后，数据不会丢失。ROM 通常用来存储那些关机后也不能丢失的程序或数据，如用 ROM 存储那些在开机时运行的程序。

3．存储器的层次结构

用户需要许多存储器，尤其是速度快且价格低廉的存储器，但这种要求并不是总能得到满足，存取速度快的存储器通常都不便宜。因此需要寻找一个折中的办法，解决的办法是采用存储器的层次结构（见图2-3）。

图2-3　存储器的层次结构

（1）当对存取速度要求很苛刻时可以使用少量高速存储器。下面讨论的 CPU 中的寄存器就是这种存储器。

（2）使用中等容量的中速内存来存储需要经常被访问的数据。CPU 和主内存之间的缓存内存（cache）就是这种类型。

（3）为访问频率较低的数据使用大量的低速内存。计算机系统中的主存储器就是这种类型。

至于我们常见的磁介质硬盘、固态硬盘等外部存储器在本书中不做详细讨论。

2.1.2 中央处理器

中央处理器（CPU）对数据进行操作（计算），可以把 CPU 简化为如图 2-4 所示的三个组成部分：算术逻辑运算单元（ALU）、控制单元（CU）和一组寄存器。

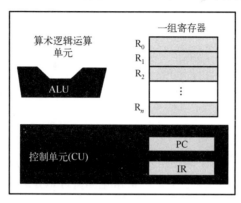

中央处理器(CPU)

图 2-4　CPU 的简化模型

1. 算术逻辑运算单元

算术逻辑运算单元主要实现对数据的算术、逻辑、移位等运算。

（1）算术运算

主要功能是实现对整数、实数等进行加、减、乘、除等算术运算。数学中其他复杂的运算如向量运算、矩阵运算、微分运算、积分运算等都可以最终通过数值方法由基本的算术运算来实现。

（2）逻辑运算

即实现逻辑推理所需要的基本运算，主要指"逻辑与、逻辑或、逻辑非、逻辑异或"等基本运算，"与、或、非、异或"通常用"AND、OR、NOT、XOR"等符号表示。逻辑运算将输入数据视为位模式，操作的结果也是位模式。

（3）移位运算

数据的移位运算主要有两种，即逻辑移位运算和算术移位运算。逻辑移位运算用来对二进制位模式进行向左或向右的移位。而算术运算被应用于整数，它的主要用途是用 2 除或乘一个整数。

2. 控制单元

在计算机进行计算时，指令必须按一定的顺序一条接一条地执行。控制单元的基本任务就是按照计算程序所编排的指令序列，先从存储器中取出一条指令（由图 2-4 中的 PC 程序计数器中存放的数值来决定）放到控制器中的指令寄存器 IR 中（见图 2-4），对该指令的操作码由译码器进行分析判别，然后根据指令性质，执行这条指令，并进行相应的操作（由 ALU 和 CPU 中的各种数据寄存器共同完成）。接着从存储器取出第二条指令，再执行这条指令，依此类推。在计算机系统中，运算器和控制器通常被组合在一个集成电路芯片中，合称为中央处理器，简称处理器，英文缩写为 CPU。

3．一组寄存器

寄存器是临时存储数据的快速独立存储单元。为了便于 CPU 的操作，需要多个寄存器，其中一些寄存器如图 2-4 所示。CPU 中常用的寄存器有数据寄存器、指令寄存器、程序计数器等，其功能说明如下：

（1）数据寄存器。过去，计算机只有几个数据寄存器来保存输入数据和操作结果。现在，计算机使用 CPU 内部的数十个寄存器来加速它们的操作，因为复杂的操作是用硬件而不是软件来完成的，所以需要几个寄存器来保存中间结果。在图 2-4 中，数据寄存器被命名为 $R_0 \sim R_n$。

（2）指令寄存器。当今计算机不仅在内存中存储数据，而且还存储程序。CPU 负责从内存中逐条读取指令，存储在指令寄存器（图 2-4 中的 IR）中，解码并执行指令。

（3）程序计数器。CPU 中另一个常见的寄存器是程序计数器（图 2-4 中的 PC）。程序计数器跟踪当前正在执行的指令，在指令执行后，计数器会递增，并指向内存中下一条指令的地址。

4．计算机指令和执行逻辑

当今，通用计算机使用称为程序的一系列指令来处理数据。换言之，计算机程序就是一系列指令的集合，计算机通过执行程序将输入数据转换成输出数据，程序和数据都存放在内存中。一条计算机指令的组成一般包含两个部分：操作码和操作数。操作码是指令操作的编码，操作数是指该指令所需要运算的数据。例如，使用一条加法指令进行 5+6 的加法运算，可以这样设计指令：假如计算机只有 4 条指令，即加、减、乘、除，可以用 00、01、10、11 分别表示这 4 种运算，加法用 00 进行编码，5 和 6 为操作数，将这两个操作数直接使用其二进制数编码。若考虑用 4 位二进制数进行编码，则 5 对应 0101，6 对应 0110，那么一条 5+6 的加法指令可以表示为 00 0101 0110，这样的指令和相应的数据都会被装载到内存中，然后由 CPU 读取、解释和执行。

CPU 利用重复的机器周期来执行程序中的指令，即一步一条，从开始到结束。一个简化的指令执行周期包括三个步骤：取指令、译码指令和执行指令（见图 2-5）。

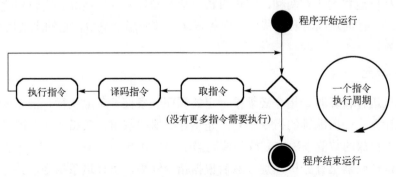

图 2-5　一个简化的指令执行周期

（1）取指令：在取指令阶段，控制单元命令系统将下一条指令读取到 CPU 的指令寄存器（IR）中。注意，要读取的指令的地址保存在程序计数器寄存器中。读取指令后，程序计数器将递增，指向内存中的下一条指令。

（2）译码指令：循环中的第二个阶段是翻译指令阶段。当指令在指令寄存器中，由控制单元对其进行译码，这个译码过程的结果是系统将执行的某些操作的二进制数。

（3）执行指令：指令被译码后，控制单元将任务指令发送给 CPU 中的一个部件。例如，控制单元可以告诉系统从内存中读取一个数据项，或者 CPU 可以告诉 ALU 添加两项输入寄存器的内容，并将结果存入输出寄存器中。

2.1.3 输入/输出系统

计算机中的第三个子系统是称为输入/输出（I/O）子系统的一系列设备。这个子系统可以使计算机与外界通信，并在计算机断电的情况下存储程序和数据。常见的输入/输出设备有如下几种：

（1）键盘和显示器：两个最常见的输入/输出设备是键盘和显示器。键盘提供字符或者文本输入功能；显示器显示输出内容。程序、命令和数据的输入或输出都是通过字符串进行的。字符则是通过字符集（如 ASCII 码或者 Unicode）进行编码的。

（2）打印机：打印机是一种用于产生永久性记录的输出设备，用于将计算机处理结果打印在相关介质上。打印机的种类有很多，按打印元件对纸是否有击打动作，分为击打式打印机与非击打式打印机。按打印字符结构，分为全形字打印机和点阵字符打印机。按一行字在纸上形成的方式，分为串式打印机与行式打印机。按所采用的技术，分为柱形、球形、喷墨式、热敏式、激光式、静电式、磁式、发光二极管式等打印机。

（3）磁盘：通过磁介质存储设备使用磁性来存储位数据，如果有磁性则表示 1，如果没有磁性则表示 0。磁盘是由一张一张的磁片叠加而成的，这些磁片由薄磁膜封装起来，信息是通过磁盘上每个磁片的读/写磁头读/写磁介质表面来进行读取和存储的。磁盘是典型的输入/输出设备。

（4）光存储设备：使用激光技术来存储和读取数据。人们在发明了 CD 光盘后，利用光存储技术来保存音频信息，现在，相同的技术被用于存储计算机中的信息。使用这种技术的设备有只读光盘（CD-ROM）、可刻录光盘（CD-R）、可重写光盘（CD-RW）、数字多功能光盘（DVD）等。

2.2 软件和操作系统

软件（software）是计算机用户与计算机硬件之间的接口，通常指运行时能够提供所要求功能和性能的指令或计算机程序的集合，用户主要是通过软件与计算机进行交流。计算机软件总体分为**系统软件**和**应用软件**两大类：① 系统软件是指控制和协调计算机及外部设备，支持应用软件开发和运行的系统，主要功能是调度、监控和维护计算机系统；负责管理计算机系统中各种独立的硬件，使得它们可以协调工作。系统软件使得用户和其他软件将计算机当作一个整体而不需要考虑底层每个硬件是如何工作的。典型的系统软件有：各类操作系统如 Windows、Linux、UNIX 等；各种语言处理程序如 C/C++编译程序、连接器程序、其他各种高级语言程序等；各种数据库管理程序如 MySQL、Oracle、Access等。② 应用软件和系统软件相对应，是指用户使用各种程序设计语言编制的应用程序的集合。应用软件是为满足用户对不同领域、不同问题的应用需求而提供的软件。应用软件可以细分的种类就更多了，如工具软件、游戏软件、管理软件、财务软件等。

2.2.1 操作系统概述

操作系统作为计算机最重要和最复杂的系统软件，是管理计算机硬件与软件资源的计算机程序。操作系统需要处理如管理与配置内存、决定系统资源供需的优先次序、控制输入设备与输出设备、操作网络与管理文件系统等基本事务。操作系统也提供一个让用户与系统交互的操作界面。

1. 操作系统的作用

现代计算机大多仍然遵循冯·诺依曼架构模型。一台典型的计算机在硬件上至少包含：一个 CPU、一定容量的内存空间、不同类别的输入/输出设备。用户主要依赖应用软件来实现其自身需求，需求不同其所依赖的应用软件也不同。一个现实的问题是这些程序如何有效、方便地利用计算机硬件资源来完成用户的不同业务需求？例如：CPU 只有一个，程序有数十个甚至数百个，如何合理利用 CPU 的计算能力使得这些程序的执行符合用户的预期？这些问题就是操作系统要面临和解决的问题。

一般认为，操作系统是计算机硬件和用户（人或者上层应用程序）之间的中间层，它使得用户可以方便、有效地实现对计算机硬件和软件资源的利用和访问。给用户带来的益处主要有两个：① 高效地利用硬件资源，从而提高用户的工作效率。② 便捷地利用计算机的软硬件资源，降低用户使用这些资源的门槛和难度。另外，任何现代操作系统均需要解决如下问题：

（1）提供良好的机制使得上层程序或者程序集被高效地运行，充分利用 CPU 和内存执行程序的能力。

（2）作为通用管理程序管理计算机系统中每个部件的活动，确保系统中的软硬件资源被合理、有效地利用，并且当出现冲突时，可以及时处理。

（3）计算机的主要功能是处理和存储数据，上述（1）和（2）是主要关于"处理"方面的工作，操作系统另外一个重要的工作是提供一种通用、统一、高效的机制来实现数据的访问和持久化的存储。

（4）操作系统还需要为用户提供一种方便的接口。

2. 操作系统的分类

随着计算机软硬件技术在材料、工艺、方法上的不断进步，以及通信和互联网技术的高速发展，现代操作系统大多在功能实现上趋于"同质化"，而且大多离不开网络环境。操作系统主要分类如下：

（1）批处理操作系统

批处理操作系统是 20 世纪早期的操作系统，其核心思想是把每个需要执行的程序当成一个作业。用户把自行编制的程序作为一个作业提交给批处理操作系统，批处理操作系统会根据作业的顺序从一个作业转移到另外一个作业。若当前作业运行成功，则输出结果数据；否则报错并转入下一道程序。现在，批处理操作系统在一些非常简单的应用系统中还在工作，此外，在很多现代操作系统中还保留了批处理这种工作模式。

（2）分时操作系统

分时操作系统是现代操作系统的主流，现在流行的 Windows、macOS、IOS、Android、Linux 等操作系统在本质上都是分时操作系统。为高效利用 CPU 等计算资源，分时操作系统引入了多道程序的概念，其核心思想是把多道程序装载到内存中，然后通过计算时间片轮询等手段来共享 CPU 的执行时间，使得这些程序轮流使用 CPU，从而体现多道程序使用 CPU 的公平性。由于 CPU 执行指令的速度非常快，基本上每个用户程序都能够得到及时响应，从而使得每个用户有一种整个系统都在为自己单独服务的错觉。

（3）实时操作系统

实时操作系统和分时操作系统类似，但是也存在明显的差异：实时操作系统必须在特定的时间段内完成特定的任务，否则可能会造成灾难性的后果。例如，运行在飞机上的很多控制程序，必须确保在严格时限内正确执行。实时操作系统通常被应用于实时应用中，如交通、医疗、军事、航空航天、工业控制、汽车控制系统等。常见的实时操作系统有很多，如 VxWorks，RT-Linux，pSOS+等。其实，在现代操作系统中，分时操作系统和实时操作系统的分界不是那么明显，很多实时操作系统是由分时操作系统通过增加实时调度机制改造而成的，如 RT-Linux，µClinux，嵌入式 Windows 操作系统等。此外，大部分现代分时操作系统具备一定的实时调度功能。

（4）并行操作系统

并行操作系统是指在一个计算机中安装了多个 CPU，这在现代计算机系统中很常见，小到普通的多 CPU、多核的微机和 PC 服务器，大到超级计算机。这些 CPU 之间通过高速内部总线连接在一起，多个 CPU 可以同时协作执行程序，许多计算任务可以被真实地并行处理，而不再是单 CPU 单核情况下的串行处理。能支持这类并行计算机架构的操作系统被称为并行操作系统。当前，大部分并行操作系统还是源于分时操作系统的，如 Linux、Windows Server 等均可以被认为是并行操作系统，它们在原有分时调度功能的基础上增加了并行处理机制。

（5）分布式操作系统

分布式计算是利用互联网上的计算机的 CPU 的闲置处理能力来解决大型计算问题的一种计算科学。能够很好地支持分布式计算的操作系统就是分布式操作系统，其所需要管理和协调的资源包括诸多的计算资源、存储资源和网络资源。与并行操作系统一样，现代分布式操作系统通常也是在主流分时操作系统中植入网络和分布式处理功能之后得以体现的，如 Linux、Windows、macOS、IOS、Android 等都具备一定的分布式操作系统的功能。

2.2.2 操作系统核心功能

操作系统的主要工作是对计算机的主要资源，如 CPU、内存、输入/输出设备等计算、存储和设备资源提供有效的管理机制，使得上层用户（应用程序和计算机操作人员）可以高效、方便地利用计算机开展工作。此外，计算机的另外一个核心功能是提供对数据的持久化存储。处理机管理、内存管理、文件管理和设备管理是操作系统必须支持的核心功能，这些内容通常组成了操作系统的内核部分，操作系统的核心功能如图 2-6 所示。

29

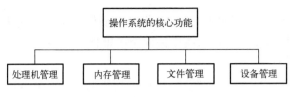

图 2-6　操作系统的核心功能

1．处理机管理

计算机中最重要的资源是 CPU 资源，CPU 主要实现算术运算、逻辑运算等计算功能，高效利用 CPU 的计算能力是操作系统内核设计最关键的问题之一。进程管理就是现代操作系统高效使用 CPU 等计算资源的最重要的技术之一。在介绍进程管理之前，先介绍几个重要的术语，即程序、进程和线程；接下来再重点阐述进程管理的核心机制：进程/线程调度。

（1）程序、进程和线程

程序（program）。是指由程序员编制的指令的集合，一般存储在外部存储器中，如普通机械硬盘、固态硬盘中的文件，如微信、QQ、Office 2019 等应用软件安装到硬盘上的可执行程序对应的各种文件。

进程（process）。一个程序运行的前提是其必须首先被加载到内存中。当一个程序被操作系统加载到内存中时，开始执行，并尚未结束，这就是一个进程。换而言之，进程是一个驻留在内存中正在运行的程序。例如：当双击 Windows 10 桌面上的 Word 图标，Windows 操作系统的装载器将为 Word 程序在内存中配置各种相关资源，即其对应的执行环境，然后把 Word 程序镜像装载到内存中，启动并执行，这时硬盘上的 Word 程序转化为内存中正在执行的进程。

线程（tread）。较早的操作系统（如 UNIX 等）只支持进程概念，现代的一些操作系统如 Windows，为了进一步有效利用 CPU，以满足进程内部的不同执行子过程间的并发能力，把进程的执行部分分割为更小的执行线索，这些执行线索称为线程。如今，线程已经称为现代操作系统任务调度的一个标志性的概念。简而言之，进程是正在进行中的程序，线程是进程的执行部分，可以用一个简单等式来描述这种关系：**进程=公共数据资源+线程集**，图 2-7 展示了这种关系。

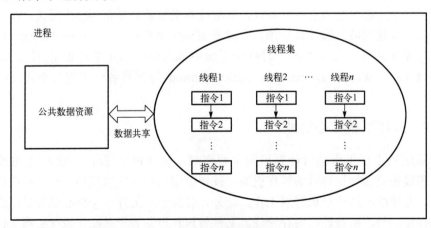

图 2-7　进程和线程的关系

在现代操作系统中，一个进程中至少包含一个线程，有些进程可能包含成百上千个线程。图 2-8 为 Windows 11 操作系统的一个进程视图。

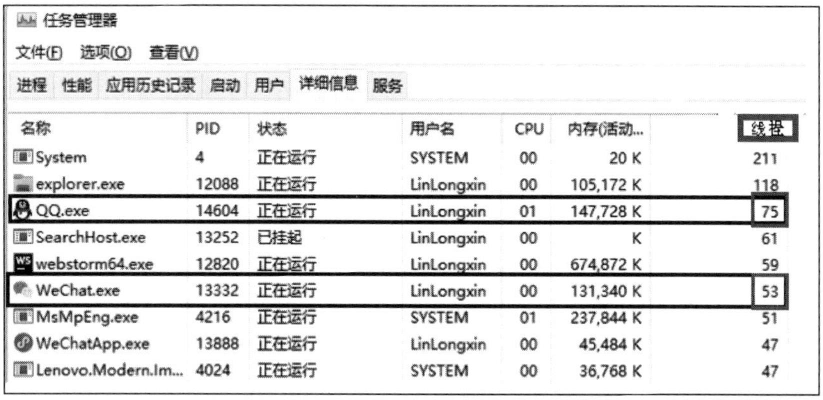

图 2-8　Windows 11 操作系统的一个进程视图

在图 2-8 中可以看到，WeChat.exe 为微信软件的可执行程序，它被操作系统执行时，被分配了一个进程，该进程的标识为 PID，即图 2-8 中的 13332，它包含了 53 个线程。

（2）进程/线程调度

为了有效利用 CPU，现代操作系统支持多进程/多线程的并发执行，操作系统中负责进程/线程调度的部件称为进程调度器或者任务调度器，即 Schedule 程序。其作用是有效地调度多道程序，使之达到并发（concurrency）调度的目的。在前面讲述计算机组成的章节中可知，一个只有一套 ALU 和 CU 的 CPU（单核 CPU），同一时刻只能执行一条指令，所以单核 CPU 在同一个时刻不可能同时执行两道程序，即不具备并行计算（parallel computing）的能力。现实中，我们使用一台计算机，可以"同时"运行几道甚至几十道程序，例如："同时"听歌、玩游戏、利用 Word 进行文字处理、浏览新闻等。操作系统是如何做到的呢？事实上，根据上述说明，单核 CPU 是没有办法"同时"执行多道程序的，但是在感觉上，我们的确"同时"使用计算机做了多件事情。这是如何做到的呢？我们先给出解释。

人们对任务"同时"的理解是秒级的，而计算指令的执行是纳秒级的，只要进程调度使程序执行的响应时间满足用户的时间要求即可以体现用户级的"同时"性。

现代操作系统在进行进程/线程调度时，采用的是基于时间片轮询的分时调度策略。即把 CPU 执行指令的过程按照时间片轮询的方式对多个任务进行交替执行，其分时调度策略如图 2-9 所示。

现代操作系统以一定的时间为单位（如 10 ms）轮流使用 CPU 执行不同的进程或者线程（有些历史悠久的操作系统在内核中没有线程概念，而是轻量级进程，如部分 UNIX 操作系统的变种）。例如，在图 2-9 中，如果时间片轮询的单位为 10 ms，那么进程或线程 1、进程或线程 2，一直到进程或线程 n 均以 10 ms 为轮询单位，交替执行。即第 1 个 10 ms 给进程或线程 1 执行指令，第 2 个 10 ms 给进程或线程 2 执行指令，第 n 个 10 ms 给进程或线程 n 执行指令；接下来，第 n+1 个 10 ms 给进程或线程 1 执行指令，第 n+2 个 10 ms 给进程或线程 2 执行指令，第 $2n$ 个 10 ms 给进程或线程 n 执行指令；依此类推。

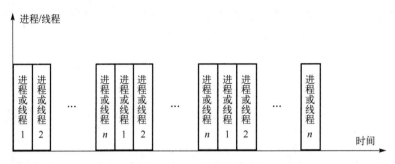

图 2-9　进程/线程的分时调度策略

接下来，考虑一个实际案例，考虑两道程序：**音乐播放程序、Word 文字处理程序**。将音乐播放过程分解为：音乐数据传输、数据缓存、音乐播放三个阶段，其中音乐数据传输是指 CPU 将一段音乐数据（假如是时长为 1 min 的音乐数据）传输到声卡（假设需要 1 ms），数据缓存（即声卡）把 CPU 传输过来的数据缓存在声卡内部的缓存器中（假设需要 1 ms），音乐播放是指声卡播放电路将缓存器中的音乐数据实时、连续地播放出来（1 min）。可以将 Word 文字处理程序设想为一个等待用户输入字符的循环程序，将其分解为：等待接收用户字符输入（从键盘缓冲区读取 1 个字符，假设为 1 ms）、保存输入字符数据（假设为 1 ms）、输出字符到显示器（假设为 1 ms）。上述两道程序真正需要使用 CPU 的有**音乐播放程序中的音乐数据传输、Word 文字处理的所有过程**。

根据上述策略分析这两道程序的并发执行过程，以及如何让用户体验"同时性"：假定进程调度器的时间片轮询周期为 20 ms，则其在第 1 个时间片耗时 1 ms 就把 1 min 的音乐数据传送给了声卡（这时声卡会连续播放音乐，其可以在 1 min 以内不需要新的音乐数据），然后选择执行 Word 程序；Word 文字处理程序一旦感知键盘敲击，CPU 迅速把键盘扫描码数据读出、保存并显示到显示器，共耗时 3 ms；由于人们敲击键盘的速度至少是以秒为间隔的，因此只要没有敲击键盘的动作，CPU 完全可以在 Word 文字处理程序时间片用完后再去处理音乐播放程序的音乐数据传送。一般而言，只要进程不太多，CPU 有足够的时间在音乐播放器把当前缓冲区的音乐数据播放完毕前，把新的音乐数据填充过来，以保证人们感觉音乐是"连续播放"的。

2．内存管理

内存管理是现代操作系统的另一个核心功能，其作用是高效地为多道"并发"执行的程序提供内存分配、管理和释放等机制。根据冯·诺依曼体系计算机"存储程序，顺序执行"的程序执行理念，任何程序在执行前，其指令和数据必须先被装载到内存中。根据程序被装载到内存中的数目，操作系统的内存管理通常可以分为**单道程序**和**多道程序**，当实际的物理内存不足时，又需要**虚拟内存技术**对内存进行扩展，以支持程序的运行。

（1）单道程序的内存管理

单道程序的内存管理出现在比较早的操作系统中，例如，20 多年前的 MS-DOS。在单道程序中，内存除了能装载操作系统，只支持装载一道程序。当这道程序被执行完毕后，它将被全部移出内存，继续装载下一道程序并运行。单道程序的内存模型如图 2-10 所示。

单道程序在执行时需要注意以下几个方面：① 如果当前需要装载和运行的程序大小超过可用的内存，则装载失败，程序无法被执行；② 当一个程序正在运行时，其他程序无法运行。不幸的是，假如这道程序以 I/O 操作为主，绝大部分时间是处于等待外部设备的输入和输出，真正使用 CPU 的时间很短，也就是说，虽然 CPU 大部分都处于空闲时间，但是也无法为其他程序提供服务。所以，在这种情况下，CPU 和内存的使用效率都非常低。因此为了解决上述问题，出现了多道程序。

（2）多道程序的内存管理

多道程序是指操作系统支持把多道程序装载到内存中，在进程/线程调度器的控制下并发执行多道程序，图 2-11 体现这种内存管理理念。

图 2-10　单道程序的内存模型

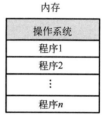

图 2-11　多道程序的内存模型

20 世纪 60 年代，提出了多道程序的内存管理，经过了多年的改进，出现了分区调度、分页调度、请求分页调度、请求分段调度、请求分页和分段调度等多种策略。简单来说，多道程序可以被划分为两类：非交换式多道程序和交换式多道程序。所谓**非交换式多道程序**是指程序在执行前被装载到内存中，执行过程中一直常驻内存，不会被交换到外部存储器中，这种模式其实就是单道程序的简单扩展，只是支持多道程序的"交替"执行罢了，单道程序存在的装载失败问题在非交换式多道程序中一样会发生。而**交换式多道程序**则把程序分割成更小单位的段和页，根据当前内存的实际空闲情况，一次装载程序少量的段或者页进行执行，一旦所需要访问的指令或数据不在内存中，则发生缺段或者缺页的异常，引发换段和换页的操作，即把内存中的段或页和外部存储器中的段和页的数据进行交换。

（3）虚拟内存

在交换式多道程序的内存管理中，意味着程序的一部分内容驻留在内存中，一部分内容则放置在外部存储器（如硬盘、SSD 等）中。假如实际的物理内存是 32GB，运行 100 道程序，每道程序所需内存平均大小为 0.5GB，总共需要 50GB 的内存空间。在交换式多道程序模式下，这 100 道程序在"段或页交换"的机制下可以顺利执行，实际上相当于系统只有 32GB 的物理内存，而另外 18GB 的内存为虚拟内存。当前，几乎所有的主流操作系统（如 Windows、Linux 等）都支持虚拟内存。

图 2-12 为 Windows 11 操作系统的虚拟内存的设置窗口。特别需要注意的是：当程序执行过程中发生了"请求换段或者换页"操作时，需要把硬盘上的段或者页换到内存中，此时执行速度会大幅下降，因为硬盘的读/写速度远远小于内存的读/写速度（差几个数量级）。因此，为了提升执行效率，一般的方法是：① 增大物理内存配置；② 提升外部存储器速度，如把普通硬盘换成高速的 SSD 固态硬盘。

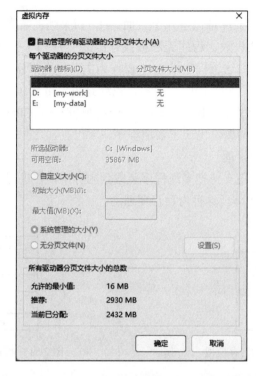

图 2-12　Windows 11 操作系统的虚拟内存的设置窗口

3. 文件管理

操作系统的另外一大作用是实现对数据的持久化存储。计算机一旦断电，计算机中的所有内存数据就会消失，无法实现数据的持久化。普通硬盘、SSD 固态硬盘、光盘等媒介是常见的持久化存储材料。为了有效地对数据进行组织和存储，现代操作系统通过文件管理的核心组件来实现。

在 UNIX 操作系统时代，就提出了抽象的文件和文件系统的概念。文件是指具有符号名（文件名）的一组相关元素的有序序列，是一段程序或数据的集合，例如，我们常见以".doc、.ppt、.exe、.c、.java"作为后缀名的文件。文件系统是指操作系统统一管理信息资源的软件组件，管理文件的存储、检索、更新，提供安全、可靠的共享和保护手段，并且方便用户使用。 文件系统包含文件管理程序（文件与目录的集合）和所管理的全部文件， 是用户与外存的接口，系统软件为用户提供统一方法来访问存储在物理介质上的信息。Windows 下的 FAT 32、NTFS，Linux 下的 ext3， ext4 等都是文件系统的代表。操作系统中的文件管理的一般功能如下：

（1）控制文件的读/写访问权限。UNIX、Windows、Linux 等操作系统都可以针对不同用户对文件设置相应的读、写、执行等访问权限。

（2）管理文件的创建、修改和删除。给操作用户提供创建、修改和删除文件的功能。

（3）修改文件名称。给操作用户提供修改文件名称的功能。

（4）提供一系列系统调用给上层应用程序使用。现代操作系统为上层应用程序提供了一系列系统调用以支持丰富的文件操作，常见的有 open（打开文件）、read（读文件）、write（写文件）、close（关闭文件）等。

4．设备管理

计算机的外部设备（就是前面所说的输入/输出设备）种类繁多，可以按照不同特性对它们进行如下分类：

（1）按设备的使用特性可以把外部设备分为两类：第一类是存储设备，也称外存后备存储器、辅助存储器，是计算机系统用于存储信息的主要设备，如我们常说的机械硬盘、固态硬盘、光盘等；第二类是输入/输出设备，分为输入设备、输出设备和交互式设备，如键盘、鼠标、扫描仪、打印机、显示器等，这类设备通常不需要保存数据。

（2）按传输速率可以把外部设备分为三类：第一类是低速设备，其传输速率仅为每秒几字节至几百字节的设备，如键盘、鼠标等；第二类是中速设备，其传输速率为每秒数千字节至十万字节的设备，如行式打印机、激光打印机等；第三类是高速设备，其传输速率为数百个千字节至千兆字节的设备，如磁带机、磁盘机、光盘机等。

（3）按信息交换的单位可以把外部设备分为两类：第一类是块设备，这类设备用于存储信息，信息以数据块为单位，如磁盘，每个盘块的存储空间为 512B～4KB，传输速率较高，通常每秒传输几兆字节；第二类是字符设备，用于数据的输入和输出，其基本单位是字符，属于无结构数据类型，如打印机等，其传输速率较低，通常为几字节至数千字节。

（4）按设备的共享属性可以把外部设置分为三类：第一类是独占设备，在一段时间内只允许一个用户（进程）访问的设备，即临界资源；第二类是共享设备，在一段时间内允许多个进程同时访问的设备，当然，每个时刻仍然只允许一个进程访问，如磁盘（可寻址和可随机访问）；第三类是虚拟设备，通过虚拟技术将一台设备变换为若干台逻辑设备，供若干个用户（进程）同时使用。

操作系统的设备管理功能主要体现设备处理程序（又称驱动程序）的机制设计上，它是 I/O 系统的高层与设备控制器之间的通信程序，其主要任务是接收上层软件发来的抽象 I/O 要求，如 read 或 write 命令，再把它转换为具体要求后，发送给设备控制器，启动设备去执行；反之，它也将由设备控制器发来的信号传送给上层软件。由于驱动程序与硬件密切相关，故通常为每类设备配置一种驱动程序。

设备驱动程序的主要功能如下：

（1）接收由与设备无关的软件发来的命令和参数（如文件的 read 或者 write 命令），并将命令中的抽象要求转换为与设备相关的低层操作序列。

（2）检查用户 I/O 请求的合法性，了解 I/O 设备的工作状态，传递与 I/O 设备操作有关的参数，设置 I/O 设备的工作方式。

（3）发出 I/O 命令，如果设备空闲，那么便立即启动 I/O 设备，完成指定的 I/O 操作；如果设备忙碌，那么将请求者的请求块挂在设备管理队列上等待。

（4）及时响应由设备控制器发来的中断请求，并根据其中断类型，调用相应的中断处理程序进行处理。

2.2.3　大数据分析和处理技术

大数据分析和处理技术是融合了应用数学、计算机和人工智能技术、网络和通信技术等多学科知识和技能的一门综合性技术，是推动当前"新工科、新医科、新农科、新文科"快速发展的有力工具之一，其核心为数据和处理（就是计算）。一个通用的大数据分析和处理流程如图 2-13 所示。

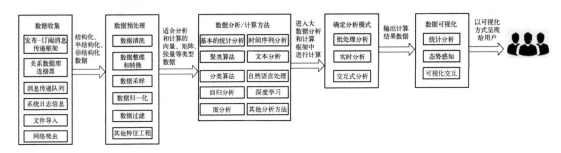

图 2-13 一个通用的大数据分析和处理流程

如图 2-13 所示，一个通用的大数据分析和处理流程如下：

（1）数据收集：数据收集是任何分析应用程序的第一步。在对数据进行分析前，必须将数据收集起来，并将其纳入一个大数据系统中。数据收集工具和框架的选择取决于数据的来源和所摄取的数据类型。对于数据收集，可以使用各种类型的连接器，如发布-订阅消息传递框架、消息传递队列、关系数据库连接器、文件导入、系统日志信息、网络爬虫、数据爬取等。所收集到的数据为一些结构化、半结构化及非结构化数据。这些被认为是大数据分析和处理的原始数据（raw data）。

（2）数据预处理：搜集到的原始数据通常并不适合各种分析和计算方法进行处理，可能存在各种问题，必须在处理数据前解决这些问题，如损坏的记录、丢失的值、重复、不一致的缩写、不一致的单元、拼写错误和不正确的格式，在使用原始数据之前需要进行数据预处理。数据预处理包括各种任务，如数据清洗、数据整理和转换、重复数据删除、数据归一化、数据采样、数据过滤，以及其他特征工程相关工作。数据清洗可以检测并解决诸如损坏的记录、丢失值的记录、格式错误的记录等问题。数据整理和转换是指将数据从一种原始格式转换为另一种格式。例如，当我们将记录作为不同来源的原始文本文件收集时，我们可能会遇到不同文件中使用的字段分隔符不一致的情况，一些文件可能使用逗号作为字段分隔符，其他文件可能使用制表符作为字段分隔符。通过数据转换将来自不同来源的原始数据转换为一致的格式来解决数据格式不一致的问题。当来自不同来源的数据使用不同的单位或比例时，就需要进行规范化。例如，一些气象站报告的天气数据可能包含摄氏温标，而其他气象站的数据可能使用华氏温标。当我们只想处理符合某些规则的数据时，数据过滤和数据采样可能会有用，数据过滤还可以用于过滤掉不正确或超出范围值的不良记录。

（3）数据分析/计算方法的确定：数据分析流程中的下一步是确定应用程序的分析类型。如基本的统计分析、聚类算法、分类算法、回归分析、图分析、数据降维、自然语言处理、文本分析、时间序列分析、基于深度学习的数据分析等。数据分析/计算方法通常以传统的统计分析、机器学习、深度学习等方法为基础。

（4）确定分析模式：在为应用程序选择了分析类型之后，下一步是确定分析模式，可以是批处理、实时分析或交互式分析。模式的选择取决于具体的应用需求：若应用程序要求分析结果在很短的时间间隔内发生（如每隔几秒钟），则选择实时分析模式比较合适；若应用程序只需要在更长的时间间隔（如每日或每月）内获得分析结果，则使用批处理模式更合适；若应用程序需要按需查询数据的分析结果，则交互式分析模式更合适。一旦确定分析类型和分析模式，通常可以确定使用合适的大数据分析和计算框架。例如：Hadoop

框架中的 Map/Reduce 适合批处理模式；Storm 计算框架适合实时分析模式；Spark、Flink 等适合批处理、实时分析模式。

（5）数据可视化：数据可视化可以是静态的、动态的或交互式的。当用户将分析结果存储在一个提供服务的数据库中，并且只想显示统计分析结果时，将使用静态可视化。但是，如果应用程序要求定期更新结果，那么使用动态可视化方式更为合适。如果用户希望使用应用程序接收来自自身的输入并显示结果，那么需要使用交互式可视化技术。

图 2-14 是一个典型的大数据分析和处理系统的架构，图中的 Kafka、Sqoop、ZeroMQ、Hadoop、Spark、Spark Mlib、Storm、HBase、MongoDB 等均为一些与大数据相关的消息中间件、计算框架、NoSQL 数据库、数据采集组件等，这些内容超出了本书的写作范围，不对这些内容做详细介绍。本书的后续章节，将围绕数据的表示、数据的分析和计算、数据的可视化等相关内容展开。

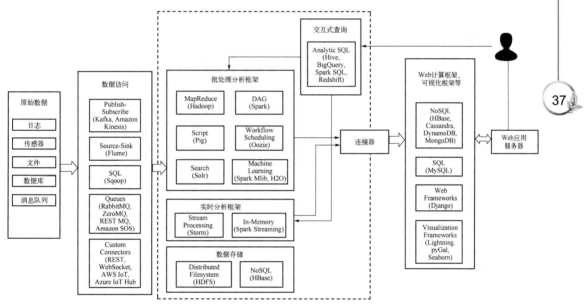

图 2-14　一个典型的大数据分析和处理系统架构

习　题　2

一、单项选择题

1. 可以将基于冯·诺依曼架构的现代计算机模型进一步划分为三大子系统，分别是中央处理器、主存储器和_____。

    A．控制器   B．算术逻辑运算单元

    C．输入/输出子系统   D．主机系统

2. 如果 CPU 的字长为 64 位，那么以下说法正确的是_____。

    A．该计算机被称为 64 位计算机

    B．只能处理 64 位数据的算术运算

C. 计算机指令的长度只能小于或等于 64 位

D. 以上说法都不正确

3. 计算机主存储器的地址空间大小通常是_____。

    A. 2 的 N 次幂方   B. 任意定义大小

    C. 10 的 N 次幂方   D. 最大不超过 2^{32} 字节

4. 关于 ROM，以下说法正确的是_____。

    A. 用户可以向 ROM 中反复读/写数据   B. 用户只能从 ROM 读出数据

    C. ROM 的数据在断电后会消失   D. ROM 常用作主内存使用

5. 下面不属于逻辑运算的是_____。

    A. AND 运算   B. OR 运算

    C. XOR 运算   D. 加法运算

6. 下列只属于输出设备的是_____。

    A. 键盘   B. 鼠标

    C. 固态硬盘   D. 打印机

7. 下列操作系统中，属于实时操作系统的是_____。

    A. Windows 11   B. Linux

    C. Android   D. VxWorks

8. 操作系统的四大核心功能分别为处理机管理、内存管理、设备管理和_____。

    A. 文件管理   B. 进程管理

    C. 系统管理   D. 数据管理

9. 在现代操作系统中，一个进程最少可以包含_____个线程。

    A. 0 个   B. 1 个

    C. 2 个   D. 5 个

10. 大数据分析模式主要分为三类，即批处理分析模式、_____和交互式分析模式。

    A. 实时分析模式   B. 离线分析模式

    C. 分布式分析模式   D. 集中式分析模式

二、判断题

1. 不同的进程必然对应不同的程序。

2. 程序的并发执行是指同一时刻有两个以上的程序，它们的指令在同一个 CPU 上执行。

3. RAM 存储器在计算机断电后，保存的所有数据都会消失。

4. 寄存器的存取速度远低于主存储器（内存）的存取速度。

5. 计算机指令执行周期包含三个步骤：取指令、执行指令和保存数据。

6. 计算机利用重复的机器周期来执行程序中的指令，一步一条，从开始到结束。

7. 进程和线程是完全不同的概念，它们之间没有任何关系。

8. 进程/线程的分时调度策略是指在同一个 CPU 上根据时间片轮询来执行多道程序，让用户在一定的时间段内感觉到计算机"同时"完成多个任务。

9. 一个只包含单 ALU 和 CU 的计算机不可能在同一时刻执行两个进程或者线程。

10. 当计算机的物理内存不足时，常使用虚拟内存来实现多道程序的执行。

三、简答题

1．试比较程序、进程和线程的区别和联系。

2．简要描述计算机的硬件组成。

3．简单说明存储器的层次结构，以及为何要这样设计？

4．简要描述计算机程序所包含指令的执行逻辑。

5．系统软件和应用软件的区别是什么？举例说明哪些是系统软件，哪些是应用软件。

6．简要说明操作系统的分类。

7．操作系统的核心功能有哪几个？请简要说明这些核心功能。

8．进程/线程的分时调度机制是什么？

9．详细描述大数据分析和处理流程。

10．举例说明一个大数据分析和处理系统的系统架构。

第 3 章

数据的表示

在现代电子计算机各种存储介质中，都只存在两个不同的信号（如高/低电平、南/北磁极），可记为 0、1，无论是什么类型的数据都是用多位这样的 0 和 1 的排列组合表示的，计算机依据二进制计数原则，对这样的排列组合进行计算。例如，8 位 0 和 1 的组合 01000001，可以表示一个定性值：字符 A，对应的二进制码值为 01000001，十进制码值为 65；又如 8 位 0 和 1 的组合 11111100 可以表示一个定量值：整数值-4，对应的二进制码值为 11111100，十进制码值为 252。这种排列组合就是数的编码，而对编码的书写以及在计算机中表示的量和对其实施的计算规则都是依据进位计数制的。例如，在上述表示字符 A 的排列组合中，01000001 就是二进制进位计数制描述的码值（对应十进制码值为 65，十六进制码值为 41）；其中，最右边的 1 所处的位置为最低位（即第 0 位），从右向左依次是第 1 位、第 2 位、…最左边的 0 所处的位置为最高位（即第 7 位）。

3.1 计数系统与数制

3.1.1 进位计数制

数制是使用有限个符号和约定的计数规则表示无限个数值的方法。进位计数制（简称数制）通过约定基数、数符、位权及进位规则来表达数值，其中基数确定数制的进制值。数制包含基数、位权两个基本要素和一条计数规则。

（1）**数符**。表示一个不同数值大小的数字符号。例如，十进制数有 0、1、2、3、4、5、6、7、8、9，二进制数有 0、1，十六进制数有 0、1、2、3、4、5、6、7、8、9、A、B、C、D、E、F。

（2）**基数**。是指数制中使用的数符个数。如果数制的基数为 R，则称该数制为 R 进制进位计数制（简称 R 进制）。例如，十进制的基数为 10，二进制的基数为 2，十六进制的基数为 16。

（3）**位权**。是指某个位上的数符在整个数值中的权重。例如，对于十进制数 36.52，从小数点向左数，6 所在位置是 0，3 所在位置是 1，对应的位权分别是 10^0、10^1；从小数点向右数，5 所在位置是-1，2 所在位置是-2，对应的位权分别是 10^{-1}、10^{-2}。

（4）**计数规则**。R 进制的计数从 0 开始，依次是 1,2,…达到 R 即在其左位的数符上加 1，本位回 0，简称逢 R 进 1。

若 R 进制数表示数值 X，记为 $a_n a_{n-1} \cdots a_1 a_0 . a_{-1} \cdots a_{-m+1} a_{-m}$，则其数值含义为

$$\sum_{i=-m}^{i=n} a_i R^i$$

展开可得

$a_n \times R^n + a_{n-1} \times R^{n-1} + \cdots + a_1 \times R^1 + a_0 \times R^0 + a_{-1} \times R^{-1} + \cdots + a_{-m+1} \times R^{-m+1} + a_{-m} \times R^{-m}$ （3-1）

其中，i 为数符 a_i 所在的位置（小数点向左依次为 0,1,2,$\cdots$，小数点向右依次为 $-1, -2, \cdots$），a_i 是位置 i 上的数符，R^i 表示 R 的 i 次幂，R^i 是 a_i 的位权值，+表示加法运算，×表示乘法运算。在后续的内容中，若没有特别说明，则基数、位权按位权展开的数值表示，默认是十进制数，也按十进制数运算规则进行运算。

如表 3-1 所示的是在计算机学科中频繁使用的进制及惯用符号。表中列出的标识是本书对不同进制数的区分，若数中没有进制标识，则默认该数为十进制数。

表 3-1 常见的进制表示及惯用符号

	二进制数	八进制数	十进制数	十六进制数
数符	0、1	0～7	0～9	0～9、A、B、C、D、E、F
基数	2	8	10	16
位权	2^i	8^i	10^i	16^i
计数规则	逢 2 进 1	逢 8 进 1	逢 10 进 1	逢 16 进 1
字母后缀标识	B	O	D	H
下标标识	$()_2$	$()_8$	$()_{10}$	$()_{16}$

【例 3.1】 将不同进制数 11010.101B、386.45D、73.65O、A1.2FH 按权展开。

【解答】 根据字母后缀标识，B、D、O、H 分别表示二进制数、十进制数、八进制数、十六进制数。各进制数按权展开如下：

$11010.101B = 1 \times 2^4 + 1 \times 2^3 + 0 \times 2^2 + 1 \times 2^1 + 0 \times 2^0 + 1 \times 2^{-1} + 0 \times 2^{-2} + 1 \times 2^{-3}$

$386.45D = 3 \times 10^2 + 8 \times 10^1 + 6 \times 10^0 + 4 \times 10^{-1} + 5 \times 10^{-2}$

$73.65O = 7 \times 8^1 + 3 \times 8^0 + 6 \times 8^{-1} + 5 \times 8^{-2}$

$A1.2FH = 10 \times 16^1 + 1 \times 16^0 + 2 \times 16^{-1} + 15 \times 16^{-2}$

3.1.2 二进制数的基本运算

1. 二进制数的特点

二进制数的基数为 2，是所有进位计数制中基数最小的进制，它具有以下特点：

（1）运算规则少。如二进制数的加法运算只有 4 条：0+0=0, 0+1=1, 1+0=1, 1+1=10，而十进制数的加法运算有 100 条。

（2）数符少。只有两个数符，数符和逻辑代数值一一对应，既可以方便地进行逻辑代数运算，又可以方便地在算术运算和逻辑运算间相互等价转换。例如，逻辑非运算等价于对 1 互补运算，即 1−0=1, 1−1=0；一位二进制数的加法运算可以转换为进位值等于逻辑"与"运算，本位值等于逻辑"异或"运算。

（3）位权值小。表示一个数所使用的数位比较多，不易于书写和阅读。例如，十进制数 68 只是一个两位数，而对应的二进制数是 1000100，是一个 7 位数。

41

据此，在计算机中使用二进制数来表示数据和进行计算有以下优点：

二进制数的运算规则少，大大简化电路设计，降低电路实现的难度。

② 二进制数符少，物理上容易实现，可靠性强。

③ 二进制数 0、1 与逻辑代数值 0、1（分别表示"假""真"）正好吻合，便于用逻辑电路实现数值表示和数值计算。

由于二进制数的基数小，因此位权值也就小，使用二进制位模式表示数不利于人工书写和阅读，而采用十进制数又不利于与二进制数之间进行转换。因此，在书写二进制数或代码时，往往采用八进制数、十六进制数来代替。例如，二进制数 1000100 对应的八进制数是 104，对应的十六进制数是 44。

2．二进制数的运算

（1）二进制数的算术运算

① 加、减法运算。

二进制数的加法运算规则：0+0=00, 0+1=01, 1+0=01, 1+1=10（逢 2 进 1）。

二进制数的减法运算规则：0−0=0, 0−1=1（向高位借位，借 1 当 2），1−0=1, 1−1=0。

② 乘、除法运算。

二进制数的乘法运算规则：0×0=0×1=1×0=0, 1×1=1。

二进制数的除法运算规则：0/1=0, 0/0 与 1/0 非法，1/1=1。

（2）二进制数的按位逻辑运算

由于二进制数各位权上的数只有 0 和 1，这与逻辑代数中的值 0 和 1（表示"假"与"真"）完全一样，因此可以对二进制数按位进行逻辑运算。

① 逻辑"或"运算。

通常，逻辑"或"运算用符号"+"或"∨"来表示，其运算规则如下：

$$0\vee0=0 \quad 0\vee1=1 \quad 1\vee0=1 \quad 1\vee1=1$$

【例 3.2】$X=(10100101)_2$，$Y=(10111011)_2$，求 $X\vee Y$ 的结果。

【解答】
```
    10100101
∨   10111011
    10111111
```

则得 $X\vee Y=(10111111)_2$

② 逻辑"与"运算。

通常，逻辑"与"运算用符号"•"或"∧"来表示，其运算规则如下：

$$0\wedge0=0 \quad 0\wedge1=0 \quad 1\wedge0=0 \quad 1\wedge1=1$$

【例 3.3】$X=(10100101)_2$，$Y=(10111011)_2$，求 $X\wedge Y$ 的结果。

【解答】
```
    10100101
∧   10111011
    10100001
```

则得 $X\wedge Y=(10100001)_2$

③ 逻辑"非"运算。

逻辑"非"运算又称"求反"运算，通常在逻辑数据上面加一条横线或用符号"¬"表示。

逻辑"非"运算规则：$\overline{0}=1$，$\overline{1}=0$。

例如，X=(10100101)$_2$，则$\overline{X}$=(01011010)$_2$

④ 逻辑"异或"运算。

通常，逻辑"异或"运算用符号"⊕"来表示，其运算规则如下：

$$0\oplus0=0 \qquad 0\oplus1=1 \qquad 1\oplus0=1 \qquad 1\oplus1=0$$

"异或"运算 A⊕B 可以转化为"与""或""非"运算的组合，即$(\overline{A}\wedge B)\vee(A\wedge\overline{B})$。

【例 3.4】X=(10100101)$_2$，Y=(10111011)$_2$，求 $X\oplus Y$ 的结果。

【解答】

$$
\begin{array}{r}
10100101 \\
\oplus \quad 10111011 \\
\hline
00011110
\end{array}
$$

则得 $X\oplus Y$=(00011110)$_2$

按位逻辑运算可以用于数值计算中。例如，设 A 是一个 8 位二进制数，则计算式 $A\wedge(1)_2$ 可计算出 A 中位权 1（即 2^0 位权）上的值；计算式$(A\vee(1)_2)-(1)_2$ 可以计算出位权 1 上的数是 0，其他位权上的数和 A 中相同的数；$\overline{A}$ 的运算结果与(11111111)$_2$–A 的计算结果相同。

【例 3.5】求与两个一位二进制数的加法运算规则等价的位逻辑运算式。

【解答】如表 3-2 的所示是两个一位二进制数的加法运算规则。其中，A、B 分别是被加数和加数，C 是 $A+B$ 的进位值，S 是 $A+B$ 的本位值。

表 3-2　两个一位二进制数的加法运算规则表

A	B	C	S
0	0	0	0
0	1	0	1
1	0	0	1
1	1	1	0

观察表 3-2 中的运算规则，可知：

只有当 A 和 B 的值都为 1 时，进位值 C 才为 1，计算 C 的逻辑运算式归纳为 $A\wedge B$。

只有当 A 等于 0、B 等于 1 或者 A 等于 1、B 等于 0 时，本位值 S 为 1，计算 S 的逻辑运算式可归纳为$(\overline{A}\wedge B)\vee(A\wedge\overline{B})$，简写为 $A\oplus B$。

故 $C=A\wedge B$，$S=A\oplus B$。

3.1.3　数制的转换

可以用各种不同进制来表示数 X，公式（3-1）（见 3.1.1 节）是 R 进制数 X 的位权展开式。将其拆成纯整数部分和纯小数部分分别如下：

纯整数部分为

$$a_n\times R^n+a_{n-1}\times R^{n-1}+\cdots+a_1\times R^1+a_0\times R^0$$

纯小数部分为

$$a_{-1} \times R^{-1} + \cdots + a_{-m+1} \times R^{-m+1} + a_{-m} \times R^{-m}$$

根据进制运算规则及运算优先顺序规则，纯整数部分可表达为

$$(((0 \times R + a_n) \times R + a_{n-1}) \times R + \cdots + a_1) \times R + a_0 \tag{3-2}$$

纯小数部分可表达为

$$(((0 + a_{-m}) \div R + a_{-m+1}) \div R + \cdots + a_{-1}) \div R \tag{3-3}$$

公式（3-2）除以基数 R 可得与数 a_0 相应的余数，公式（3-3）乘以基数 R 可得与数符 a_{-1} 相应的整数。

因为在本书中，一个具体数的位权展开式中的基数、位权都用十进制数表示，进制转换也遵循十进制数的运算规则进行。因此直接可以进行的进制转换就是 R 进制数和十进制数之间的相互转换。若两个进制数都是非十进制数，则这两个进制数之间的转换需要借助十进制数作为中间值来完成。

将十进制数转换为 R 进制数的过程和将 R 进制数转换为十进制数的过程是互逆过程。将十进制整数转换为 R 进制整数的基本计算是除以基数 R 求余数（对应数符的十进制数），将 R 进制整数转换为十进制整数的基本计算则是乘以基数 R 加数符值（数符的十进制数）；将十进制小数转换为 R 进制小数的基本计算是乘以基数 R 取整数（对应数符的十进制数），将 R 进制小数转换为十进制小数的基本计算则是加数符值（数符的十进制数）除以基数 R。

1. 将 R 进制数转换成十进制数

（1）整数部分。假设要转换的 R 进制整数为 $X1$，转换后的十进制数是 S，按公式（3-2），$X1$ 转换为十进制数 S 的算法如下：

① 给 S 赋值 0。

② 从左向右依次取下 $X1$ 上的一个数符并转换为相应的十进制数（记为 a_i），进行计算 $S \times R + a_i$，并赋值给 S；若还有数符没有取下，则重复本步骤；否则执行步骤③。

③ 输出 S，结束。

【例 3.6】将 $(101)_2$、$(24)_8$、$(A12)_{16}$ 分别转换成十进制数。

【解答】计算过程如图 3-1 所示。

$(101)_2$ 的转换过程		$(24)_8$ 的转换过程		$(A12)_{16}$ 的转换过程	
步骤	S 值	步骤	S 值	步骤	S 值
$S = 0$	0	$S = 0$	0	$S = 0$	0
$S = 0 \times 2 + 1$	1	$S = 0 \times 8 + 2$	2	$S = 0 \times 16 + 10$	10
$S = 1 \times 2 + 0$	2	$S = 2 \times 8 + 4$	20	$S = 10 \times 16 + 1$	161
$S = 2 \times 2 + 1$	5	结束		$S = 161 \times 16 + 2$	2578
结束				结束	

图 3-1 例 3.6 的计算过程（从左向右取数符）

由图 3-1 可得：与 $(101)_2$、$(24)_8$、$(A12)_{16}$ 对应的十进制数分别是 5、20、2578。

（2）小数部分。假设要转换的 R 进制小数为 $X2$，转换后的十进制数是 F，按公式（3-3），将 $X2$ 转换为十进制数 F 的算法如下：

① 给 F 赋值 0。

② 从右向左依次从 $X2$ 中取下一个数符并将其转换为对应的十进制数（记为 a_{-i}），进行计算 $(F+a_{-i})\div R$，并赋值给 F；若还有数符没有取下，则重复本步骤；否则执行步骤③。

③ 输出 F，结束。

【例 3.7】将 $(0.101)_2$、$(0.24)_8$、$(0.A12)_{16}$ 分别转换成十进制数。

【解答】计算过程如图 3-2 所示。

$(0.101)_2$的转换过程		$(0.24)_8$的转换过程		$(0.A12)_{16}$的转换过程	
步骤	F值	步骤	F值	步骤	F值
$F=0$	0	$F=0$	0	$F=0$	0
$F=(0+1)\div 2$	0.5	$F=(0+4)\div 8$	0.5	$F=(0+2)\div 16$	0.125
$F=(0.5+0)\div 2$	0.25	$F=(0.5+2)\div 8$	0.3125	$F=(0.125+1)\div 16$	0.0703125
$F=(0.25+1)\div 2$	0.625	结束		$F=(0.0703125+10)\div 16$	0.629394531
结束				结束	

图 3-2 例 3.7 的计算过程（从右向左取数符）

由图 3-2 可得：与 $(0.101)_2$、$(0.24)_8$、$(0.A12)_{16}$ 对应的十进制数分别是 0.625、0.3125、0.629394531。

2. 将十进制数转换成 R 进制数

将十进制数转换成 R 进制数的过程就是求 R 进制数（即 $a_n a_{n-1} \cdots a_1 a_0 . a_{-1} \cdots a_{-m+1} a_{-m}$）的过程，即整数部分和小数部分分别进行转换。

（1）整数部分。假设十进制整数是 X，对 X 求 R 进制整数各数符的算法如下：

① 给 i 赋值 0（即用 i 来指定 R 进制数的位，从右向左，i 的值依次是 0,1,2,…）。

② 若 X 不等于 0，则执行步骤③；否则执行步骤④。

③ 用 X 整除以基数 R，求得商和余数，将余数转换为数符 a_i，将商赋值给 X，将 i 值加 1 后赋值给 i，重复执行步骤②。

④ 输出所有数符，结束。

【例 3.8】求与 17 相应的二进制数，与 1566 相应的十六进制数。

【解答】计算过程如图 3-3 所示。

17相应的二进制数					a_i	1566相应的十六进制数				
X	R	商	余数	数符		X	R	商	余数	数符
17	2	8	1	1	a_0	1566	16	97	14	E
8	2	4	0	0	a_1	97	16	6	1	1
4	2	2	0	0	a_2	6	16	0	6	6
2	2	1	0	0	a_3					
1	2	0	1	1	a_4					

图 3-3 例 3.8 的计算过程

由图 3-3 可得，与 17 相应的二进制数是$(10001)_2$，与 1566 相应的十六进制数是$(61E)_{16}$。

（2）小数部分。假设十进制小数是 X，对 X 求 R 进制小数各数符的算法如下：

① 给 i 赋值−1（即用 i 来指定 R 进制数的位，从左向右，i 的值依次是−1,−2,−3,⋯），将小数位数的最大值赋给 M。

② 若 X 不等于 0 或 i 不小于−M，则执行步骤③；否则执行步骤④。

③ 用 X 乘以基数 R，求得整数部分和小数部分，将整数部分转换为数符 a_i，将小数部分赋值给 X，将 i 值减 1 后赋值给 i，重复执行步骤②。

④ 输出所有数符，结束。

【例 3.9】求与 0.3125 相应的二进制数，与 0.24 相应的十六进制数。

【解答】计算过程如图 3-4 所示。

0.3125相应的二进制数，$M=-6$					a_i	0.24相应的十六进制数，$M=-6$				
X	R	小数部	整数	数符		X	R	小数部	整数	数符
0.3125		0.625	0	0	a_{-1}	0.24	16	0.84	3	3
0.623		0.25	1	1	a_{-2}	0.84	16	0.44	13	D
0.25		0.5	0	0	a_{-3}	0.44	16	0.04	7	7
0.5		0	1	1	a_{-4}	0.04	16	0.64	0	0
					a_{-5}	0.64	16	0.44	10	A
					a_{-6}	0.24	16	0.84	3	3

图 3-4　例 3.9 的计算过程（假设小数位最长为 6 位）

由图 3-4 可得，与 0.3125 相应的二进制数是$(0.0101)_2$；与 0.24 相应的十六进制数是$(0.3D70A3⋯)_{16}$，约等于$(0.3D70A3)_{16}$。

注意，在小数进制转换过程中，大多数情况都会出现无限循环小数的有理数，而数制的形式（数学中可以使用真分数表示）无法实现精确表示，只能使用近似值替代。

3．二进制数、八进制数、十六进制数之间的转换方法

由于 $2^3=8$，$2^4=16$，一位八进制数能表示数的个数与三位二进制数能表示数的个数相同，一位十六进制数能表示数的个数与 4 位二进制数能表示数的个数相同，表 3-3 是二进制数、八进制数、十进制数、十六进制数的对应关系表。

表 3-3　二进制数、八进制数、十进制数和十六进制数的对应关系表

十进制数	二进制数	八进制数	十六进制数	十进制数	二进制数	八进制数	十六进制数
0	0000	0	0	8	1000	10	8
1	0001	1	1	9	1001	11	9
2	0010	2	2	10	1010	12	A
3	0011	3	3	11	1011	13	B
4	0100	4	4	12	1100	14	C
5	0101	5	5	13	1101	15	D
6	0110	6	6	14	1110	16	E
7	0111	7	7	15	1111	17	F

改变二进制整数位权展开式 $a_n \times 2^n + a_{n-1} \times 2^{n-1} + \cdots + a_1 \times 2^1 + a_0 \times 2^0$ 为

$$\cdots + (a_{3 \times i+2} \times 2^2 + a_{3 \times i+1} \times 2^1 + a_{3 \times i+0} \times 2^0) \times 2^{3 \times i} + \cdots + (a_2 \times 2^2 + a_1 \times 2^1 + a_0 \times 2^0) \times 2^{3 \times 0}$$

其中，二进制数 $a_{3 \times i+2} \times 2^2 + a_{3 \times i+1} \times 2^1 + a_{3 \times i+0} \times 2^0$ 的最小值是 0，最大值是 7，与八进制数一一对应，$2^{3 \times i}$ 与位权 8^i 相同。若将 $a_{3 \times i+2} \times 2^2 + a_{3 \times i+1} \times 2^1 + a_{3 \times i+0} \times 2^0$ 转换为八进制数 b_i，则上式可转换为八进制整数，即

$$\cdots + b_i \times 8^i + \cdots + b_0 \times 8^0$$

同理，改变二进制小数展开式

$$a_{-1} \times 2^{-1} + a_{-2} \times 2^{-2} + a_{-3} \times 2^{-3} + \cdots + a_{-m+1} \times 2^{-m+1} + a_{-m} \times 2^{-m}$$

为

$$(a_{-1} \times 2^2 + a_{-2} \times 2^1 + a_{-3} \times 2^0) \times 2^{3 \times -1} + \cdots + (a_{3 \times -i+2} \times 2^2 + a_{3 \times -i+1} \times 2^1 + a_{3 \times -i+0} \times 2^0) \times 2^{3 \times -i} + \cdots$$

其中，二进制数 $a_{3 \times -i+2} \times 2^2 + a_{3 \times -i+1} \times 2^1 + a_{3 \times -i+0} \times 2^0$ 的最小值是 0，最大值是 7，与八进制数一一对应，$2^{3 \times -i}$ 与位权 8^{-i} 相同。若将 $a_{3 \times -i+2} \times 2^2 + a_{3 \times -i+1} \times 2^1 + a_{3 \times -i+0} \times 2^0$ 转换为八进制数 b_{-i}，则上式可转换为八进制小数，即

$$b_{-1} \times 8^{-1} + \cdots + b_{-i} \times 8^{-i} + \cdots$$

据此，将二进制数换成八进制数的方法可总结为以小数点为界向左右两边进行分组，每 3 位二进制数为一组，不足 3 位用 0 补齐，然后每组二进制数用一个八进制数表示。同样，将二进制数换成十六进制数的方法可总结为以小数点为界向左右两边进行分组，每 4 位二进制数为一组，不足 4 位用 0 补齐，然后每组二进制数用一个十六进制数表示。

【例 3.10】将二进制数 $(10110111.10111)_2$ 分别转换成八进制数和十六进制数。

【解答】　$(\underline{010}\ \underline{110}\ \underline{111}.\underline{101}\ \underline{110})_2 = (267.56)_8$（将整数高位和小数低位分别补 0）

$$\qquad\quad 2\quad\ \ 6\quad\ \ 7\quad\ \ 5\quad\ \ 6$$

$(\underline{1011}\ \underline{0111}.\underline{1011}\ \underline{1000})_2 = (B7.B8)_{16}$（将小数低位补 0）

$$\quad\ \ B\quad\ \ 7\quad\ \ B\quad\ \ 8$$

反之，在将八进制数转换成二进制数时，只需把每位八进制数拆分为 3 位二进制数；在将十六进制数转换成二进制数时，只需把每位十六进制数拆分为 4 位二进制数。

【例 3.11】将 $(223.35)_8$ 和 $(39.C3)_{16}$ 均转换为二进制数。

【解答】　$(223.35)_8 = (\underline{010}\ \underline{010}\ \underline{011}.\underline{011}\ \underline{101})_2 = (10010011.011101)_2$

$\qquad\quad (39.C3)_{16} = (\underline{0011}\ \underline{1001}.\underline{1100}\ \underline{0011})_2 = (111001.11000011)_2$

注意，整数最高位的 0 和小数最低位的 0 可以去掉。

另外，可以借助二进制数，快速完成八进制数和十六进制数之间的转换。

【例 3.12】将 $(223.35)_8$ 转换为十六进制数。

【解答】　$(223.35)_8 = (\underline{010}\ \underline{010}\ \underline{011}.\underline{011}\ \underline{101})_2 = (\underline{0000}\ \underline{1001}\ \underline{0011}.\underline{0111}\ \underline{0100})_2 = (93.74)_{16}$。

$$\qquad\qquad\qquad\qquad\qquad\qquad\qquad\quad 0\quad\ \ 9\quad\ \ 3\quad\ \ 7\quad\ \ 4$$

3.2　数值数据表示法

计算机中数值的表示有以下特点：

（1）采用二进制数。表示、存储和计算都依据二进制数规则完成。

（2）固定位宽。如使用 8 位二进制数（1 字节）、16 位二进制数（2 字节）、32 位二进制数（4 字节）表示数值。能够表示数的个数受位宽限制，如 1 字节只能表示 256 个不同的数值。位宽中每个位的编号从右向左分别为 0,1,2,…。

（3）以二进制数表示存储数据的地址。数据存储以字节（8 位二进制数）为单位，每个字节都有可以访问的地址，可以将地址表示为二进制整数并用于保存。

（4）没有形式上的小数点。可以人为约定小数点的位置，来约定各个位的位权值。为此，各个位上的位权值是相对的。例如，若约定第 0 位和第 1 位之间是小数点位置，则第 0 位的位权为 2^{-1}，第 1 位的位权就是 2^0。如对于 8 位二进制数 00011111，若约定小数点在最右侧，则其值等于 31；若约定小数点在第 0 位和第 1 位之间，则其值等于 15.5。

（5）使用数符表示正负号。例如，用最高位中的 0、1 分别表示正数、负数。通常约定 0 表示正数，1 表示负数。

可见，计算机中数值的表示和现实中数值的表示差别巨大。计算机中数值的表示属于编码，表示的结果被称为机器数，其表示的实际数值被称为真值。

3.2.1　整数表示

直观而言，计算机内只能根据二进制数表示 0 和正整数，例如，位宽是 1 字节的二进制数能够表示 0,1,2,3,…,255 共 256 个非负整数。然而负整数是不可回避的整数组成部分，虽然固定位宽的二进制数只能表示有限个整数，但是必须包含负整数、0、正整数。在固定位宽的数制中，除了 0、1，还可以利用位作为工具来表示数的正负特征。

如果位宽中的所有位都用于表示数的大小，那么这样表示出的数被称为无符号数，如字符编码可以看成无符号数。如果位宽中存在部分位用于表示数的符号，那么这样表示出的数被称为有符号数。

1．原码

原码的表示规则是机器数的最高位表示符号位，正数的符号位为 0，负数的符号位为 1，其余各位是真值的绝对值，真值 X 的原码记为 $[X]_原$。按照位权展开式，对 n 位宽，X 的原码表示为

$$[X]_原 = \begin{cases} 0 \times 2^{n-1} + |X| , & X \geqslant 0 \\ 1 \times 2^{n-1} + |X| , & X < 0 \end{cases}$$

以 3 位宽为例，图 3-5 是其原码、真值、无符号数的对应关系。3 位原码表示的最大值是 3（即 $2^{3-1}-1$），最小值是 –3。推广到 n 位原码表示的最大值是 $2^{n-1}-1$，表示的最小值是 $-(2^{n-1}-1)$。

观察图 3-5，可做如下分析。

（1）对于真值，数值 0 的表示有两种形式，即 $[+0]_原$=000，$[-0]_原$=100，在真值上多出了一个数 –0，这不符合计数规则，且与数轴不一致。

（2）当将符号位当成数来处理时，可见原码对应的无符号数从下至上的排列不符合逢 2 进 1 的计数规则。

因此，当原码做加减法运算时，符号位不能充当数值参与运算，需要先判断符号位，再处理加减法运算规则。

2．反码

因为原码中负数的表示和正数的表示对应无符号数的排列不符合计数规则，所以可将

负数的原码值除符号位外的所有位均求反，形成反码，记为$[X]_反$。按照位权展开式，对 n 位宽，X 的反码表示为

$$[X]_反 = \begin{cases} 0 \times 2^{n-1} + |X| & , \ X \geqslant 0 \\ 1 \times 2^{n-1} + (2^{n-1}-1) - |X| & , \ X < 0 \end{cases}$$

以 3 位宽为例，图 3-6 是反码、真值、无符号数的对应关系。3 位反码表示的最大值是 3（即 $2^{3-1}-1$），最小值是–3。推广到 n 位原码表示的最大值是 $2^{n-1}-1$，最小值是 $-(2^{n-1}-1)$。

数轴	真值	原码	无符号数
3	3	011	3
2	2	010	2
1	1	001	1
0	+0	000	0
–1	–0	100	4
–2	–1	101	5
–3	–2	110	6
–4	–3	111	7

图 3-5 原码、真值、无符号数的对应关系

数轴	真值	反码	无符号数
3	3	011	3
2	2	010	2
1	1	001	1
0	+0	000	0
–1	–0	111	7
–2	–1	110	6
–3	–2	101	5
–4	–3	100	4

舍弃
进位

图 3-6 反码、真值、无符号数的对应关系

观察图 3-6，可做如下分析：

（1）对于真值，数值 0 的表示有两种形式，即$[+0]_反$=000，$[-0]_反$=111，在真值上多出了一个数–0，这不符合计数规则，且与数轴不一致。

（2）当将符号位当成数来处理时，3 位二进制数按无符号数处理，其模为 8，加法运算的结果是 8 的余数，即 7+1 的余数为 0。可见反码对应的无符号数从下至上的排列符合逢 2 进 1 的计数规则。

反码的本质是负数对 $2^{n-1}-1$ 求补（符合二进制数按位求反运算），缺乏进位。若符号位参与运算（若超出表示范围，则按模求余数，即舍弃进位），则可对负数的反码计算式做如下化简

$$2^{n-1} + (2^{n-1}-1) - |X|$$
$$-> 2^n - |X| - 1 \quad （舍弃 n 位二进制数的模）$$
$$-> -|X| - 1$$

可见负数的反码值比余数小 1，故采用按模求余数的结果是不正确的。

1. 补码

负数的反码比其余数小 1，这不利于符号位参与运算，可将负数的反码值+1，形成补码，记为$[X]_补$。按照位权展开式，对 n 位宽，X 的补码表示为

$$[X]_反 = \begin{cases} 0 \times 2^{n-1} + |X| & , \ X \geqslant 0 \\ 1 \times 2^{n-1} + (2^{n-1}-1) - |X| + 1 & , \ X < 0 \end{cases}$$

以 3 位宽为例，图 3-7 是补码、真值、无符号数的对应关系。3 位补码表示的最大值是 3（即 $2^{3-1}-1$），最小值是–4。推广到 n 位原码表示的最大值是 $2^{n-1}-1$，表示的最小值是 -2^{n-1}。

观察图 3-7，对比反码可知：

（1）对于真值，数值 0 的表示只有一种形式，真值和数轴一致。

数轴	真值	补码	无符号数
3	3	011	3
2	2	010	2
1	1	001	1
0	+0	000	0
−1	−1	111	7
−2	−2	110	6
−3	−3	101	5
−4	−4	100	4

舍弃进位

图 3-7 补码、真值、无符号数的对应关系

（2）负数的补码值是反码值加 1，补码具有余数特征，符号位可以直接参与加法运算。

（3）多了一个真值 −4。对 3 位二进制数而言，−4 的补数是 0，对应的补码为 100。

若符号位参与运算（若超出表示范围，则按模求余数，即舍弃进位），则可对负数的补码计算式进行如下化简

$$2^{n-1}+(2^{n-1}-1)-|X|+1$$
$$-> 2^n-|X| \quad （舍弃 n 位二进制数的模）$$
$$-> -|X|$$

因此，在补码表示中，负数、正数的补码都是 2^{n-1} 的余数。将符号位进行数符处理，则真值的补码就是对 2^n 的余数，依然保持余数特征。只要计算的结果没有超出数的表示范围，真值加、减运算就可以通过补码的加法运算实现。

【例 3.13】按符号位参与运算的规则，对计算式 9+(−5)，分别用 8 位原码、反码、补码做运算。

【解答】 9=[00001001]原=[00001001]反=[00001001]补

−5=[10000101]原=[11111010]反=[11111011]补

[00001001]原+[10000101]原=[10001110]原=−14

[00001001]反+[11111010]反=[00000011]反=3

[00001001]补+[11111011]补=[00000100]补=4

3.2.2 实数表示

在现代电子计算机中，所谓的实数是指带有小数的数值。例如，数值 2 是整数，而 2.0 就是实数。

可以使用科学计数法的形式 $\pm M \times 2^e$ 来表示实数。其中，M 是一个二进制数，e 是指数值。在表示和计算过程中，若 e 值固定不变，只改变 M 值，则是定点数表示；若既可以改变 e 值，又可以改变 M 值，则是浮点数表示。

1. 定点数

（1）定点纯整数与定点纯小数

对于 n 位宽的二进制数，若约定小数点在第 0 位的右侧，则称该表示为定点纯整数；

若约定小数点在第 $n-1$ 位和第 $n-2$ 位之间,则称该表示为定点纯小数。图 3-8 是 8 位宽的定点纯整数与定点纯小数示意图,分别表示$(10111010)_2$、$(0.1011101)_2$。

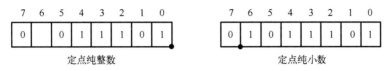

图 3-8 8 位宽的定点纯整数与定点纯小数示意图

（2）定点数的运算

定点数可以通过移位运算来改变小数点的位置,左移或右移 1 位小数点等价于除以基数 2 或乘以基数 2。例如,图 3-9 中的$(1011.101)_2$ 可以表示为$(1011101)_2 \times 2^{-3}$。因此,无论小数点约定在哪一位,定点数的表示和运算都可以采用整数做移位运算来实现。

如求$(1011.101)_2 + (11.101)_2$：首先做 8 位补码加法运算,即$[01011101]_{补} + [00011101]_{补}$,得到$[01111010]_{补}$,转换为原码$[01111010]_{原}$；然后按约定的小数点处理,小数点左移 3 位（即$\times 2^{-3}$）,得到$(1111.010)_2$。

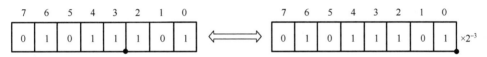

图 3-9 定点数的运算关系示意图

（3）定点数的特点

① 由于小数点位置固定,因此定点数表示的数值范围较小。例如,32 位宽能表示数的范围大约为 $2^{-31} \sim 2^{31}$。

② 由于定点数可以按照整数进行运算,因此运算速度快。

③ 由于定点数除符号位外都是数的有效位,因此精度较高。

2. 浮点数

（1）浮点数的表示形式

浮点数是使用科学计数法来表示、存储实数的方法。科学计数法能够反映数值的本质,即数的大小和精度两个方面。以下是对相差很大的数用科学计数法表示的结果。

$$1101101 \quad \longrightarrow \quad +1.101101 \times 2^6$$
$$110110100000 \quad \longrightarrow \quad +1.101101 \times 2^{11}$$
$$0.1101101 \quad \longrightarrow \quad +1.101101 \times 2^{-1}$$
$$0.00001101101 \quad \longrightarrow \quad +1.101101 \times 2^{-5}$$

这些数值经科学计数法规范后,数值之间只有指数不同,其他部分都相同。也就是这些数的精度是相同的,不同的是数的大小。

将实数规范表示为$(-1)^S \times 1.M \times 2^e$ 的形式,记录数的 S、M 和 e 值就是浮点数表示方法。其中,S 表示符号,0 表示正数,1 表示负数；M 为尾数,其纯小数形式反映实数的精度（也称有效位数）；e 是指数,反映实数的范围,当将 e 值表示为整数编码时,被称为阶码。图 3-10 是一个 32 位浮点数的表示形式,约定最高位表示符号位,低 23 位表示尾数,其余 8 位表示阶码。

31 30 29 28 27 26 25 24 23	22 21 20 19 18 17 16 15 14 13 12 11 10 9 8 7 6 5 4 3 2 1 0
S	阶码	尾数

图 3-10　32 位浮点数的表示形式

（2）浮点数的特点

① 由于采用固定位数表示数的大小，因此浮点数表示的数值范围较大。图 3-10 中，用 8 位表示阶码，若阶码是补码形式，则能表示数的范围大约为 2^{-128}～2^{127}。

② 由于符点数的结构较定点数的结构复杂，因此运算速度比定点数的运算速度慢。

③ 由于符点数除符号位外，还有一部分位表示阶码，与定点数相比，用于表示精度的位较少，因此精度比定点数的精度低。

（3）IEEE754 单精度浮点数简介

IEEE754 单精度浮点数采用 32 位二进制数表示，其真值的表示规范为 $(-1)^S \times 1.M \times 2^e$。图 3-10 是 IEEE754 单精度浮点数对 32 位的使用分配。其中，

① 符号位于最高位，0 表示正数，1 表示负数。

② 阶码占用第 23～第 30 位，共 8 位，用于表示减数。阶码是指数 e 的移码（注：移码等于补码 $+2^{n-1}$）值减 1。由于[00000000]、[11111111]编码留作他用，因此能表示数的范围大约为 2^{-126}～2^{127}。

③ 尾数占用第 0～第 22 位，共 23 位。由于在规范表示中，尾数的形式是 $1.M$，但左侧的 1 是固定的，可以默认处理。所以，在尾数中只需使用原码表示 M。鉴于有默认位的存在，IEEE754 单精度浮点数的精度是 24 位二进制数。

【例 3.14】将–12.75 表示为 IEEE754 单精度浮点数。

【解答】$-12.75 = (-1100.11)_2 = (-1)^1 \times (1.10011)_2 \times 2^3$

符号位 S=1，精度值为 1.10011，指数 e=3。

阶码 $E = [3]_移 - 1 = [3]_补 + 128 - 1 = (10000011)_2 - 1 = (10000010)_2$。

尾数 $M = (10011)_2 = (100\ 1100\ 0000\ 0000\ 0000\ 0000)_2$。

浮点数 $= (11000001\ 01001100\ 00000000\ 00000000)_2 = (C1\ 4C\ 00\ 00)_{16}$。

3.3　字符表示法

计算机处理的字符分图形字符和非图形字符（不可见字符）。其中，图形字符包括文字、数字、字母、标点符号、图形符号等；非图形字符包括各种控制字符，如制表符、回车符、换行符等。计算机处理字符的过程包括接收操作者输入字符，存储和处理字符，输出使用者可以识别的字符。假设以键盘为输入设备，显示器为输出设备，那么通过键盘输入字符使用字符输入码，计算机存储、处理字符使用字符编码，通过显示器显示字符使用字形编码。输入码和字符编码、字符编码和字形编码有对应的关系。

字符编码是将收集的字符形成字符集，然后将字符集内的字符按一定的顺序排列，再根据字符集中的字符数量确定编号容量，并给字符集中的每个字符确定编号，这个编号就是字符编码，编码值代表该字符。

常用的字符集有西文字符集（ASCII 字符集）、汉字字符集、通用字符集。

3.3.1 ASCII 字符集

ASCII 是 American Standard Code for Information Interchange 的缩写，是美国国家信息交换标准代码。在单字节编码中，ASCII 是最通用的信息交换标准之一，被 ISO 指定为国际标准（ISO/IEC 646）。

标准 ASCII 码（简称 ASCII 码）包含 128 个字符的编码；扩展 ASCII 码在标准 ASCII 码基础上扩展了 128 个字符的编码，包含 256 个字符的编码。

1. ASCII 码

ASCII 码采用 7 位二进制编码，可以表示 128 个字符，包括数字字符 0～9、大小写英文字母、标点符号、运算符号、特殊字符和控制字符，如表 3-4 所示。表中使用的 d6、d5、d4、d3、d2、d1、d0 分别表示二进制数的位，即第 6、5、4、3、2、1、0 位。

（1）十六进制码值 0～20 和 7F 对应表中的"NUL"～"SP"和"DEL"共 34 个字符，均为非图形字符（也称控制字符），其余 94 个字符为图形字符。

（2）字符"0"～"9""A"～"Z""a"～"z"的码值按从小到大顺序排列，其顺序与数字顺序、字符顺序一致。小写英文字母比大写英文字母的码值大$(20)_{16}$，为大小写文英字母的相互转换提供了方便。

表 3-4　标准 ASCII 码表

d3d2d1d0		d6d5d4							
		000	001	010	011	100	101	110	111
		0	1	2	3	4	5	6	7
0000	0	NUL	DLE	SP	0	@	P	、	p
0001	1	SOH	DC1	!	1	A	Q	a	q
0010	2	STX	DC2	"	2	B	R	b	r
0011	3	ETX	DC3	#	3	C	S	c	s
0100	4	EOT	DC4	$	4	D	T	d	t
0101	5	ENQ	NAK	%	5	E	U	e	u
0110	6	ACK	SYN	&	6	F	V	f	v
0111	7	BEL	ETB	'	7	G	W	g	w
1000	8	BS	CAN	(	8	H	X	h	x
1001	9	HT	EM	)	9	I	Y	i	y
1010	A	LF	SUB	*	:	J	Z	j	z
1011	B	VT	ESC	+	;	K	[	k	{
1100	C	FF	FS	,	<	L	\	l	|
1101	D	CR	GS	−	=	M	]	m	}
1110	E	SO	RS	.	>	N	↑	n	~
1111	F	SI	US	/	?	O	↓	o	DEL

2. ASCII 码的存储

由于计算机内信息是以字节（8 个二进制位）为单位进行存储和处理的，因此一个

ASCII 码值实际需使用 1 字节来存储。图 3-11 是一个 ASCII 码值在机内的存储结构，即 8 位二进制码的最高位（第 7 位）为 0。

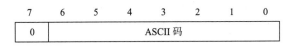

7	6	5	4	3	2	1	0
0				ASCII 码			

图 3-11　一个 ASCII 码码值在机内的存储结构

3.3.2　汉字字符集

随着信息技术的应用与发展，我国相继编制了 GB2312—80、GBK、GB18030 汉字字符编码方案国家标准。

1. GB2312—80

国家标准汉字编码集（GB2312—80）制定于 1980 年，收录汉字 6763 个，拉丁字母、俄文字母、汉语拼音字母、数字和常用符号等 682 个，共 7445 个字符和符号。汉字按使用频繁程度分为两级，一级汉字使用频率较高，共 3755 个，按汉字拼音字母顺序排列；二级汉字使用频率较低，共 3008 个，按部首笔画多少排列。

GB2312—80 按照兼容标准 ASCII 码，占用扩展 ASCII 码编码空间的原则进行编码。GB2312—80 从编制字符的区位码开始，形成国标码和机内码。

① 区位码。每个字符在 94×94 的方阵中占一个位置。方阵中的一行被称为一个"区"，一列被称为一个"位"，区号和位号都是(01)H～(5E)H 之间的值，其组成的编码称为字符的区位码。

② 国标码。ASCII 码中非控制字符的编码值在(21)H～(7E)H 之间。将字符的区号和位号分别加上(20)H，得到两个(21)H～(7E)H 之间的值，组合形成 4 位十六进制整数的国标码。

③ 机内码。简称内码，机内码是 GB2312—80 字符在计算机内实际存储的编码值。一个汉字在机内用 2 字节进行编码。为了兼容标准 ASCII 码，汉字在机内的编码不能与 ASCII 码在机内的编码冲突，每个字节的最高位均需要被设置为 1，即国标码上每个字节均加上(80)H，形成汉字的机内码。

图 3-12 是 GB2312—80 中的区位码、国标码、机内码换算关系。

2. GBK

1995 年，我国制定了《汉字内码扩展规范》（GBK），兼容了 DBCS 双字节字符集和标准 ASCII 码，编码范围为(8140)H～(FEFE)H，共有 23940 个码位，收录了包含 GB2312、GB13000—1、BIG5 编码中的所有汉字，共 21003 个汉字。GBK与 GB 2312—80 编码向下兼容。

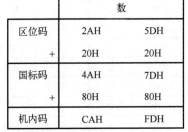

	数	
区位码	2AH	5DH
+	20H	20H
国标码	4AH	7DH
+	80H	80H
机内码	CAH	FDH

图 3-12　GB2312—80 中的区位码、国标码、机内码的换算关系

GB2312—80、GBK 是与 ASCII 共存的。在文本文件中，ASCII 字符以单字节存储，GBK 字符以双字节存储。

3. GB18030

2000 年，国家信息产业部和国家质量技术监督局联合颁布了 GB18030－2000《信息技术与信息交换用汉字编码字符集基本集的扩充》。该标准属于变长多字节字符集，采用单、双、四字节混合编码，编码数量超过了 160 万个。该标准适用于图形字符信息的处理、交换、存储、传输、显示、输入和输出，并与 GB2312—80 完全兼容，与 GBK 基本兼容。2005 年，我国在 GB18030－2000 基础上，更进一步制定了 GB18030—2005《信息技术中文编码字符集》，是我国制定的以汉字为主，包含藏、蒙古、傣、彝、朝鲜、维吾尔文等多种少数民族文字的超大型中文编码字符集标准，其中收入汉字 70000 余个。GB18030 属于强制性标准，即在我国使用的所有涉及字符的软件、硬件都要遵守 GB18030—2005 规定的标准。

3.3.3　通用字符集

由于各国和地区编制 DBCS 双字节字符集的标准是自行制定的，标准之间无法兼容。因此国际标准化组织（ISO）在 20 世纪 80 年代后期组织 ISO-10646 工作小组，开始编制全球统一的通用字符集（Universal Character Set，UCS）以满足跨语言、跨平台进行文本转换、处理的要求。

1. Unicode 字符集

统一码联盟（The Unicode Consortium）在 20 世纪 80 年代后期也进行了与 ISO-10646 工作小组类似的工作，开始开发统一码 Unicode。随着双方的交流，Unicode 的开发结合了 ISO 制定的 ISO/IEC 10646，Unicode 码和 ISO/IEC 10646 趋于一致。目前，通用字符集的代名词更多是指 Unicode 字符集。

Unicode 字符集使用(0)H～(10FFFF)H 之间的数字来表示字符，每个数字对应一个字符。Unicode 将(0)H～(10FFFF)H 分成 17 个平面，每个平面含 2^{16} 个码位，可以映射 2^{16} 个字符。

基本多文种平面（BMP）的码位属于(0)H～(FFFF)H，可以用 4 位十六进制数表示。BMP 基本包含全球常用的字符。其中，(0)H～(FF)H 映射的字符和扩展 ASCII 码一致；CJK 统一表意文字中包含了 20000 多个来自中国、日本、韩国的汉字。

其他平面为辅助平面，码位为(10000)H～(10FFFF)H，需要用 5 位或 6 位十六进制数表示。辅助平面中也包含大量扩充的 CJK 统一表意文字。

2. Unicode 编码方案

Unicode 字符集只是起到字符分组、字符和数字之间逻辑映射的作用，并没有指定字符的存储结构，因此需要为每个字符编制存储码。如果采用等长的编码方案，每个 Unicode 字符需要使用 4 字节进行存储，那么存储空间浪费很大。由此出现多种不同的编码方案，如 UTF-8、UTF-16、UTF-32。

① UTF-8。是指以 8 个二进制数为单位的变长编码方案。UTF-8 将 Unicode 字符集分组，分别使用 1 字节编码方案、2 字节编码方案、3 字节编码方案和 4 字节编码方案。其中，与 ASCII 码相应的 Unicode 字符使用 1 字节编码方案，码值和 ASCII 码相同；CJK 文字使用 3 字节编码方案。由于 UTF-8 兼容 ASCII，因此使用比较广泛。然而，对于主要以汉字为主的文本而言，使用 UTF-8 则较 DBCS 编码多占一半的空间。

② UTF-16。是指以 16 个二进制数为单位的变长编码方案。其中，基本多文种平面（BMP）中的字符采用 1 个 16 位二进制数进行编码；辅助平面中的字符，采用 2 个 16 位二进制数进行编码。16 位二进制数构成 2 字节，根据字节的排列顺序，UTF-16 分为 UTF-16 BE 和 UTF-16 LE 两种。

③ UTF-32。是指直接使用 4 字节的等长编码方案。可以直接存储 Unicode 字符编号，编码和字符编号一致。由于不需要进行编码转换，因此 UTF-32 的处理效率较高，但空间浪费很大。

3.4 现实数据的表示

在现实世界中，表征信息的数据有多种表现形式，有只需要单个数据就能表达的信息，也有需要多个数据组合起来才能表达的信息，还有多个数据及它们之间的关系才能表达的信息，更甚者，需要用模拟量才能表达的信息。例如，一个数值可以表示一个点的数轴值，两个数值组合构成的数据可以表示一个点的平面坐标值，两个点组合构成的数据可以表示一条无方向的直线段，两个点的组合且指明起点和终点构成的数据可以表示一条有方向的直线段，两个以上点及其排列构成的数据能够表示一条折线，两个以上点及其排列且起点和终点相同构成的数据能够表示一个多边形，一段连续的曲线能够表示一段声音，一个曲面可以表示一幅图画。

在数据表示中，不仅要表示数据的性质，还要表示数据之间的关系，以及该数据允许的计算。例如，平面坐标上的一个点，从数据的性质上讲需要用两个定量数据分别表示点的 X 轴和 Y 轴的值，从数据的关系上讲，表示点的 X 轴和 Y 轴特征，从允许的计算上讲，可以计算点到原点的距离、改变点的坐标值等。

因此，在使用计算机处理数据之前，先要做好如下工作：首先认识数据，对数据做出分类；其次设计不同类数据的表示；再者将之归纳为数值编码、字符编码，并配合一定的存储结构在计算机中予以实现。

3.4.1 数据的分类与表示

可以从两个层次来认识和分析事物：定性分析和定量分析。

定性分析通过定性描述将事物分成不同的类，形成定性数据。定性数据没有数值特征，只能大致区分事物特征，对事物做分类、排序，但不能做计算，不能比较事物之间的区别大小。在统计上，定性数据表现为定类数据和定序数据。

定量分析通过定量描述同类事物之间的数值差异性，形成定量数据。定量数据具有数值特征，不仅能区分事物特征，对事物做分类、排序，还能做计算，能比较事物之间的区别大小。在统计上，定量数据表现为定距数据和定比数据。

1. 数据分类

按照所采用的计量尺度，数据可分为定类数据、定序数据、定距数据和定比数据，如图 3-13 所示。数据等级从定类数据到定比数据逐步提高。通常，数据等级越高，应用范围越广泛。

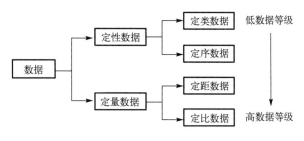

图 3-13　数据分类

（1）定类数据。表示实体在特征值或类别上的不同，具有分类标志，没有先后顺序和大小关系。定类数据是一个特定集合中的元素，如人的<性别>特征集合为{"男", "女"}，具体到某个人的性别值就一定是{"男", "女"}中的元素。

（2）定序数据。是指具有分类、顺序特征，但没有大小特征的数据。例如，人是否<受教育>特征集合为{"是", "否"}，它属于定类数据；进一步划分人的受教育程度，就有了受教育程度高低排序要求，分类数据对象["文盲", "小学", "初中", "高中", "大学", "硕士研究生", "博士研究生"]中每个元素都有两个属性值，即数据值和位置（顺序关系）。

（3）定距数据。是指具有间距特征的数据，这种数据可以测量，但没有绝对零点。其数据可以按照进位计数制来记数，可以在一定范围内进行加减运算，但进行乘除运算没有意义。例如，人的[出生日期]特征值<日期>，两个<日期>值可以进行减法运算，即一个<日期>值加上或减去天数来计算出另一个<日期>值。

（4）定比数据。是指具有比例特征的数据。这种数据可以测量，也有绝对零点。定比数据的对数就是定距数据。

2. 数据表示

（1）字面表示

① 定类数据和定序数据字面上表现为文字描述。人们可以通过该文字描述理解分类的内涵。直接使用字符数据来表示分类数据其优点是直接、明了；其缺点是不同分类项的字符个数有差异，不能表现分类数据的顺序。例如，分类数据对象{"文盲", "小学", "初中", "高中", "大学", "硕士研究生", "博士研究生"}。

② 定距数据和定比数据在字面上均表现为进位计数制数值。若需要精确值，则应尽量选择整数（定点数）表示；若只需要保证一定的有效位数，则可以选择小数（浮点数）表示。

（2）分类数据的编码表示

① 单选数据项。每个分类数据项映射一个具有排序规律的编码，这个编码既可以由字符表示，也可以由整数表示。例如，分类数据编码字典{"A" : "文盲", "B" : "小学", "C" : "初中", "D" : "高中", "E" : "大学", "F" : "硕士研究生", "G" : "博士研究生"}，{1 : "文盲", 2 : "

小学", 3 : "初中", 4 : "高中", 5 : "大学", 6 : "硕士研究生", 7 : "博士研究生"}。使用编码来表示分类数据有多方面的优点：不容易出现错误的分类数据，可以表达分类数据的定序特征，容易增加新的分类数据项。

② 多选数据项。假设<兴趣爱好>分类数据对象是{"音乐", "棋类", "书法", "绘画", "体育"}，一个人可以有多个兴趣爱好，若直接将多个字面值形成组合来表示，则对后续的统计处理是非常不利的；若将兴趣爱好分类数据升为特征，则对增加新的兴趣爱好分类项也是不利的。使用二进制位权值来映射分类数据项是一种解决问题的方法。采用分类数据编码字典{1:"音乐", 2 : "棋类", 4 : "书法", 8 : "绘画", 16 : "体育"}来映射<兴趣爱好>分类数据对象，可以用编码值的和来表示选中的项目。例如，选中"棋类", "书法", "体育"，则编码值为2+4+16等于22，对应8位二进制数为$(00010110)_2$。

（3）定量数据定类化

虽然定量数据能够更精确地反映事物之间的细微差别，但是这也使得数据特征不够明显。将定量数据的值域分成若干个小值域，将一个或几个小值域映射为一个数据分类项，可以将定量数据定类化，以利用其定类特征进行数据统计分析。例如，可以使用数据分类规则字典{[90,100] : "优", [80,90) : "良", [70,80) : "中", [60,70) : "及格", [0,60) : "不及格"}将期末百分制成绩定类化为{"优", "良", "中", "及格", "不及格"}。

3.4.2 模拟量的数字化

1. 模拟数据

模拟数据也称模拟量，是指在一个连续区间内的数值，如声音、图像、速度、温度等。通常，模拟数据采用模拟信号来表示。

由于模拟数据既可以是有理数，又可以是无理数，在计算机中只能用一个近似的值来代替它。因此模拟数据必须通过数字化转换为近似的数字数据后（A/D 转换），才能在计算机中存储和处理；回放时需要将这样的数字数据再转换为模拟数据（D/A 转换）。模拟数据的数字化过程包括采样、量化和编码三个步骤。

（1）采样。模拟数据表现为模拟信号，通常都有时空上的连续性，如音频信号表现为时间上的连续性，图像信号表现为平面空间上的连续性。而数字数据对时空是离散的，采样就是按照一定的时空间隔对模拟信号进行测量。

（2）量化。用有限个值来近似表示采样得到的含无限可能的模拟信号测量值，即模拟信号离散化，通常借助 A/D 转换器完成。在量化过程中，量化比特（bit）数是重要参数，假设量化比特数为 n，则量化级数等于 2^n，n 值越大，量化的精度就越高，数字信号越接近于模拟信号。

（3）编码。是指按照一定的规律，将量化值转换为二进制数的过程。

2. 音频信号数字化

图 3-14 是一段音频信号的几何表示。从时间域的角度看，音频信号是一段连续时间内音强（振幅）和时间之间的关系；从频率域的角度看，音频信号就是不同频率的正弦波的线性叠加。音频信号的数字化过程就是在保证频率信息不损失的前提下，对时间设置采样周期，对振幅进行采样、量化和编码处理。

（1）采样

在时间上将音频模拟信号离散，即在单位时间内选择数量有限个点，测量并记录这些点的模拟信号值。两个点之间的时间间距就是采样周期（见图 3-15），采样周期的倒数就是采样频率。采样频率和音频信号中的最高频率有关。根据奈奎斯特采样定律，假设信号中的最高频率为 f_h，若采样频率 $f_s \geqslant 2f_h$，则可以从采样信号还原出音频模拟信号。音频信号的频率范围为 15～20kHz，通常采用的采样频率有 11.025kHz、22.05kHz、44.1kHz 等。显然采样频率越高，声音越逼真，但音频数据量也越大。

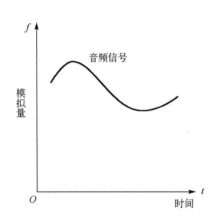

图 3-14 一段音频信号的几何表示

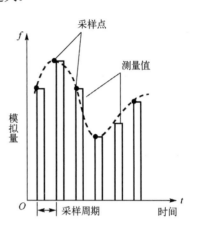

图 3-15 音频信号采样示意图

（2）量化

将采样点的测量值离散，即将采样值截取为与测量值最接近的整数值的过程。具体的量化原则有很多种，如向下取整原则，将图 3-16 中的阴影部分直接舍去；又如四舍五入原则，即根据图 3-16 中的阴影部分的大小采用四舍五入原则进行取整。

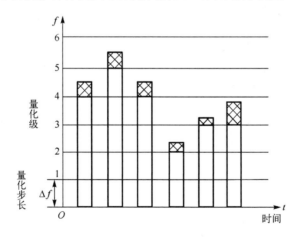

图 3-16 音频信号量化示意图

（3）编码

将量化值编码成二进制数。每个量化值编码所使用的二进制数均被称为位深度或量化位数，量化位数可以是 8、16、24、32 位等。编码可以使用无符号整数也可以使用整数原码表示。若量化值都平移到正值区间，则可以使用无符号数表示；否则可以使用整数原码表示。

位率也称码率，是指单位时间内、单个通道所产生的二进制数据位数，其单位通常有 bps、Kbps、Mbps 等。数字音频的位率 = 采样频率 × 量化位数。数字音频的存储容量与位率、声道数、时间因素有关。

【例 3.15】 利用 44.1 kHz 的采样频率进行采样，量化位数为 16 位，则 4 分钟、双声道的数字音频产生的二进制数的位数是多少？

【解答】 44.1×1000×16×4×60×2=338688000bit=42336000Byte=41343.75KB ≈ 40.38MB

根据不同的应用场合，数字音频有多种编码格式。MP3（MPEG Layer3 的简称）是其中的一种主要格式。MP3 是一种有损压缩（参见 3.5.4）格式，去掉了人耳无法识别的信息，其采样频率为 44.1kHZ，量化位数为 16，相应的位率为 705600bps。

3. 图像数字化

位图（光栅图）和矢量图是两种不同的图像数字化技术。位图技术将空间离散为像素，量化每个像素的颜色值；矢量图技术识别并记录空间中的对象，包括对象的位置、形状（如点、线、长方形、弧等）、线型、颜色、填充色等各种属性值。图像数字化示意图如图 3-17 所示。

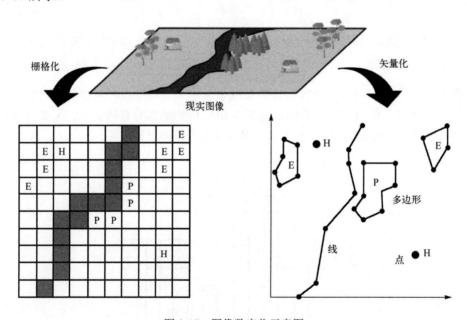

图 3-17　图像数字化示意图

（1）位图

将二维空间上连续的图像分割成小方块，每个小方块构成一个像素（Pixel），所有像素点按照其所在的几何位置组合在一起，构成位图图像。位图图像的质量与图像分辨率、色彩深度有关。

① 图像分辨率。图像分辨率是每英寸所含像素点的个数。在特定场合下，分辨率也指整幅图像的栅格数，用列数×行数表示，分辨率越高，图像越清晰，所需存储容量越大。

② 色彩深度。也称量化字长，表示量化的色彩值所需的二进制数。色彩深度可以是 1 位、8 位、16 位、24 位等。色彩深度越大，图像颜色越逼真，存储数字图像所需的容量也越大。表 3-5 列出了常见的色彩深度。

表 3-5　常见的色彩深度

名称	色彩深度	颜色值	描述
黑白色	1 位	0、1	表示纯白、纯黑两种颜色
灰度色	8 位	0～255	将黑色、白色之间分成 256 级灰度
真彩色	24 位	$0 \sim 2^{24}-1$	将红、绿、蓝三原色（RGB）各表示为 8 位，形成真彩色，色彩值=蓝色$\times 256^2$+绿色$\times 256^1$+红色$\times 256^0$，色彩值 0 表示黑色，色彩值 $2^{24}-1$ 表示白色
索引色	8 位	0～255	从真彩色中选取 256 中的色彩值并赋一个 8 位索引值

图像编码格式也有多种，如由联合照片专家组（Joint Photographic Experts Group，JPEG）开发的 JPEG 格式使用真彩色色彩模式，通过压缩减少图像所需的存储容量，主要用于存储色彩丰富的图像；又如图形交换格式 GIF 使用索引色色彩模式，属于压缩格式，若压缩比高，则可以存储多重图像，进而形成简单的动画，被广泛用于互联网中。

（2）矢量图

矢量图图像编码并不存储每个像素点的位编码。矢量图技术将图像识别并分解成几何图形的组合，如点、线段、多边形、弧等形状实例的组合。每个几何形状实例都是一个独立的实体（称为对象），只要采集到描述这些对象的属性值（色彩、形状、轮廓、尺寸、位置等）及设计好每种对象的绘制指令序列，即可绘制出矢量图。因此，矢量图由绘制对象的一系列指令构成，也称面向对象图形。

矢量图和位图有各自的优缺点和各自的用途。位图表现的色彩丰富、细腻，适用于照片存储；位图需要的存储容量大，在图像放大后，像素点不会增多，图像容易失真。矢量图色彩不丰富，适合保存图形；矢量图只存储图形的轮廓特征，所需的存储空间非常小；矢量图与图像分辨率无关，图形放大、缩小都不会失真。

3.4.3　结构数据表示

有一些信息用单个数据就可以表示，如可以用一个整数表示年龄，用一个字符串表示姓名等。还有一些信息需要用多个特征数据的组合才能表示，如需要用学号、姓名、年龄、性别等信息的组合才能描述出学生的概况，又如需要用平面位置、半径、线型、颜色、填充色等信息的组合才能描述圆的形状。还有一些信息的表示，不仅需要多个数据的组合，还需要表示这些数据之间的关联关系，如表示一段数字音频，需要描述其采样频率值、量化位数值、声道数等，还有一组采样点的量化值，这组采样点数据之间存在按时间顺序排列的关系，形成一对一的线性关联。

有效描述数据之间的结构关系、约定对结构数据的操作是进行高效数据处理的前提。

1．实体-属性结构

客观存在且可以相互区分的现实事物或事件称为实体，可以为每个实体约定一个识别名以相互区分，如学生实例 a。

对实体特性的描述称为属性，每个属性都要约定一个属性名。通过多个属性的描述才能比较客观、全面地表示一个实体，这些属性的值也因为实体而聚合在一起，形成不同数据项的组合数据，通过实体名和属性名访问属性值。例如，描述学生实体的属性有学号、姓名、年龄等，学生 a 的属性值为（1001，王涛,19），如图 3-18 所示。

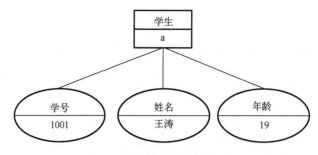

图 3-18　实体-属性的结构关系图

可以通过实体名.属性名的方式来存取属性值，点号（.）分隔实体名和属性名，如若要获取学生 a 的姓名值，则表达为 a.姓名。

在数据结构中，通常把这种实体-属性结构的数据称为记录，一个属性构成记录的一个域，记录由一个或多个域组成。一个具体的实例形成一条记录，实例中的属性值就是记录中的数据项。

4. 数据对象

假设一个班有 30 名学生，这就组成了含有 30 名学生实例的数据对象，可以给这样的数据对象一个名称，如 student。在 student 中的学生实例是相互独立的，通过对学生实例在 student 中的位置建立索引值，数据对象名加上索引值构成识别学生实例的识别名，利用这个识别名即可存取学生实例及其属性值，如 student[i].姓名表示 student 中第 i 个学生实例的姓名值，如图 3-19 所示。

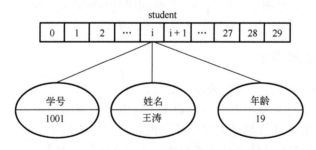

图 3-19　数据对象示例

图 3-17 中的图像经采样、量化后，获得像素数据对象，如 3-20 所示，给数据对象命名 bitmap。在 bitmap 中，需要用两个索引值才能确定一个像素，如 bitmap[0][3]表示第 0 行、第 3 列交叉点的像素数据值。

3. 数据间的关联

有些数据对象中的数据之间存在一定的关联关系，例如，音频采样点必须按时间顺序排列，数据之间存在以下关联：首采样点没有前采样点，中间的采样点有一个前采样点和一个后采样点，尾采样点没有后采样点。这种关联关系和允许的数据操作及数据操作的实现直接相关，例如，音频只能按采样顺序和采样频率播放，而位图显示在屏幕上的过程并不需要一定与栅格化的过程一致。按照拓扑结构，数据之间的关联形式分为线性结构和非线性结构，其中非线性结构又分树状结构和图状结构，如图 3-21 所示。

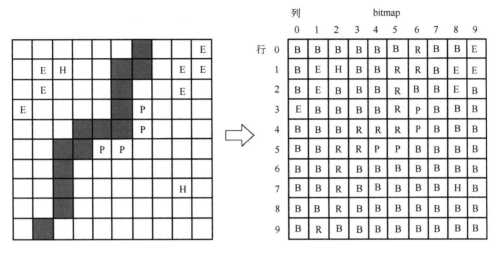

图 3-20 像素数据对象

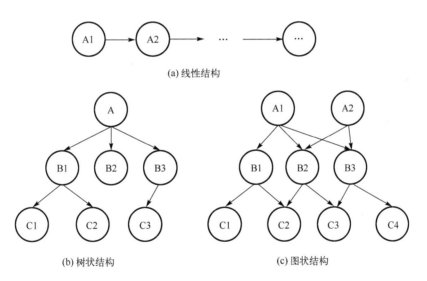

(a) 线性结构

(b) 树状结构 (c) 图状结构

图 3-21 数据关联的拓扑结构

（1）线性结构

数据元素之间存在一对一的关联。其中，只有一个数据元素没有上级数据元素，也只有一个数据元素没有下级数据元素。

（2）树状结构

数据元素之间存着一对多的关联。即一个数据元素可以关联 0 个至多个下级数据元素，如在图 3-21(b)中，数据元素 A 有 3 个下级数据元素（B1、B2、B3）；只有一个数据元素没有上级数据元素，称为根数据元素，在图 3-21(b)中，只有数据元素 A 没有上级数据元素，故数据元素 A 为根数据。其余数据元素都与一个且只有一个上级数据元素关联。根数据元素是访问该数据对象的入口。

（3）图状结构

数据元素之间存着多对多的关联。即一个数据元素可以关联 0 个至多个下级数据，同时可以关联 0 个至多个上级数据。在图状结构中，任意两个数据元素之间都可能存在关联。

遍历线性结构数据的算法相对简单，只需重复获取下一个数据即可。遍历非线性结构数据的算法相对复杂，需要使用一定的策略，如深度优先、广度优先遍历算法。

4．数据对象间的关联

数据对象和数据对象之间的关联是指一个数据对象中的数据元素和另一个数据对象中的数据元素存在一定的关联关系。例如，学生数据对象和课程数据对象之间就存在选课关联关系，即学生数据对象中的一名学生可以选课程数据对象中的多门课程，课程数据对象中的一门课程也可以同时被学生数据对象中的多名学生选择。若一个数据对象可以和另一个或几个数据对象建立关联关系，则其中的数据元素必须具有唯一性特征。若两个数据对象之间有关联关系，则这种关系可以是一对一关联、一对多关联、多对多关联，如图 3-22 所示。

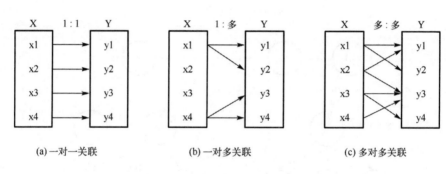

(a) 一对一关联　　　　(b) 一对多关联　　　　(c) 多对多关联

图 3-22　数据对象间的关联关系

为了简化关联的复杂性，可以通过增加数据对象个数，将数据对象间多对多的关联关系转化为多个一对多的关联关系。如图 3-23 所示，通过增加 XY 数据对象，将图 3-22(c) 的多对多的关联关系，转化为多个一对多的关联关系。

利用对象间的关联关系，可以将两个或多个数据对象连接起来，形成新的数据对象。

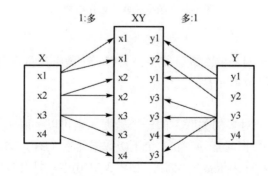

图 3-23　将多对多的关联关系转化为多个一对多的关联关系

3.5 数据的存储

3.5.1 数据标识

数据存储是对数据逻辑结构的实现，需要对存储在存储器中的数据做出标识，以便访问和处理。

1. 地址

计算机中存储器以字节为最小单位，每个字节都有相应的地址。地址是对存储器的标识，地址的总和构成地址空间，如内存为 4GB 的地址空间的范围为 $0\sim2^{32}-1$。由于地址可以用无符号二进制数表示，地址也可以作为数据存储在存储器中，因此从存储器中获取的可以是数据，也可以是地址。若获取的是地址，则可进一步访问该地址标识的存储器，进而获取该存储器中的数据。

2. 数据类型

无论什么类型的数据，当把它存入存储器后，就分不清是什么类型了。例如，整数 65 的 8 位二进制原码为$(01000001)_2$，字符 A 的 ASCII 码值也是$(01000001)_2$，在存储器中的 $(01000001)_2$ 究竟是整数 65 还是字符 A 呢？又如，整数 65 的 8 位二进制原码为 $(01000001)_2$，需要 1 字节来存储；整数 65 的 16 位二进制原码为$(0000000001000001)_2$，需要用 2 字节来存储。存入存储器后，数据究竟是存在 1 字节中还是存在 2 字节中？

若要解决上述问题，则需要为不同的数据对象做分类标识，这种分类标识被称为数据类型。不同的数据类型所需存储空间的大小不同，数据存储结构也不尽相同。例如，在 Python 中，整数类型（int）的数占用 4 字节的存储空间，采用补码格式存储；浮点数类型（float）的数占用 8 字节的存储空间，采用 IEEE754 标准存储。

3. 数据标识

已知一个数据的存储地址及这个数据的数据类型，就可以找到该地址，并按相应的规则解释这个数据。然而，存储地址毕竟是硬件层面的概念，对非专业人士来说，这是一个接触不到的也是不需要接触的层面。使用标识名来标识数据，可以将地址封装在实现层面，使得数据存储和访问操作回归到逻辑层面。例如，可以给每个数据都设置一个标识名（在程序设计语言中，称为变量），通过标识名映射出该数据的数据类型及存储地址，从而访问该数据，如图 3-24 所示。

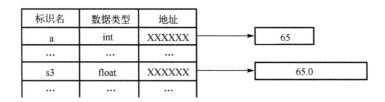

图 3-24 数据标识示意图

3.5.2 数据存储结构

数据存储结构也称数据物理结构，不仅要把数据本身存储起来，还要把数据之间的逻辑关联关系也存储起来。根据地址空间的特点，存储结构分顺序存储结构和链式存储结构。

1．顺序存储结构

将逻辑上相邻的数据存储在物理位置相邻的存储单元中，借助存储空间的相对物理位置来表示数据之间的逻辑结构。如图 3-25(a)表示字符串数据"xyz"（注，"是分隔符，表示引号中的数据是字符串，而不属于数据）按照顺序存储结构进行存储。在顺序存储结构中，只要知道第一个数据的存储地址，其他数据的存储地址可通过计算得到。假设第一个数据的存储地址是 a，每个数据占用的字节数是 n，那么第 i 个数据的存储地址是 $a+(i-1)*n$。在逻辑层面上，若存储在顺序存储结构中的数据对象名为 a，则 a[i]或 a[i-1]就表示访问第 i 个数据。

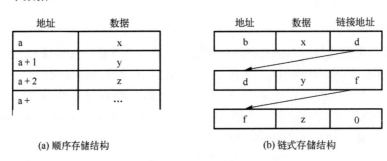

(a) 顺序存储结构　　　　　　　　(b) 链式存储结构

图 3-25　数据存储结构示意图

2．链式存储结构

将逻辑上相邻的数据存储在物理位置不一定相邻的存储单元中，借助附加的链接地址来表示数据之间的逻辑结构。图 3-25(b)表示字符串数据"xyz"按照链式存储结构进行存储。在链式存储结构中，数据标识只能知道第一个数据的存储地址，若要想访问第 i 个数据，则必须从第 i-1 个数据的链接地址获得其存储地址，即必须访问前 i-1 个数据后才能访问第 i 个数据。

顺序存储结构和链式存储结构各有优缺点，并且各有自身的用途。例如，顺序存储结构实现的线性表属于随机存取存储结构，访问某个数据的速度快，但插入数据、删除数据的操作速度慢。而链式存储结构实现的线性表属于顺序存取存储结构，访问某个数据的速度慢，但插入数据、删除数据的操作速度快。

3.5.3 数据文件

在操作系统下，存储在辅助存储设备上的数据以文件为单位进行存取。文件由文件名和文件体两部分组成。其中，文件名由目录、主文件名、类型名组成，用于定位文件体，所有的数据构成文件体。只有根据文件名打开文件后，才能读出文件中的数据或向文件写入数据。

1．文本文件和二进制文件

按照存入文件中数据的编码方式，可将文件分为文本文件和二进制文件。

（1）文本文件

按字符编码方式存储数据的文件称为文本文件。以 ASCII 码为例，整数 68 对应的字符数据就是 6 和 8 的 ASCII 码值，即$(0011011000111000)_2$。文本文件中没有数据类型的概念，所有的数据都是字符。一个文本文件内的字符使用同一种字符编码，不同的文本文件内的字符可以使用不同种类的字符编码。

整型数、浮点数等类型的数据在存入文本文件之前必须转换为字符格式；同样，显示在显示器上的数据、打印在纸张上的数据都是字符编码对应的字形，数据在输出之前也要转换为字符格式。反之，若文本文件存储的是整型数、浮点数等类型的数据，则需要将字符格式的数据转换为相应类型的数据才能在计算机中参与运算。

（2）二进制文件

不属于文本格式的文件统称为二进制文件。例如，整数 68 按 16 位二进制补码格式存储，其二进制数为$(0000000001000100)_2$。在计算机内参与计算的数据可以直接存储到二进制文件中，这种方式有很多优点：其一是节约空间；其二是速度较快；其三是不会产生转换误差，并且避免丢失有效位。

通常，二进制文件都与相应的应用程序紧密相关，只有认识和理解该二进制文件的数据结构，才能正确解释其中的数据。

2．顺序文件和随机文件

对于保存记录集合的文件，按照其对数据存取方式的不同，可将文件分为顺序文件和随机文件。

（1）顺序文件

按照后存入的记录排在先存入的记录之后，先存入的记录先被读出的存取原则，形成的文件称为顺序文件。在顺序文件中，若要想读取第 i 条记录，则必须先读取该记录之前的 $i-1$ 条记录；新增记录也只能追加在文件的尾部；更新记录更是需要更新整个文件。

顺序文件有利于存取连续的批量记录。

（2）随机文件

可以随机存取记录的文件称为随机文件。随机文件要求每条记录的结构、使用的存储容量都相同，文件中的每条记录空间都有确定的地址，只要能够确定记录地址，就能直接读取存储于该地址的记录。新增记录既可以存入文件的尾部，又可以覆盖已存记录。

随机文件保存的记录集合的逻辑相邻关系和物理相邻关系是不同的，通常，需要通过记录的部分信息（如关键属性值）来确定该记录的物理地址。根据关键属性值可计算记录地址方法的不同，随机文件分索引方式和哈希方式（也称散列方式）两种。

3.5.4　数据压缩

虽然现代计算机的存储空间很大，但目前我们所处的是信息量爆炸式增长的时代，所以在保证数据完整的前提下，尽可能减少数据编码总的二进制位数对数据存储和传输的意义非凡。数据压缩技术通过分析数据的特点，采用不等长编码，消除数据中的部分冗余来达到减少数据编码量的目的。

压缩后的数据必须经过解压缩后才能使用。压缩算法的种类很多，每种压缩算法都有相应的解压缩算法。若数据解被压缩后能完全还原为压缩前的数据，则该算法属于无损压缩算法；否则属于有损压缩算法。

1．无损压缩

无损压缩的压缩和解压缩算法是互逆的过程，压缩过程抽掉部分冗余数据，解压缩过程填回被抽掉的冗余数据。有些类型的文件（如对文本文件、文档文件、程序文件）需要压缩，则必须使用无损压缩；否则文件会遭到破坏，而不能使用。

行程编码（Run Length Encoding，RLE）、霍夫曼编码是两种无损压缩算法。

① RLE 的策略是将数据中连续重复出现的符号用一个符号和连续出现的次数来表示。

② 霍夫曼编码的策略是分析数据中不同字符出现的频率，出现频率越高的字符用越短的编码来表示。

2．有损压缩

有损压缩的压缩和解压缩算法不是互逆的过程，有损压缩的数据经解压缩后并不能完全还原为压缩前的数据。对于有些类型的文件，虽然经有损压缩后有一定的数据失真，但解压缩后并不影响数据的使用，且能得到较高的数据压缩比（压缩前数据量和压缩后数据量之比）。

通常对音频、视频、图像等数据都采用有损压缩进行压缩。例如，音频数据编码 MP3、视频数据编码 MPEG、图像数据编码 JPEG 都是有损压缩编码。

3.6　数据结构基础

3.6.1　数据结构

数据表示、数据之间逻辑关系的表示、数据在计算机内的存储及对数据操作的表示和实现被称为数据结构。可见，数据结构包含数据的逻辑结构和物理结构（存储结构），逻辑结构体现数据模型，物理结构是数据模型的实现，同一逻辑结构可以使用不同的物理结构予以实现。依据 3.4 节和 3.5 节的内容，本节简要介绍基本数据元素、记录、数组、链表，以表达数据项、记录和数据对象。

1．基本数据元素

所谓基本数据元素是指由一个数据项，且是不可再分割的数据项构成的数据，例如，年龄数据值 19、温度数据值 26.5℃，剥离其具体的数据含义，仅看数据本身，19、26.5 属于基本数据元素。基本数据元素的值有大有小，为了合理使用存储空间，应采用不同大小的存储空间来存储这些数据元素。为此，将不同的数据集合定义为不同的基本数据类型，采用不同大小的存储空间和编码格式来实现。

在不同的程序设计语言中，基本数据类型也不同。例如，在 Python 中，基本数据类型有整型（int）、浮点型（float）等。其中，int 数据类型定义一个整数子集的数据模型定义，float 数据类型定义一个实数子集的数据模型定义。

2. 记录

一组相关数据元素的组合构成记录结构。记录中包含记录名，记录中的每个数据元素称为域（domain），域是记录中独立的命名数据，描述记录一个特征值，可单独访问，所有域因记录而相关。可从两个层次操作记录：通过记录名操作整条记录；通过域名操作一个域。例如，如图 3-18 所示，按照记录结构表达后，通过 a 可操作整条记录，通过 a.年龄可操作该数据元素。

3. 数组

使用索引值来标识数据对象中元素的数据结构称为数组。其中，数据对象是一组具有相同类型的有序数据元素，数据元素之间可以有关联关系，也可以无关联关系。数组有数组名，数组中的每个数据均称为数组元素，由索引值标识，通常索引值是整数，两个相邻的数组元素对应的索引值相差 1。数组的物理结构属于顺序存储结构，但由于数组中的数据元素类型相同，因此也可以通过索引值对数组元素进行随机访问。例如，如图 3-19 所示，按照数组结构表达后，可用数组名 student 来操作整个数组，可用 student[i]来随机操作第 i 个元素。

只需一个索引值来指定元素的数组称为一维数组；用两个索引值来指定元素的数组称为二维数组，如图 3-20 所示，按照数组结构表达后，bitmap 为二维数组；依此类推。遍历数组中的所有元素需要使用循环控制结构或递归函数调用（参见第 4 章）。

4. 链表

上一个元素包含下一个元素存储地址的数据结构称为链表，链表可以表示一组有序数据元素。链表有链表名，链表中的每个元素均称为节点，由数据元素和链（下一个元素的存储地址）组成。链表名定位链表头，遍历链表须从链表头开始，逐个遍历，直到链表尾。如图 3-25(b)所示，b 指向链表头，遍历整个链表获得字符串数据"xyz"。遍历链表中的所有元素需要使用循环控制结构或递归函数调用（参见第 4 章）。

链表结构又可分单向链表、双向链表、十字链表等。

5. 数组操作与链表操作的对比

使用数组和链表都能将一组有序的数据元素表达出来，但在具体实现算法上有诸多的区别。首先各自定位数据元素的方式不同，数组采用索引值指定数据元素，链表采用链指定数据元素。其次对数组和链表的操作实现方法不同。例如，可以随机访问数组元素，只能顺序访问链表元素；在数组中插入、删除数据元素会引起所有后继数据元素的移动，而在链表中插入、删除数据元素只需重新建立与后继元素的链接。

可以将记录、数组、链表组合起来使用，以表示更为复杂的数据结构。例如，数组中的每个元素都是记录或链表，链表中的每个数据元素都是记录、数组或链表，用数组来构造链表。例如，图 3-24 是记录、数组、链表的一个综合运用。其中一个变量标识是一条记录，每条记录通过地址链接该标识的数据元素，所有记录组成一个数组。

3.6.2 抽象数据类型

数据结构表达了数据对象的逻辑结构和物理结构。然而，对于数据处理而言，关注的焦点是数据的数学特征及对这些数据可以做什么操作，而不是关注数据在计算机中是如何表示、如何实现的。

一个抽象数据类型是指一个数据集合及定义在该数据集合上的操作集合。其中，数据集合定义了数据的取值范围及其结构，操作集合定义了可以作用在该数据集合上的合法操作。例如，整数是一个数据集合，对其的操作有+、-、*、/等。

抽象数据类型的使用和实现是两个不同的层面。使用者关注抽象数据类型的外在和使用方法，设计者关注抽象数据类型的内在结构和具体实现。对使用者而言，只需理解一个抽象数据类型定义的数据集合和操作集合，掌握数据和操作的表达形式即可，抽象数据类型的实现细节由设计者封装在内部，对使用者是不可见的。

例如，在 Python 中，列表类型可以表达一组有序的数据，列表元素由列表名和索引值指定，可以通过索引值访问列表元素，可以插入、删除列表中的元素，可以对列表做切片操作等。使用者只要掌握对列表数据的操作，就能对这种类型的数据进行处理。至于该列表类型中的数据和操作是使用数组还是链表，或是由数组和链表的组合实现的，已经被封装在内部，对使用者而言是不可见的。

在使用一种程序设计语言或数据处理工具做数据处理之前，理解、掌握其中的抽象数据类型是非常重要的。例如，使用 Excel 做数据处理时，首先要认识单元格、区域，单元格内数据的类型及每种数据类型允许的操作，然后才能将现实数据表达为相应数据类型的数据，并按数据类型允许的操作对数据进行处理。

习 题 3

一、单项选择题

1．若某进位计数制被称为 R 进制，则 R 称为该进位计数制的_____。

    A．数制   B．基数

    C．位权   D．数符

2．_____不可能是八进制数。

    A．1234   B．65656

    C．5678   D．30000

3．已知以下不同进制数的 4 个数，其中最大的数是_____。

    A．$(11100111)_2$ B．$(DF)_{16}$ C．$(337)_8$ D．$(230)_{10}$

4．1 字节所能表示最大无符号数的八进制数为_____。

    A．77777777   B．777   C．255   D．377

5．与十进制数 128 相等的十六进制数为_____。

    A．80   B．F0   C．FF   D．8F

6．若$(1)_R+(11)_R=(100)_R$，则该进位计数制的基数 R 等于_____。

    A．16   B．10   C．8   D．2

7. 以下关于补码的叙述中，错误的是_____。

    A. 正数的补码和该数的反码相同　　　　　　B. 补码有负 0 现象

    C. 补码便于实现减法运算　　　　　　　　　D. 负数的补码是该数的反码加 1

8. 二进制数的原码为 11100101，其补码为_____。

    A. 11100100　　　　B. 10011011　　　　C. 10011010　　　　D. 11101010

9. 2 位十六进制数的补码为 FF，与其真值相等的 4 位十六进制数的补码为_____。

    A. 80FF　　　　　　B. 807F　　　　　　C. FFFF　　　　　　D. FF7F

10. 以下关于浮点数的描述中，错误的是_____。

    A. 浮点数由符号、阶码和尾数组成

    B. 阶码表示数的大小，数的整数位数越多阶码越大

    C. 尾数表示数的有效位数，数的整数位数越多尾数越多

    D. 浮点数是对实数的近似表示

11. 以下关于定点数和浮点数的描述中，错误的是_____。

    A. 定点数主要用作表示纯小数和纯整数

    B. 定点数的运算速度较浮点数的运算速度快

    C. 定点数表示数的范围较浮点数表示数的范围小

    D. 定点数表示数的精度较浮点数表示数的精度低

12. _____都有负零编码问题。

    A. 原码和补码　　　　　　　　　　　　　　B. 原码和反码

    C. 反码和补码　　　　　　　　　　　　　　D. 原码、补码和反码

13. 只有 128 个字符编码的是_____。

    A. 扩展 ASCII　　　B. 标准 ASCII　　　C. GBK　　　　　　D. Unicode

14. 在 UTF-8 编码方式中，分别用_____来编码一个汉字和一个与 ASCII 相应的字符。

    A. 3 个字符和 1 字节　　　　　　　　　　　B. 2 个字符和 2 字节

    C. 4 个字符和 1 字节　　　　　　　　　　　D. 4 个字符和 2 字节

15. 若汉字点阵为 32×32，则一个汉字的字形码数据有_____字节。

    A. 1024　　　　　　B. 128　　　　　　　C. 32　　　　　　　D. 256

16. 属于双字节编码的是_____。

    A. DBCS　　　　　　B. ASCII　　　　　　C. UTF-8　　　　　D. UTF-16

17. 属于变长编码方案的是_____。

    A. DBCS　　　　　　B. ASCII　　　　　　C. UTF-8　　　　　D. GBK

18. 在数据统计中，可对定类数据进行分类_____。

    A. 计数　　　　　　B. 求和　　　　　　　C. 求最小值　　　　D. 求方差

19. 定量数据可分为_____。

    A. 定类数据和定序数据　　　　　　　　　　B. 定序数据和定距数据

    C. 定距数据和定比数据　　　　　　　　　　D. 定比数据和定类数据

20. _____的计算结果是错误的。

    A. 9999<(9999)H　　　　　　　　　　　　B. 111 > (1111)B

    C. (11111111)B > (FF)H　　　　　　　　　D. (11111111)B==(377)O

71

21. 在计算机的计算过程中，出现"溢出"现象的原因是_____。

    A. 数值太大，超出了内存容量

    B. 数值超出了该数据类型所能表示的数据范围

    C. 数制超出了机器字长

    D. 数据输出的速度太慢，以致数据"溢出"

22. 用 22kHz 进行频采样，每个采样点用 16 位精度量化，则数字化时长为 1s 的立体声（双声道）音频，产生的非压缩编码数据容量约为_____。

    A. 85.9KB   B. 88KB   C. 90.1KB   D. 45KB

23. 已知一幅含 1024×1024 个 24 位真彩像素点的图像，在非压缩格式下的数据容量约为_____。

    A. 24MB   B. 3MB   C. 24KB   D. 3KB

24. 数据结构包括数据的存储结构、_____及对数据的操作。

    A. 分支结构   B. 顺序结构   C. 循环结构   D. 逻辑结构

25. 根据数据之间逻辑关系的拓扑结构，可将数据之间的关系分为_____两种。

    A. 内部结构和外部结构   B. 静态结构和动态结构

    C. 线性结构和非线性结构   D. 顺序结构和链式结构

26. 最小数据元素是_____。

    A. 记录   B. 数据项   C. 数据对象   D. 数据集合

27. _____可以是随机文件。

    A. 只有文本文件   B. 只有二进制文件

    C. 文本文件和二进制文件都   D. 其他三项都不对

28. _____都不可以进行有损压缩操作。

    A. 音频数据和视频数据   B. 音频数据和文本数据

    C. 文本数据和矢量图数据   D. 矢量图数据和位图数据

29. 以下关于抽象数据类型的叙述中，错误的是_____。

    A. 抽象数据类型是指一个数据集合及定义在该数据集合上的操作集合

    B. 数据结构是实现抽象数据类型的技术手段

    C. 抽象数据类型的实现细节是隐藏的

    D. 抽象数据类型的操作和实现紧密相关，不同的实现方式有不同的操作

30. 数据的存储结构有顺序存储结构和_____存储结构。

    A. 链式   B. 随机   C. 物理   D. 逻辑

二、判断题

1. 因为二进制数的基数小，所以表示的数比十进制数更精确。

2. 定点数和浮点数都能表示实数并按实数进行计算。

3. 定量数据可以定类化，同样定类数据也可以定量化。

4. 因为 Unicode 是全球统一码，所以所有文本文件都可以用 Unicode 来解析。

5. 在计算机中，定点数能表示的数值个数是有限的，而浮点数能表示的数值个数是无限的。

6. 模拟数据数字化过程包括采样、量化、编码三个步骤。

7. 模拟图像既可以被数字化为栅格图（位图），也可以被数字化为矢量图。

8. 在计算机外部设备中，以文件为单位存取数据。若要存取外设上的文件，则首先要知道文件的位置、主文件名和文件类型。

9. 在文本文件中，可以一部分是 GBK 编码字符，另一部分是 UTF-8 编码字符。

10. 对数据结构而言，线性结构是树状结构的特例，树状结构是图状结构的特例。

11. 在数据结构中，数据项是不可再分割的数据元素。

12. 定义一种数据类型包含定义这种数据类型所包含的数据集合及在该数据集合上的操作。

13. 通过对数据元素的标识，可将数据元素名称化，这样可使用名称来访问数据元素。

14. 通常数组的物理结构采用顺序存储结构。

15. 只能对最小数据元素（数据项）定义抽象数据类型。

16. 由于随机文件通常都伴有相应的索引文件或哈希值文件，因此比顺序文件更适合用于查找和存取单条记录。

三、简答题

1. 简述在计算机中使用二进制数的优势。

2. 简述原码、反码、补码的编码规则，解释为什么补码适合进行整数的加减法运算？

3. 简述 Unicode 编码和 UTF-8 编码的关系。

4. 简述统计数据的分类，举例说明每种类型数据可以做什么统计？

5. 简述抽象数据类型的概念，抽象数据类型和数据结构有什么关系？

6. 如果数据对象中数据元素之间是相互独立、没有关联关系的，那么采用哪种数据结构表示该数据对象更合适？为什么？

7. 简述文本文件和二进制文件的共同点和不同点。

8. 简述模拟数据数字化的过程。以音频信号为例，分析数字化后非压缩编码的数据容量与哪些因素有关？

9. 简述数据对象中数据元素之间的关联关系，并举例说明。

10. 简述数据对象之间的关联关系，并举例说明。

第 4 章

算　法

顾名思义，算法就是计算方法，是求解问题的步骤。然而，计算机仅是一种计算工具，有其自身的特点和制约，并不是所有的问题求解方法和步骤都能在计算机中直接实现，有些求解问题方法直接由人来完成会显得更加简单、高效。例如，用短除法求两个数的最大公因数问题，人类凭借自身的智慧能够借助短除法，快速地发现最大公因数；而要在计算机中实现短除法就必须通过整除判断、试凑、寻找出所有公因子，继而求出最大公因数。只有符合计算机计算特点的算法，才能发挥计算机的优势，快速、高效地完成计算任务。

4.1.1　算法的定义

算法是一组可以方便转化为计算机指令的明确步骤，它能在有限的时间内终止并产生运算结果。根据计算机科学家 Donald E.Knuth 的归纳总结，虽然算法和具体的计算机软硬件无关，但和现代电子计算机的计算模型密切相关，符合用计算机来实现的算法应有以下5 个特征：

（1）明确性。算法的每个步骤必须有明确、具体的含义，算法中所使用的运算符号、控制符号也是前后一致的。

（2）可行性。算法的每个步骤都可以转化为一个或多个计算机可执行的运算，并实际可执行。

（3）有穷性。算法必须能在执行有限个步骤后终止。

（4）零个或多个输入。算法是用于处理数据的，必须接收到外部输入的初始数据，才能对这些数据进行处理。若算法内包含初始数据，则不需外部再输入数据。

（5）一个或多个输出。算法对数据加工处理后，一定要有输出结果。

计算机求解问题的基本过程为输入、处理、输出。根据算法的特点，表达处理过程的算法应遵守以下做法：

（1）在计算机中通过字面值（如整数 30）或变量名（如变量名 a）来表达数据。若数据只是一次性使用，则可直接使用字面值表达；若数据会被多次使用，甚至中途还会被改变值，则使用变量名指向值。

（2）计算机中表达运算的符号和功能需要事先定义，必须根据需要使用定义好的运算符来表达计算。算法中对运算和控制的表达必须是计算机中可表达的形式。以实现算法中使用的符号是一致的。

（3）每次计算都是明确的，计算机只能对具体的值进行运算。若使用变量参与运算，则必须先为变量赋初值。

（4）不同的数据类型表达的数据取值范围不同，机内值和实际值的近似程度不同，参与运算的速度也不同，应选择合适的数据类型来表达数据。

（5）因为计算机无法知道算法是否可执行，不知道算法或算法的实现是否有错，也不知道算法要执行多长时间，所以在执行的过程中可能会出错，可能求出的目标值是错误的，也可能不能在有限的时间内终止算法。这些都需要算法设计者来排除。

（6）算法尽量通用化，以适合对一类问题的求解。

4.1.2　算法示例——求最小值

本着从具体到抽象的原则，首先设计求 3 个数最小值的算法，继而推广到求 4 个数最小值的算法，最后分析求 n 个数最小值的算法，并设计出可以重复的步骤，将算法通用化。

1. 求 3 个数最小值的算法

（1）输入 3 个数，分别用变量 a、b、c 表示。

（2）定义一个被称为 mini 的变量来表示最小值，将采用两种不同的算法分别求解。

① 算法 1。

思路：根据最小值的定义，若一个数是这组数中的最小值，则该数不大于这组数中的任何一个数。尝试将某个数与所有其他数逐个比较，若该数满足上述条件，则就是最小值。

运算符定义：使用比较运算符"<="来区分两个数之间的大小，使用逻辑"与"运算符"and"表示多条件同时成立，使用"if…then…"表示"如果…那么…"结构，使用符号"="表示赋值。

计算过程如下：

```
第①次尝试  if a<=b and a<=c then mini=a
第②次尝试  if b<=a and b<=c then mini=b
第③次尝试  if c<=a and c<=b then mini=c
```

经过 3 次尝试，一定能找到最小值 mini。当然也有可能，第 1 次尝试就找到了最小值。如果是这样，后两次的尝试就没有意义了。所以可以将使用的"if…then…"结构扩充为"if…then…else…"表示"如果…那么…否则…"结构。计算过程更改为

```
第①次尝试            if a<=b and a<=c then mini=a
否则进行第②次尝试  else if b<=c then mini=b
否则进行第③次尝试  else mini=c
```

② 算法 2。

思路：若一组数中只有一个数，则该数就是最小值；否则将问题分解为求多个两个数的最小值问题进行求解。将这组数中的任意一个值赋给 mini，并用某个数与 mini 进行比较，若该数不大于 mini，则该数就是新的 mini。当所有数都与 mini 比较后，mini 就是最小值。

运算符定义：使用比较运算符"<="区分两个数之间的大小，使用"if…then…"表示"如果…那么…"结构，使用符号"="表示赋值。

计算过程如下：

```
初始化          mini=a
对第①个两个数(mini,a)求最小值  if a<=mini then mini=a
对第②个两个数(mini,b)求最小值  if b<=mini then mini=b
对第③个两个数(mini,c)求最小值  if c<=mini then mini=c
```

（3）输出最小值 mini。

2．求 4 个数最小值的算法

将求 3 个数最小值的算法进行扩展，实现求 4 个数最小值的算法。输入前 3 个数，分别用变量 a、b、c 表示，输入的第 4 个数用名为 d 的变量表示，最小值依然用名为 mini 的变量表示。

（1）对算法①进行改造，根据算法①的思路和运算符定义，计算过程如下：

```
第①次尝试        if a<=b and a<=c and a<=d then mini=a
否则进行第②次尝试  else if b<=c and b<=d then mini=b
否则进行第③次尝试  else if c<=d then mini=c
否则进行第④次尝试  else mini=d
```

（2）对算法②进行改造，根据算法②的思路和运算符定义，计算过程如下：

```
初始化          mini=a
对第①个两个数(mini,a)求最小值  if a<=mini then mini=a
对第②个两个数(mini,b)求最小值  if b<=mini then mini=b
对第③个两个数(mini,c)求最小值  if c<=mini then mini=c
对第④个两个数(mini,d)求最小值  if d<=mini then mini=d
```

（3）对比。对算法①的改造是改变了每个步骤、每个计算式；而对算法②的改造是之前的步骤没有改变，只是增加了一个步骤。显然，根据算法①的思路，较难设计出面向任意多个数的通用化算法；而根据算法②的思路，可以借助求前 $n-1$ 个值的最小值过程，来求 n 个数的最小值过程，借此可以设计出通用化算法。

3．求 n 个数最小值的算法

要想将算法②进行通用化，首先要解决以下两个问题：

（1）使用一个变量（如 a、d、c、d）存储一个数据的数据表示法只能表示事先已经设定好数据个数的情况，无法表示任意个数的情况。

（2）虽然每步的求解方法、控制结构都一样，但是表示形式不一样，无法通用化。例如，第一步是 if a<=mini then mini=a，第二步是 if b<=mini then mini=b，其中的变量名一个是 a，另一个是 b，两个步骤的实现形式是不同的。

这两个问题可以归纳为一个问题，就是数据表示的形式化问题。既要能表示出这些数属于同一组，又能按相同的方式表示每个数才能解决这个问题。

考虑使用一个列表类型的变量来表示一组数，这样可以使用索引值来指引每个元素中的数据，也可以测试列表中所含数据的个数。定义一个称为 aInt 的列表型变量，aInt[i]

表示第 i 个元素的数据，len(aInt 表示 aInt 中元素的个数。对求 3 个数最小值的算法改造如下：

```
初始化          mini=aInt[0]
对第①个两个数(mini,aInt[0])求最小值  if aInt[0]<=mini then mini=aInt[0]
对第②个两个数(mini,aInt[1])求最小值  if aInt[1]<=mini then mini=aInt[1]
对第③个两个数(mini,aInt[2])求最小值  if aInt[2]<=mini then mini=aInt[2]
```

改造后，步骤中的控制结构、计算式、名称的表示均一致，但又出现新的问题，即每个步骤中的字面值不同，这个不同是由具体的步骤序列值引起的。例如，对第①个两个数(mini,aInt[0])求最小值，其中所有字面值都是 0，对第两个②个数(mini,aInt[1])求最小值，其中所有字面值都是 1。有必要将步骤序列值通用化，即引入对第 i 个两个数求最小值的表示。计算表示如下：

```
对第 i 个两个数(mini,aInt[i])求最小值  if aInt[i]<=mini then mini=aInt[i]
```

i 的值从 -1 开始，依次做加 1 操作。扩展到任意个数的计算过程如下：

```
初始化          mini=aInt[0]
初始化          i=-1
对第①个两个数(mini,aInt[i])求最小值  i=i+1
对第①个两个数(mini,aInt[i])求最小值  if aInt[i]<=mini then mini=aInt[i]
对第②个两个数(mini,aInt[i])求最小值  i=i+1
对第②个两个数(mini,aInt[i])求最小值  if aInt[i]<=mini then mini=aInt[i]
对第③个两个数(mini,aInt[i])求最小值  i=i+1
对第③个两个数(mini,aInt[i])求最小值  if aInt[i]<=mini then mini=aInt[i]
...
```

经过此番改造，求 n 个数最小值的过程就是重复执行 n 次求两个数的最小值问题。引入控制重复执行次数的结构后，算法可以表示为：

```
初始化          mini=aInt[0]
初始化          i=-1
```

重复以下步骤 len(aInt)次：

```
i=i+1
if aInt[i]<=mini then mini=aInt[i]
```

综上，合理的数据表示、计算过程重复化是实现算法通用化的基础。

4.1.3　求解策略和流程控制结构

若一个问题比较复杂，则往往会采用目标驱动问题求解策略进行求解，将问题分解为若干个子问题，将子问题再分解为更小的子问题，直到子问题简单可解为止，建立起一条从问题追溯到已知条件的通道，再从已知条件出发，沿着这条通道回溯到问题，从而得到求解的过程。相应地，将一个算法可以分解为若干个子算法，将子算法再分解为更小的子算法，直到子算法足够简单。在分解的过程中，若有多个子问题的结构是相同的，则可归为同一个子算法在不同条件下的运用。

若一个问题比较简单，则可以直接采用条件驱动问题求解策略进行求解，首先输入数据，然后逐步求得中间值，并最终计算出输出结果。

在算法设计过程中，往往是目标驱动问题求解策略和条件驱动问题求解策略并用的，利用目标驱动问题求解策略来化简问题，利用条件驱动问题求解策略来分步求解。

1．子算法的标识

在目标驱动问题求解的算法中，从目标出发将算法分解为子算法的过程并不是直接计算过程，而是追溯从目标回到条件的通道，具体求解还是要从条件出发沿着建立起来的通道走向目标。因此，必须要为分解出的每个子算法设置标识，成为计算通道中的路标。算法和子算法的基本处理过程是一样的，都是由输入、处理、输出组成的，可以通过名称化输入、处理、输出来标识子算法。

（1）输入。使用一组变量名称或字面值表示输入。

（2）处理。使用一个名称表示问题求解的处理过程。

（3）输出。采用处理的名称（输入值）的格式表示调用算法和输出。在算法中用return标识输出。

【例4.1】输入一组整数，计算其中的最小值并显示。按目标驱动问题求解该问题的子问题、子算法标识，用子算法调用来构造完整的算法。

【解答】将该问题分解为3个子问题，并设计对应的3个子算法，如表4-1所示。

表4-1　求最小值的子算法

子算法	显示整数值	求一组整数中的最小值	输入一组整数
功能描述	显示整数值	计算最小值并输出	从键盘输入一组整数
输入标识	mini	list	"请输入一组整数:"
处理标识	print	min	input
输出标识	print(mini)	min(list)	input("请输入一组整数:")

目标驱动最小值的求解过程如图4-1所示。print(mini)、min(list)、input("请输入一组整数:")成为子算法的标识。分别用后续的子算法标识替代输入标识，可得算法为print(min(input("请输入一组整数:")))。

使用中间变量可将上述目标驱动求解过程转换为条件驱动求解过程，算法如下：

```
list=input("请输入一组整数:")
mini=min(list)
print(mini)
```

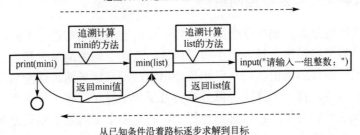

图4-1　目标驱动最小值的求解过程

2. 算法的流程控制结构

条件驱动问题的求解策略是分步骤对问题进行求解的，步骤之间具有顺序性、并行性、排他性、重复性等特征。步骤的顺序性表现为排在前面的步骤先执行；步骤的排他性表现为两个步骤组或多个步骤组之间只能执行其中一个；步骤的重复性表现为一个步骤组可以重复执行多次。

相应地，在算法中定义了顺序结构、选择结构（分支结构）和循环结构分别来表达步骤之间的顺序性、排他性、重复性特征，如图 4-2 所示。顺序结构是算法的基础，选择结构和循环结构是算法实现通用化的保障。理论和实践都已经证明，利用顺序结构、选择结构（分支结构）和循环结构，可以构造出复杂的算法。

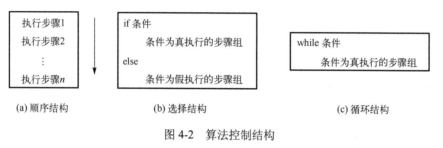

图 4-2 算法控制结构

（1）顺序结构

顺序结构控制步骤的执行顺序，排在前面的步骤先执行，排在后面的步骤后执行。若步骤 a 的执行结果是步骤 b 所需要的数据，则步骤 a 应该排在步骤 b 的前面。由图 4-2(a) 中的顺序结构可知，<执行步骤 1>最先执行，<执行步骤 n>最后执行。

（2）选择结构

选择结构根据条件值判断一个步骤组是否要执行。由图 4-2(b)中的选择结构可知，若条件值为 True，则执行<条件为真执行的步骤组>；若<条件>值为 False，则执行<条件为假执行的步骤组>。

（3）循环结构

循环结构根据条件控制步骤组的重复执行。由图 4-2(c)中的循环结构可知，若条件值为 True，则执行<条件为真执行的步骤组>，执行结束后重新计算条件值并做出是否循环的判断；若<条件>值为 False，则不再执行<条件为真执行的步骤组>。

4.1.4 算法表示

算法可由多个子算法构成，每个子算法均由基本操作和控制结构两个要素组成。基本操作及其表示在数据类型中已经定义，本章主要使用一些常见数据类型中的数据及其相应操作符，不再单独介绍其基本操作的表示。本节主要介绍子算法标识和控制结构的表示。

算法表示方法应能清晰、明确地表示出算法的操作和结构，不产生二义性，表示出的算法要容易阅读。算法的表示方法多种多样，流程图和伪代码是其中的两种。

1. 流程图

流程图是算法的图形化表示，形象直观，易于理解，适合表达较为简单的算法。表 4-2 是常用的流程图符号。

表 4-2　常用的流程图符号

符号	符号名称	功能
▭	起止框	表示算法的开始和结束。若是子流程图，则在起始框填入子流程图的定义，即流程图名称、输入/输出
▭	处理框	执行一个操作并赋值给变量
◇	判断框	执行一个条件计算，判定执行路径。判断框有一个入口两个出口，条件值 True 和 False 各占一个出口
▱	输入/输出框	表示接收外部设备输入数据或向外部设备输出数据
↓	流程线	表示操作的顺序。流程线尾端连接当前操作框，流程线箭头连接下一个操作框
▭⇒	调用子流程图框	表示转向执行子流程图的算法。该框中需要填入子流程图的名称、输入值及返回值（输出）的变量名

一个流程图包含一个主流程图和若干个被主流程或子流程调用的子流程图。在结构化流程图下，流程图、子流程图起于起止框，终于起止框，中间由若干个顺序结构流程、选择结构流程和循环结构流程排列而成。图 4-3 所示为三种控制结构的流程图。

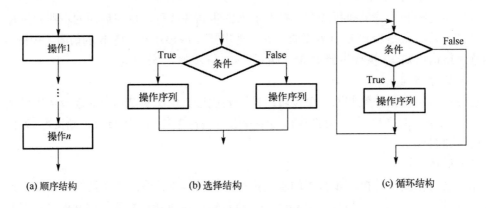

图 4-3　三种控制结构的流程图

【例 4.2】根据输入学生的百分制成绩，使用流程图表示判定该成绩等级的算法。成绩对应的等级是：85 分及以上为 A，60 分及以上为 B，否则为 C。

【解答】成绩等级判定的流程图如图 4-4 所示。图中的 input、output 指从外部设备输入数据和将数据输出到外部设备的操作。

【例 4.3】使用名为 min 的子流程图表示求一组整数最小值的子算法。使用主流程图表示输入一组整数，计算这组整数中的最小值，输出最小值的算法。

【解答】在子流程图 min 的定义中，输入的一组整数用列表名 listInt 表示，输出的最小值用 mini 表示。如图 4-5 所示，其中图 4-5(a)为主流程图，(b)为名为 min 的子流程图，主流程图调用 min 构成完整的算法。图中的 input、output 是指从外部设备输入数据和将数据输出到外部设备的操作。

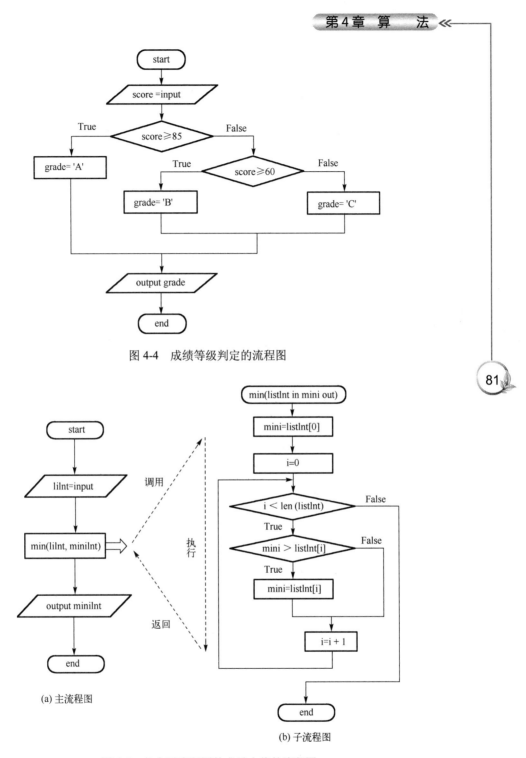

图 4-4 成绩等级判定的流程图

图 4-5 包含子流程图的求最小值的流程图

2. 伪代码

伪代码是注重算法结构严谨性的算法表示方法，它借助计算机语言的控制结构表达算法的结构，结合自然语言和数学符号来表示数据和操作。伪代码具有书写简洁、结构清晰、易阅读等优点。

伪代码表示并没有严格的规范，既要求结构严谨，对数据、操作的表示可以细致到类似程序设计语言的表达，又可以粗放到类似自然语言的表达。本章中将借用 Python 语言中的符号和定义形式来表示算法的控制结构及子算法的定义和调用。为了突出结构和控制，在算法表示中，用于表示结构及特定作用的符号将显示为粗体字，如 **def**、**return**、**if**、**else**、**while**、**input**、**output**、**:**、**begin**、**end** 等符号用粗体字表示。运算符定义：使用比较运算符 ">=" "<=" 来区分两个数之间的大小，使用符号 "=" 表示赋值，使用 "==" 判断是否相等，使用 "↔" 表示交换位置。

（1）函数的定义和调用

使用函数的形式来表示子算法的定义和调用，一个函数定义表示一个子算法定义，一次函数调用表示解决一个具体的子问题，如图 4-6 所示。

在图 4-6(a)中，**def** 表示开始定义函数；占位符 funname 表示函数名，即子算法的标识；占位符[formalPara]表示函数中需要的输入；**return** 表示返回；占位符[returnData]表示函数的输出。

图 4-6(b)表示一次函数调用，占位符 funname 表示调用的函数名；占位符[inputData]表示函数本次调用的实际输入数据。

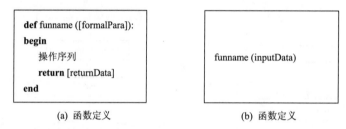

```
def funname ([formalPara]):
begin
    操作序列
    return [returnData]
end
```

funname (inputData)

(a) 函数定义　　　　　　　　　　　　　(b) 函数定义

图 4-6　函数的定义和调用

（2）控制结构的表示

图 4-7 是三种控制结构的伪代码表示。**if**、**else**、**while** 是用于表示控制结构的专用符号，结构内操作序列采用缩进和左对齐格式。

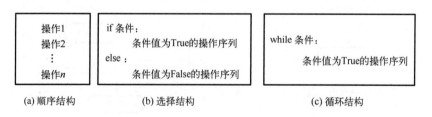

```
操作1              if 条件:                    while 条件:
操作2                  条件值为True的操作序列           条件值为True的操作序列
...               else :
操作n                  条件值为False的操作序列
```

(a) 顺序结构　　　　　　　(b) 选择结构　　　　　　　　(c) 循环结构

图 4-7　三种控制结构的伪代码表示

【例 4.4】将例 4.2 的流程图解答转换为伪代码。

【解答】算法的伪代码表示如下：

```
begin
    score=input
    if score>=85 :
```

```
            grade="A"
        else:
          if score>=60 :
              grade="B"
          else:
              grade="C"
        output grade
    end
```

【例4.5】将例4.3的流程图解答转换为伪代码。

【解答】算法的伪代码表示如下：

```
    def min(listInt) :
    begin
      mini=listInt[0]
      i=0
      while i<len(listInt) :
        if mini>listInt[i] :
            mini=listInt[i]
        i=i+1
      return mini
    end
    begin
      liInt=input
      miniInt=min(liInt)
      output miniInt
    end
```

4.1.5 算法效率表示

求解同一个问题可以有不同的算法，但是不同算法的执行效率是不一样的。所谓算法效率是指在算法执行过程中占用的计算机资源，如果在一个算法执行时占用的计算机资源少，那么说明该算法的效率高。执行算法所需要的时间和占用的内存空间是度量算法效率的两个指标，分别称为时间复杂度和空间复杂度。

算法效率和问题规模具有直接相关性。所谓问题规模是指求解问题时的输入量，用一个整数 n 表示，n 值可能是输入数据的大小，也可能是输入数据的数量。记时间复杂度和空间复杂度分别为 T 和 S，则算法效率和问题规模的相关程度表示为 $T(n)$ 和 $S(n)$。

在算法设计过程中，同时保证时间效率和空间效率是一个两难问题，甚至经常是通过降低时间效率来提高空间效率，异或是通过降低空间效率来提高时间效率。

由于算法效率并不关注具体的时间和空间消耗值，主要关注增长趋势，因此通常采用"大 O 表示法"，只取最高阶项来表示算法效率。例如，若 $T(n)$ 与 $O(3n^{2}+2n+3)$ 正相关，则直接舍弃系数和低阶项，取 $T(n)=O(n^2)$。

常见的算法效率值有 $O(n^0)$、$O(\log_2(n))$、$O(n^1)$、$O(\log_2(n)n)$、$O(n^2)$、$O(n^3)$、$O(2^n)$、$O(n!)$ 等。其中 $O(n^0)$，即 $O(1)$ 是最高算法效率，表示算法效率与问题规模无关。

1．时间复杂度度量

由于算法和具体的程序设计语言、计算机软硬件系统等无关，因此采用指令执行次数来度量 $T(n)$。记 $f(n)$ 为指令执行次数和问题规模 n 的关系，那么 $T(n)=O(f(n))$。

在分析指令执行次数和问题规模的关系时，并不需要分析每条指令的执行次数，只需关注执行次数最多的那条指令，分析其执行次数和问题规模的关系。通常，循环结构中的循环体执行次数最多；若是多重循环，则关注最内层循环体的执行次数。

由于输入数据的不同，$f(n)$ 也差异很大，因此常常采用最好 $T(n)$、最差 $T(n)$、加权平均 $T(n)$ 多个指标来度量。

2．空间复杂度度量

记 $f(n)$ 为算法执行过程中占用的内存容量和问题规模 n 的关系，那么 $S(n)=O(f(n))$。

在执行算法时，需要占用内存空间的成分包括指令、输入数据、输出数据及执行过程中的中间数据。因为指令是算法的实现、输入数据也不受算法控制，这些部分都不是因为算法的执行造成的额外内存消耗，所以将其排除在 $f(n)$ 之外，$f(n)$ 中只需关注输出数据及执行过程中的中间数据和问题规模的关系。

4.2　常用算法

在操作次数随输入数据规模的变化而变化的算法中，往往使用循环结构来控制操作的次数。一个完整的循环结构由三个要素构成：初始化、循环体、循环条件，如图 4-8 所示。

（1）初始化

循环的起点是指为循环变量准备初始值的操作。例如，在求累加的算法中，为保存和的变量赋初值 0；在求累积的算法中，为保存积的变量赋初值 1。

```
初始化
while 循环条件:
    循环体
```

图 4-8　循环结构的三要素

（2）循环体

循环体是指重复执行的步骤序列。每重复执行一次，都会改变循环变量的值。

（3）循环条件

循环条件是指判定循环体是否结束循环过程。

本节将介绍几种运用循环结构的算法：逐次逼近求解的迭代算法，验证所有可能解的穷举算法，对一维形式的一组数的排序、查找算法。

4.2.1　迭代

迭代算法从一个假设的目标值出发，计算出目标值；再从这个目标值出发，计算出新的目标值；如此不断重复，直到目标值符合要求为止。例如，在累加计算中，假设的目标值为 0，用这个假设的目标值加上一个数据，得到新的目标值，直到所有数据都逐项加上目标值后而产生新的目标值，就是该算法的解。

一个完备的迭代算法具有三个关键要素：

（1）确定迭代变量。是指一个或多个直接或间接地不断由旧值推出新值的变量。在迭代开始前，这些变量的值为假设值，称为迭代初值。在循环结构中，为迭代变量赋初值在初始化阶段完成。

（2）建立迭代式。是指迭代变量从旧值推出新值的计算过程。在循环控制结构中，迭代式体现在循环体中。

（3）控制迭代过程。是指控制迭代过程是否继续，可以是固定的迭代次数，也可以用条件来控制迭代次数。在循环控制结构中，由循环条件来控制迭代过程。

1．累加、累积

累加、累积是实现数列、数组求和、求积的迭代算法。假设变量 s 表示和或积，i 表示索引值，f 表示第 i 项数据的值，n 表示总的数据项数，则迭代要素如下：

（1）确定迭代变量。s 和 i 均为迭代变量。i 的初始值为 0；若求和，则 s 的初始值为 0；若求积，则 s 的初始值为 1。

（2）建立迭代式。$i=i+1$；若求和，则 $s=s+f$；若求积，则 $s=s×f$。

（3）控制迭代过程。$i<n$。

【例 4.6】已知数列 $1/1, 1/2, 1/3, \cdots, 1/n$。输入正整数值 n，求该数列前 n 项的和。

【解答】算法的伪代码表示如下：

```
begin
  n=input
  i=0
  s=0
  while i<n :
    i=i+1
    f=1/i
    s=s+f
  output s
end
```

2．求斐波那契（Fabonacci）数列的第 n 项的值

斐波那契数列是一个递推数列，其第 1 项和第 2 项的值均为 1，其他项的值为前两项值的和。假设第 $i-2$ 项的值为 a，第 $i-1$ 项的值为 b，第 i 项的值为 c，则 c 的值由 a、b 递推计算得出，即 $a+b$。算法的迭代要素如下：

（1）确定迭代变量。a、b 和 i 均为迭代变量。i 的初始值为 3，表示待求数列项的序号；a 的初始值为 1，表示第 1 项的值；b 的初始值为 1，表示第 2 项的值。

（2）确定建立迭代式。$c=a+b$；$a=b$；$b=c$；$i=i+1$。因为该算法中有 a 与 b 两个迭代变量参与推出新值，因此引入临时变量 c，既用于保存输出结果，也用于临时保存计算结果。而目标驱动问题求解策略通常都会转化为函数调用予以实现。如果函数中调用的是函数自身，则该函数属于递归函数，该调用属于递归调用。

（3）控制迭代过程。$i<=n$。

算法的伪代码如下：

```
begin
  n=input
  a=1
  b=1
  i=3
  while i<=n :
    c=a+b
    a=b
    b=c
    i=i+1
  output c
end
```

3．求十进制正整数的位数

根据进位计数制规则，可以用位权值来判断正整数的位数。若一个正整数是 i 位数，则一定小于位权 10^i，同时一定大于或等于位权 10^{i-1}。依据基数和位权，可以设计出多种算法，本例按照位权值形成的递推数列（1,10,100,…）来求解。设 x 为输入的正整数，i 为数的位数，a 为 i 位的位权，则迭代要素如下：

（1）确定迭代变量。a 和 i 均为迭代变量。i 的初始值为 1，表示 1 位数；a 的初始值为 1，表示第 1 位数上的位权值。

（2）建立迭代式。$i=i+1$；$a=a×10$。

（3）控制迭代过程。not ($a<=x$ and $x< a×10$)。

算法的伪代码表示如下：

```
begin
  x=input
  a=1
  i=1
  while not ( a<=x and x<a×10) :
    a=a×10
    i=i+1
  output i
end
```

4.2.2　穷举

穷举法又称枚举法，其基本思路是首先确定问题的解所在空间，然后逐一列举解空间中的每个可能解，并用验证条件进行验证，从中找出问题的所有解。理论而言，穷举法属于归纳方法，任何问题都可以用穷举法来求解，只是需要考虑算法的效率和实际可行性问题。

穷举法比较直观、易于理解，且该算法的正确性比较容易证明。但是穷举法的运算量比较大，解题效率不高。提高穷举算法效率的基本策略如下：

（1）尽可能地利用已知信息缩小解空间，减少穷举量。

（2）利用已知信息设计策略，选取最有可能的解优先进行验证，由此可发现很多效率更高的算法。例如，对含 n 个元素的列表做排序。如果利用穷举法求解，那么解空间是 n 个数的所有排列，排列数等于 $n!$，最多需要枚举 $n!$ 次才能找到解，算法时间复杂度为 $O(n!)$。选择法排序（参见 4.2.3）通过引入在未排序元素中寻找最小值的过程，在求最小值的过程中又引入擂台法（求两个数之间的最小值），最小值解空间的总规模为 $n(n+1)/2$，与 n^2 的级别相当；为此，最多需要与 n^2 相当的比较次数就能找到解，算法时间复杂度为 $O(n^2)$。

穷举法中有以下两个关键要素：

（1）确定穷举范围。确定问题解所在空间及表示解空间的结构。解空间结构决定穷举变量的选择和循环结构的设计。

（2）确立验证条件。分析问题的解需要满足的条件，根据解空间结构，表示验证解的条件表达式。

通常，在穷举法的循环结构中，穷举变量的初始化值就是一个待验证的可能解；枚举下一个可能解和验证解的过程构成循环体；将判断是否还有未枚举可能解这一条件作为循环条件。

1．求水仙花数

若正整数 x 是水仙花数，则 x 是一个三位正整数，且其各位数字的立方和等于 x。例如，153 是水仙花数，因为 $1^3+5^3+3^3=153$。设计算法，找出 100～999 范围内所有的水仙花数。

（1）算法 1

确定解空间结构为 100～999 的整数数列，即[100, 101, 102,…, 999]。设 i 是一个枚举值，从 x 中计算出各位数字分别用 a、b、c 表示，则验证条件为 $x==a^3+b^3+c^3$。

设穷举过程从整数 100 开始，则循环的初始化为 $x=100$；循环体为验证过程和枚举下一个 x 值过程；循环条件为 $x<=999$。算法的伪代码如下：

```
begin
  x=100
  while x<=999:
    a=x mod 10             #对10求余，获得个位数数字
    b=(x-a)/10 mod 10      #消除x的个位数，再对10求余，获得十位上的数字
    i=((x-a)/10-b)/10      #消除x的个位数和十位数，获得百位上的数字
    if  x==a³+b³+c³:
      output x
    x=x+1                  #选取下一个枚举值
end
```

（2）算法 2

确定解空间结构为[1,9]、[0,9]、[0,9]共 3 个整数数列的组合。设 a、b、c 是一个枚举组合，三位数 x 由计算式 $a×100+b×10+c$ 求出，则验证条件为 $x==a^3+b^3+c^3$。

设穷举过程从整数 1、0、0 组合开始，则算法由三重循环构成。算法的伪代码如下：

```
begin
  a=1
```

```
    while a<=9:
        b=0
        while b<=9:
            c=0
            while c<=9:
                x=a×100+b×10+c
                if  x==a³+b³+c³:
                    output x
                c=c+1
            b=b+1
        a=a+1
    end
```

2. 百元买百鸡问题

假设公鸡每只 5 元，母鸡每只 3 元，雏鸡 3 只 1 元，问用 100 元买 100 只鸡，且每种鸡至少买一只的买法有哪些？

用 x、y、z 分别表示要买的公鸡、母鸡、雏鸡的只数，根据题意可列方程如下：

$$x+y+z=100$$
$$5x+3y+(1/3)z=100$$

这是一个不定方程组，有无限个解。但具体到本问题时，由于 x、y、z 的值都是整数，且是[1,98]之间的整数，解空间的大小是有限的，因此可用穷举法找出所有符合条件的 x、y、z 值。算法的伪代码如下：

```
    begin
        x=1
        while x<=98:
            y=1
            while y<=98:
                z=1
                while z<=98:
                    if (x+y+z==100) and (5×x+3×y+(1/3)×z==100):
                        output x, y, z
                    z=z+1
                y=y+1
            x=x+1
    end
```

在上述算法中，解空间是 x、y、z 值的组合，空间大小近 100 万种组合，即验证过程需要执行近 100 万次。根据已知条件可对解空间及验证条件做出如下调整：

（1）因为公鸡是 5 元 1 只，买公鸡的钱最多是 96 元，因此公鸡最多只能买 19 只。x 的穷举范围缩小为[1, 19]之间的整数。

（2）因为母鸡是 3 元 1 只，在买公鸡的钱确定后，买母鸡的钱最多是 100−5x−1，因此母鸡最多只能买(100−5x−1)/3 的整数只。y 的穷举范围缩小为[1,int((100−5x−1)/3)]之间的整数。

（3）因为公鸡和母鸡的只数已经确定，根据已知条件，鸡的总只数为 100 只，因此雏鸡的只数 $z=100-x-y$。

（4）因为方程 $x+y+z=100$ 已经用于求雏鸡的只数，因此验证条件调整为 $5x+3y+(1/3)z=100$。

调整后，解空间结构由三维变成二维，解空间的大小不足 600 种组合，验证过程的执行次数不足调整前算法执行次数的千分之一。算法的伪代码如下：

```
begin
  x=1
  while x<=19:
    y=1
    while y<=int((100-5×x-1)/3):
      z=100-x-y
      if (5×x+3×y+(1/3)×z==100):
        output x, y, z
      y=y+1
    x=x+1
end
```

4.2.3 排序

将一组数据按递增（升序）或递减（降序）的顺序进行排列的过程称为排序。如果一组数据的使用频率较高，那么将这组数据排好序后再使用会大大提高计算效率。

排序算法多种多样，算法的计算效率各不相同，适用的场景也各有不同。本节介绍两种基本排序算法：选择排序和冒泡排序。

1. 选择排序

选择排序的基本思想是：首先根据排序规则确定某个位置上数据应有的特征，然后在待排序的数据中选出符合该特征的数据，将该数据存放到该位置上即完成对一个数据的排序，这样的操作被称为一趟排序。对于含 n 个数据的一组数而言，需要重复执行 $n-1$ 趟排序，才能完成对其的排序操作。

以升序排序为例，每个位置上数据的特征是其值不大于后续所有元素的值，选择数据元素的规则是在待排序的数据中求最小值所在的位置，再将该位置上的值移动到正确的位置上。图 4-9 是 6 个数据的升序排序过程。

索引	0	1	2	3	4	5	数据元素的位置值
初始排列	68	35	47	26	6	55	浅灰色底纹表示待排数
第1趟排序	6	35	47	26	68	55	68与6交换位置的结果
第2趟排序	6	26	47	35	68	55	35与26交换位置的结果
第3趟排序	6	26	35	47	68	55	47与35交换位置的结果
第4趟排序	6	26	35	47	68	55	47与47交换位置的结果
第5趟排序	6	26	35	47	55	68	68与55交换位置的结果

图 4-9 6 个数据的升序排序过程

可将上述排序过程通用化为一个选择排序算法。设 x 是表示含 n 个数据的列表，数据元素的表示为 $x[0]$, $x[1]$, $\cdots$, $x[n-1]$，采用 i 来表示元素的索引值，则 $x[i]$ 表示索引值为 i 的数据元素，n 值可通过 len(x) 求得。该算法由主算法和一个子算法组成：

（1）minPos 子算法的功能是求数列指定区间中最小值所在的位置。输入数据包括数列名、区间起始位置、区间终止位置，输出值为最小值的索引值。描述该子算法的函数定义为 minPos(listData, beginIndex, endIndex)。

（2）主算法的功能是输入一组数据，控制排序趟数和待排序的区间范围，调用 minPos 取得当前待排序区间中最小值所在位置，将待排序区间的起始位置的值和最小值交换位置，输出排序结果。

算法的伪代码及调用关系如下：

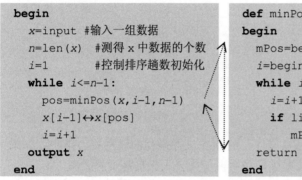

```
begin
    x=input  #输入一组数据
    n=len(x)  #测得 x 中数据的个数
    i=1        #控制排序趟数初始化
    while i<=n-1:
        pos=minPos(x,i-1,n-1)
        x[i-1]↔x[pos]
        i=i+1
    output x
end
```

```
def minPos(listData,beginIndex,endIndex):
begin
    mPos=beginIndex  #最小值位置的初始值
    i=beginIndex
    while i<endIndex:
        i=i+1
        if listData[i]<listData[mPos]:
            mPos=i
    return mPos
end
```

选择排序是一个双重循环结构，其内循环条件和外循环条件都与输入数据的数量 n 呈正相关关系。内循环体的执行次数为

$$(n-1)+(n-2)+\cdots+2+1=n^2/2-n/2$$

舍弃系数和低阶项，算法的时间复杂度 $T(n)=O(n^2)$。

算法中并没有因为输入数据数量的变化而增加或减少临时内存消耗，算法的空间复杂度 $S(n)=O(n^0)$。

2. 冒泡排序

冒泡排序的基本思想是：按照顺序逐个对待排序数据中的相邻数据进行比较，若不符合排序规则，则交换位置，所有具有相邻关系的数据之间都要完成上述操作，即完成对一个数据的排序，这样的操作被称为一趟排序。对于含 n 个数据的一组数而言，需要重复执行 $n-1$ 趟排序，才能完成排序操作。

以升序排序为例，若在待排序数据中，相邻数据间不符合升序规则，则交换这两个数据的位置。图 4-10 是 6 个数据的冒泡升序排序的第一趟排序过程。在第一趟排序过程中，待排序数据的区间是 [0,5]，比较过程按照从左向右的顺序进行，即第 1 个比较是索引值 0 和 1 对应的数据，第 2 个比较是索引值 1 和 2 对应的数据，依此类推，直到最右端。经过第一趟排序，最右端位置上已存放最大值 88。

可将上述排序过程通用化为一个冒泡排序。使用与选择排序中相同的数据表示，算法由双重循环组成：

（1）外循环控制排序的趟数。对于 n 个数据的情况，外循环执行 $n-1$ 次。假设用 i 来表示外循环次数控制变量，i 的初值为 1，外循环的循环条件是 $i<=n-1$。

（2）内循环完成对待排序数据的一趟排序过程。排序过程按索引值小的位置先开始，待排序数据区间为[0,(n-i)]。假设用 j 来表示相邻数据间的比较次数，相邻数据是指 $x[j-1]$ 和 $x[j]$，j 的初值为 1，内循环的循环条件是 $j<=n-i$。

索引	0	1	2	3	4	5	数据元素的位置值
初始排列	68	35	47	88	6	55	
第1个相邻比较	35	68	47	88	6	55	68与35交换位置的结果
第2个相邻比较	35	47	68	88	6	55	68与47交换位置的结果
第3个相邻比较	35	47	68	88	6	55	68与88交换位置的结果
第4个相邻比较	35	47	68	6	88	55	88与6交换位置的结果
第5个相邻比较	35	47	68	6	55	88	88与55交换位置的结果

图 4-10　6 个数据的冒泡升序排序的第一趟排序过程

算法的伪代码如下：

```
begin
  x=input                #输入一组数据
  n=len(x)               #测量 x 中数据的个数
  i=1                    #对外循环控制变量赋初值
  while i<=n-1:          #控制外循环执行 n-1 次
   j=1                   #对内循环控制变量赋初值
   while j<=n-i:         #控制内循环执行 n-i 次
    if x[j-1]>x[j]:      #若 x[j-1]的值大于 x[j]的值，则交换两值的位置
      x[j-1]↔x[j]        #x[j-1]与 x[j]交换值
     j=j+1               #准备下一对相邻数据的比较
   i=i+1                 #准备下一趟排序
  output x               #输出排好序的一组数
end
```

与选择排序一样，冒泡排序算法的时间复杂度 $T(n)=O(n^2)$，空间复杂度 $S(n)=O(n^0)$。

4.2.4　查找

本节所涉及的查找算法是指根据输入的关键值，确定在一组数中是否存在该关键值，若存在，则输出其所在位置；若不存在，则输出"找不到"。

假设 x 表示一组数，$x[i]$ 表示第 i（i 的值为 0, 1, 2, …）个数，key 表示输入的关键值，则关键值是否存在于 x 中的判定式为 $x[i]==key$。若判定式成立，则 i 就是关键值在 x 中的位置；若找不到一个 i，使得判定式成立，则输出"找不到"。

根据 x 中数据的排列特征，可以有不同的选取数据元素的方法。若不考虑 x 中数据的排序特征，则可以采用顺序选取元素的查找算法，该查找算法称为顺序查找；若 x 是升序或降序的列表，则可以采用选取中心元素的查找算法，该查找算法称为二分查找或折半查找。

1．顺序查找

利用顺序查找判断 key 在 x 中的存在，第一个查找的数据是 $x[0]$，然后查找的数据是 $x[1]$，依此类推，直到找到 key 所在的位置或没有数据可查找为止。

用 n 表示 x 中数据的个数，用 i 表示查找的顺序，i 的值依次是 0, 1, 2, …, $x[i]$ 就是当次要查找的数据。在循环结构中，循环控制变量 i 的初值是 0，循环执行的条件是 $x[i] \neq key$ and $i \leq n-1$，循环体为顺序选取下一个数据的操作。算法的伪代码如下：

```
begin
  x=input
  n=len(x)
  i=0
  while x[i]≠key and i<=n-1:
    i=i+1
  if i<=n-1:
    output i
  else:
    output "找不到"
end
```

在含有 n 个数的 x 中顺序查找 key，最快执行一次循环判断就能找到，最慢需要执行 n 次循环判断才能找到；若结论是"找不到"，则一定需要执行 $n+1$ 次循环判断才能确定。可见，顺序查找的时间复杂度最好为 $O(1)$，最坏为 $O(n)$。

若在 x 中查找 key 的频率很高，则最好先对 x 做好排序，然后采用其他算法进行查找。

2．二分查找

若 x 是升序或降序的列表，则可以使用二分查找来查找 key。其基本原理是：在 x 的索引区间 [left,right] 内查找 key，且 left<=right，i 是索引区间 [left,right] 内的值，若 $x[i] \neq key$，则如果 key 存在，那么只能出现在索引区间 [left,i-1] 内或出现在索引区间 [i+1,right] 内。若每次取 i 值是 [left,right] 内的中间值，即 i 等于 (left+right)/2 的整数商，则存在三种不同的判定：已找到、还在索引区间 [left, i-1] 内、还在索引区间 [i+1, right] 内。若没找到，则新的查找范围就是索引区间 [left, i-1]、[i+1, right] 中的一个，故称二分查找；新的查找范围只有原来查找范围的一半，故也称折半查找。以 x 是升序列表为例，若 $x[i] \neq key$，同时如果 $x[i]>key$，则 key 只能存在于索引区间 [left, i-1] 内；否则 key 只能存在于索引区间 [i+1, right] 内。

如图 4-11 所示，使用二分查找在含有 8 个数的升序列表中查找 key 等于 55 的存放位置。

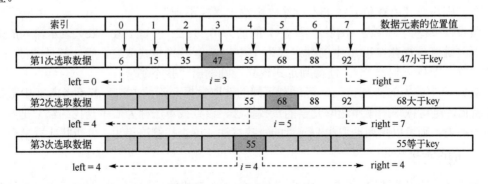

图 4-11　二分查找的执行过程

与顺序查找相比，二分查找的不同之处主要在于选取数据的方法不同。用变量 i 表示选取数据的索引值，在二分查找的循环结构中，i 的初始值为 int((left+right)/2)，在循环体中用二分查找计算新选取数据的索引值，循环执行的条件是还没有找到 key 值所在的位置，同时还有索引区间可查找，判定条件为 $x[i]\neq$key and left<=right。算法的伪代码如下：

```
begin
  x=input
  n=len(x)
  left=0                          #初始查找区间的left值
  right=n-1                       #初始查找区间的right值
  i=int((left+right)/2)
  while x[i]≠key and left<=right:
    if x[i]>key :
        right=i-1                 #新的查找区间为[left,i-1]
    else
        left=i+1                  #新的查找区间为[i+1,right]
    i=int((left+right)/2)
  if left<=right:
    output i
  else:
    output"找不到"
end
```

在含 n 个数的 x 中，利用二分查找算法查找 key，最快执行 1 次循环判断就能找到，最慢也只需要执行 $\log_2(n)$ 次循环判断就能找到。如果在 x 中有 10 亿个数据，则采用二分查找最多只需要执行约 30 次循环判断就能确定是否能找到。在最好的情况下，二分查找的时间复杂度为 $O(1)$；在最坏的情况下，二分查找的时间复杂度为 $O(\log_2(n))$。

4.2.5　随机模拟

张山站在篮球场的开球点上，可以随机地选择左、右、前、后四个方向中的一个方向迈步，每选择 1 次迈出 1 步，问随机选择 500 次后，张山站的位置距开球点有多远（假设 1 步的刻度值为 1）？虽然无法给这样的问题一个明确解，但是可以通过多次模拟实验，获得一个比较稳定的距离及各种可能距离的概率分布。

随机模拟算法是以概率和统计为基础的计算方法，其核心思想是以一个概率分布为基础，取得模拟实验的结果，进而计算近似解。使用计算机，可以借助随机数来对一个概率分布进行随机模拟抽样，快速形成大量的样本，利用这些样本计算近似解。

蒙特·卡罗方法是一种随机模拟算法。首先选择一个先验分布模型；其次根据给定的规则，快速生成大量的随机样本；然后对随机样本数据做必要的计算；最后做统计计算、可视化和分析，如求出期望值、最小值、最大值、标准差，画出概率分布图等。

【例 4.7】利用蒙特·卡罗方法求函数 $y=x^2$ 在区间[0, 1]内的积分，并用伪代码写出其算法。

【解答】图 4-12 所示的是一个边长为 1 的正方形，其中的曲线是 $y=x^2$ 在区间[0,1]内的几何解析，定积分区所指区域的面积是 $y=x^2$ 在区间[0,1]内的积分值。理论而言，在正方形

93

中随机生成 *n* 个样本，如果落在定积分区中的样本数为 *m*，那么 *m* 和 *n* 之比等于定积分区面积与正方形面积之比。实际而言，这个比值应该是近似相等的，*n* 越大，近似程度越高。

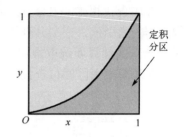

图 4-12　利用蒙特·卡罗方法求积分

样本点用 *x* 和 *y* 来表示，*x* 和 *y* 是区间[0,1)内的实数值，区间[0,1)内的随机数可用 random()来生成。若样本点符合 $x \times x < y$ 的条件，则该样本点取自定积分区。定积分值用 *s* 表示，*s* 的值等于 *m/n*。算法的伪代码如下：

```
begin
  n=input          #输入抽样次数
  i=1              #对循环变量赋初值
  m=0              #对计数变量赋初值
  while i<=n :
    x=random()     #随机抽样
    y=random()     #随机抽样
    if x×x<y :     #判断样本是否取自定积分区
      m=m+1        #对取自定积分区的样本数加 1
    i=i+1
    s=m/n          #计算定积分值
  output s
end
```

4.3　递归

条件驱动问题求解策略通常都可以转化为迭代过程，用循环结构予以实现，而目标驱动问题求解策略通常都会转化为递归过程，用函数予以实现。如求 *n*!问题，可使用迭代式 $s=s \times i$ 进行计算；也可以定义函数 fac(*n*)，在函数体中使用递归式 $n \times \text{fac}(n-1)$ 进行计算。

4.3.1　递归

在算法的定义中，直接或间接出现算法本身，则称这样的算法为递归算法。若函数定义中包含直接或间接调用函数本身，则称这样的函数为递归函数。例如，用 fac(*n*)表示 *n*!，其递归定义如下

$$\text{fac}(n) = \begin{cases} 1 & , n = 0 \\ n \times \text{fac}(n-1) & , n > 0 \end{cases}$$

图 4-13 是 3! 的递归求解过程。递归求解分两个阶段：第一阶段的问题从复杂到简单，逐步被递归分解为更小的问题，直到分解为最小的原子问题，即 fac(0)的值为 1；第二阶段求解从简单到复杂的问题，即从原子问题的解出发逐步计算更大问题的解，直到计算出 fac(3)。

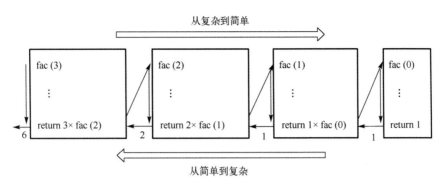

图 4-13　3！的递归求解过程

因为递归计算需要保存整个问题分解的路径，然后沿着路径倒着计算回来。因此递归计算需要耗费更长的时间，占用更多的空间。但递归计算的优点也是迭代计算无可比拟的，其结构比迭代结构更简单、更直观、更有美感、更容易理解，更适合用于分析问题。

递归定义包含以下两个要素：

（1）递归出口。结束递归过程的条件和结束值。递归出口也是问题最小规模下的求解方法，如在上述 fac(n)的定义中，当 n=0 时，fac(0)为问题最小规模，不再需要递归计算，且计算值为 1。

（2）递归公式。一个沿着递归出口方向，直接或间接调用自身函数定义，是问题非最小规模下的递归求解方法。如在上述 fac(n) 定义中，n×fac(n-1)为递归公式，且 fac(n-1) 比 fac(n)距 fac(0)更近。

【例 4.8】编写求 n!的递归算法 fac(n)。

【解答】定义为一个函数形式来实现该算法，函数名为 fac，初始状态（输入参数）为 n，输出值为 n!。算法伪代码如下：

```
def fac(n):
begin
  if n==0 :    #递归出口
    return 1
  else:
    return n×fac(n-1)

  end
```

【例 4.9】编写求两个正整数的最大公约数的递归算法 gcd(a,b)。

【解答】定义一个函数形式来实现该算法，函数名为 gcd，初始状态（输入参数）为 a、b 两个正整数，输出值为最大公约数，mod 为求余运算符。gcd 的递归定义如下：

（1）递归出口。如果 a 能被 b 整除，即 a mod b==0，那么最大公约数为 b。

（2）递归公式。如果 a 不能被 b 整除，那么 gcd(a,b)等价于 gcd(b,a mod b)。

算法的伪代码如下：

```
def gcd(a,b):
begin
  if a mod b==0 :    #递归出口
```

95

```
        return b
    else:
        return gcd(b,a mod b)
end
```

【例 4.10】n 个人围成一圈做游戏，从 1 开始报数，数到 m 的这个人出列，继续开始游戏，求最后一个出列的人最开始排的位置。要求用伪代码写出算法。

【解答】假设 1 号位置用 0 表示，2 号位置用 1 表示，依此类推，i 号位置用 i–1 表示。报数的规则是从 0 号开始，每报过数后的人就排到队伍的末尾（表示围成一圈），数到 m 的人出列后，重新开始游戏。

用 f(n,m) 表示要求解的问题。显然，当 n=1 时，f(1,m)=0。可用归纳法找出 f(n,m) 与 f(n−1, m) 的关系。假设 n=6，m=3，经过一轮游戏的结果如表 4-3 所示，观察 f(6, 3) 和 f(5, 3) 中每个未出列人的位置可得 f(6, 3)=(f(5,3)+3) mod 6。

表 4-3　f(6,3)和 f(5,3)的关系

位置	0	1	2	3	4	5
f(6,3)	P1	P2	P3	P4	P5	P6
f(5,3)	P4	P5	P6	P1	P2	

将上述关系通用化到 n 和 m 的情况，即 f(n, m)=(f(n−1, m)+m) mod n

由此，f(n, m) 可递归定义为

$$f(n,m) = \begin{cases} 0 & , n = 1 \\ (f(n-1,m) + m) \bmod n & , n > 1 \end{cases}$$

算法的伪代码如下：

```
def f(n,m):
begin
    if n==1 :      #递归出口
        return 0
    else:
        return (f(n-1)+m) mod n
end
```

4.3.2　分治法

顾名思义，分治法（Divide-and-Conquer Algorithm）是分而治之的计算方法。算法包含"分"和"治"两部分，其基本思想首先是"分"，即把一个复杂的问题分成两个或两个以上的性质与原问题相同的、规模较原问题小的、相互独立的子问题，再把子问题分成小的子问题，依此类推，直到子问题简单可解；然后是"治"，即从最小规模子问题的解开始，逐步把子问题的解合并，逐层返回构成原问题的解。可见，适合分治法求解的问题应具有如下特点：

（1）可以分解为多个规模较原问题小的、性质与原问题相同的子问题。这是可以使用分治法求解的前提。

（2）分解出的子问题之间相互无关，不会产生重复计算。子问题的独立性是分治法执行效率的保证。

（3）问题分解不会无休无止，即问题的规模小到一定程度就变得简单可解。

（4）子问题的解可以合并构成原问题的解。

举一个不太适合分治法求解的例子：假设求斐波那契数列第 n 项值的算法为 fibo(n)，fibo(n)的递归定义如下：

$$\text{fibo}(n) = \begin{cases} 1 & ,n=0 \text{ 或者 } n=1 \\ \text{fibo}(n-2)+\text{fibo}(n-1), & n \geqslant 2 \end{cases}$$

可以看出 fibo(n)可以分解为 fibo($n-2$)与 fibo($n-1$)之和，最小规模问题为 fibo(0)和 fibo(1)。然而 fibo($n-1$)会再分解出一个 fibo($n-2$)，fibo($n-1$)和 fibo($n-2$)之间紧密相关，不具备独立性，使用递归求解会产生大量的重复计算。图 4-14 是 fibo(4)递归分解示意图，fibo(2)重复求解两次。若求解 fibo(6)，则 fibo(2)就会被重复求解 5 次。

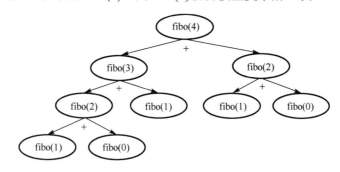

图 4-14　fibo(4)递归分解示意图

1. 二分查找递归算法

关于二分查找的基本原理和算法思想在 4.2.4 节已做介绍，这里不再赘述。这里仅介绍二分查找的递归实现。

记 binSearch(key,x,left,right)为在 x 的区间[left,right]内查找 key 的二分查找算法，若找到，则返回 key 在 x 中的位置；否则返回–1。其中 binSearch 为算法名，key 为查找的关键字，x 是升序的列表，left 和 right 分别表示查找范围的左边界值和右边界值，若查找范围内还有数据，则 left<=right。算法的伪代码如下：

```
def binSearch(key,x,left,right):
begin
  if left>right :   #递归出口，确定找不到
      return -1
  else:
      i=(left+right)/2
      if x[i]==key:   #递归出口，确定找到了
          return i
      else:
      if x[i]>key:
          return binSearch(key,x,left,i-1)
      else:
```

```
        return binSearch(key,x,i+1,right)
end
```

2．快速排序

在 4.2.3 节介绍的排序算法中，其算法的时间复杂度都是 $O(n^2)$ 级别的。显然，前述的排序算法对一组 n 个数据的排序要比对两组 $n/2$ 个数据分别排序所花的时间长。因此使用分治法进行排序可以大大降低排序的时间复杂度。

快速排序是冒泡排序的递进，都是根据序（升序或降序）的要求，通过两个数据之间的比较和交换，使得这两个数之间符合顺序的要求。所不同的是，快速排序是一种分治策略的排序算法。通过一趟排序，冒泡排序是将待排序区间中的最小值或最大值排序到正确的位置上，剩余的待排序数据都在一个区间内；而快速排序是将某个数据（称为基准元素）排序到正确的位置上，其他数据与这个数据都符合排序序的要求，剩余的待排序数据被分成两个待排序区间，即不大于基准元素的数据在一个待排序区间内，大于基准元素的数据在另一个待排序区间，两个待排序区间相互独立，下一趟排序就递归为对两个待排序区间分别进行快速排序了。

快速排序的递归形式如下：

（1）递归出口。若待排序区间中最多只有一个数据，则结束排序。

（2）递归公式。在待排序区间中选取一个基准元素（如左边界数据元素、右边界数据元素或其他规则下选取的数据元素），将基准元素放在待排序元素的最左边或最右边；将基准元素和待排序区间中距基准元素最远的数据进行比较、交换操作，直到待排序区间中所有元素都与基准元素进行了比较、交换为止；然后分别对基准元素两侧的待排序区间进行快速排序。

以升序排序为例，图 4-15 是对 6 个数据做快速排序第一趟的排序过程。基准元素为待排序区间左边界上的数据元素，left、right 为待排序区间的边界值。

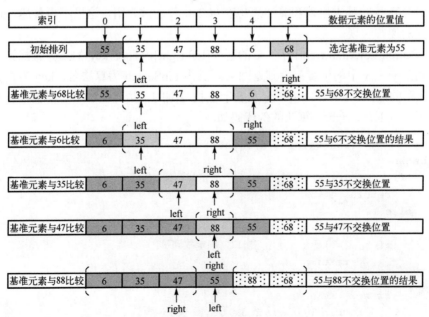

图 4-15　快速排序第一趟的排序过程

记 quickSort(x,left,right)为对 x 在区间[left,right]内的数据进行升序快速排序。其中 quickSort 为算法名，x 是列表，left 和 right 分别是待排序区间的左边界值和右边界值。算法中，临时变量 i 表示基准元素当前的位置；临时变量 leftSign 标记基准元素在待排序数据的左边还是右边，若 leftSign 为 True，则基准元素在待排序数据的左边；否则基准元素在待排序数据的右边。算法的伪代码如下：

```
def quickSort(x,left,right):
begin
  if left>=right :              #若待排序区间内最多只有一个数据，则结束排序
   return
  else:
    initLeft=left               #保存初始的待排序区间值
    initRight=right
    i=left                      #选取基准元素，记录所在位置
    leftSign=True               #基准元素在待排序数据的左边
    left=left+1                 #设置待排序区间的边界值
    while left<=right:
      if leftSign==True :       #基准元素在待排序数据的左边
        if x[i]>x[right]:
          x[i]↔x[right]
          i=right
          leftSign=False
        right=right-1
      else:                     #基准元素在待排序数据的右边
        if x[i]<x[left]:
          x[i]↔x[left]
          i=left
         leftSign=True
        left=left+1
    quickSort(x,initLeft,i-1)   #使用分治法
    quickSort(x,i+1,initRight)  #使用分治法
end
```

在理想的情况下，每轮快速排序的基准元素排序后正好在最中间，将原待排序区间平均分成两个待排序区间，在整个排序过程中，循环体的执行次数约为

$$(n-1)+2(\frac{n}{2}-1)+4(\frac{n}{4}-1)+\cdots+2^{i-1}(\frac{n}{2^{i-1}}-1)$$

化简后约为 $i \times n$。当 $\frac{n}{2^{i-1}}=1$ 时，排序完成，$i=\log_2(n)$。因此，在理想的情况下，快速排序的时间复杂度为 $O(\log_2(n)n)$。

在最坏的情况下，每轮快速排序后都不能将原待排序区间分成两个待排序区间，快速排序退化为冒泡排序，时间复杂度为 $O(n^2)$。快速排序的空间复杂度为 $O(1)$。

3. 汉诺塔问题

汉诺塔问题源于古印度的一个传说，抛开那些神秘的色彩，汉诺塔问题可以抽象为数学问题，是递归求解的一个经典案例。

汉诺塔问题的描述：有 A、B、C 三根柱子，A 柱上套有 n 个大小不等的盘子，小盘子在大盘子之上，盘子只能在柱子之间移动，一次可以从一根柱子上移动一个盘子到另一根柱子上，且保证所有柱子上的小盘子在大盘子之上，求 A 柱上的 n 个盘子借助 B 柱移到 C 柱上的步骤。

图 4-16 是 n=3 的汉诺塔问题求解过程。从中可以总结出，若要想把最大的 3 号盘子从 A 柱移到 C 柱上，则首先要将 3 号盘子上面的两个小盘子借助 C 柱从 A 柱移到 B 柱上。将上述示例推广到 n 是任意正整数的情况，则 n 个盘子的汉诺塔问题递归分解为两个 n−1 个盘子的汉诺塔问题，递归定义如下：

（1）递归出口。若 n=1，则直接将盘子从 A 柱移到 C 柱上。

（2）递归公式。首先将 A 柱上 n−1 个盘子借助 C 柱移到 B 柱上，然后将 n 号盘子从 A 柱移到 C 柱上，再将 B 柱上 n−1 个盘子借助 A 柱移到 C 柱上。

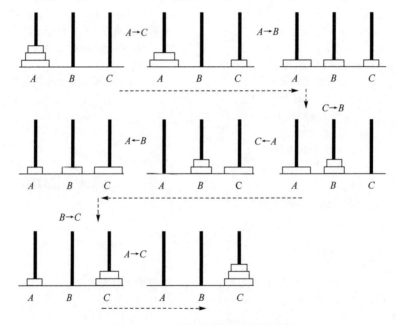

图 4-16　n=3 的汉诺塔问题求解过程

记 hanoi(n,A,B,C) 为将 A 柱上的 n 个盘子借助 B 柱移到 C 柱上的递归算法，move(n,A,C) 为将 n 号盘从 A 柱上移到 C 柱的操作。其算法的伪代码如下：

```
def hanoi(n,A,B,C):
begin
    if n==1 :                 #直接移动盘子
      move(n,A,C)
    else:
      hanoi(n-1,A,C,B)       #将 A 柱上的 n-1 个盘子借助 C 柱移到 B 柱上
      move(n,A,C)            #将 A 柱上的 n 号盘子移到 C 柱上
      hanoi(n-1,B,A,C)       #将 B 柱上的 n-1 个盘子借助 A 柱移到 C 柱上
end
```

记 $f(n)$ 为 n 个盘子的移动次数，根据上述算法对盘子移动次数分析如下：在 1 个盘子的情况下，只需移动 1 次，即 $f(1)=1$；n 个盘子的情况下，为移动 2 次 n−1 个盘子的情

况，为移动 4 次 $n-2$ 个盘子的情况，…，为移动 2^i 次 $n-i$ 个盘子的情况；当 $i=n-1$ 时，n 个盘子的情况下，为移动 2^{n-1} 次 1 个盘子的情况。因此 $f(n)$ 为 $2^{n-1}f(1)$，算法的时间复杂度为 $O(2^n)$。

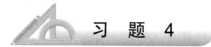

习 题 4

一、单项选择题

1. 描述算法的三个基本控制结构是_____。

　　A．模块化、结构化和对象化　　　　　　　B．顺序、选择和循环

　　C．运算、函数和赋值　　　　　　　　　　D．输入、处理和输出

2. 以下关于算法的描述中，正确的是_____。

　　A．求解一个问题的算法只有一种　　　　　B．算法与数据有关，但与数据结构无关

　　C．程序是算法的实现　　　　　　　　　　D．算法的实现与具体的计算机相关

3. 在算法的定义中包含算法自身，称这样的算法为_____算法。

　　A．迭代　　　　　　B．循环　　　　　　　C．递归　　　　　　　D．穷举

4. 算法的_____是指算法的每个步骤是实际可执行的。

　　A．可行性　　　　　B．明确性　　　　　　C．有穷性　　　　　　D．稳定性

5. 在下列选项中，_____属于算法的基本特征。

　　A．可扩展性　　　　B．稳定性　　　　　　C．可靠性　　　　　　D．明确性

6. 在使用累加求和 $1+1/2+1/3+\cdots+1/i\cdots+1/n$ 的算法中，只需包含_____控制结构即可。

　　A．顺序和循环　　　B．顺序和选择　　　　C．选择和循环　　　　D．循环

7. 在以下关于算法有穷性的描述中，错误的是_____。

　　A．算法的有穷性指出算法必须在执行有限步骤后结束

　　B．算法的有穷性是针对现代电子计算机执行速度还不够快而设置的

　　C．现代超级电子计算机的执行速度非常快，限制算法的有穷性毫无必要

　　D．算法的有穷性是指算法需要在有限的时间内结束，但步骤可以无限多

8. 在循环结构中，需要反复执行的程序段被称为_____。

　　A．迭代体　　　　　B．初始化　　　　　　C．循环条件　　　　　D．循环体

9. 在以下问题中，_____不能使用二分法。

　　A．程序排错　　　　　　　　　　　　　　B．查字典

　　C．在文章中寻找关键词　　　　　　　　　D．求方程在某区间内的一个解

10. 若使用迭代法求 $n!$，则算法中一定包含_____。

　　A．循环控制结构　　B．递归过程　　　　　D．函数调用　　　　　D．选择控制结构

11. _____不是伪代码描述算法的特点。

　　A．书写简洁　　　　　　　　　　　　　　B．结构严谨、清晰

　　C．易阅读　　　　　　　　　　　　　　　D．形象化

12. _____不属于算法的输出。

　　A．在显示器上显示值　　　　　　　　　　B．将值存入文件中

　　C．赋值给算法内的变量　　　　　　　　　D．将值返回给调用该算法的模块

13. _____属于算法的输出。

    A．接收被调用模块的返回值   B．赋值给算法内的变量

    C．将值返回给调用该模块的算法   D．将补码值转化为字符值

14. _____不属于算法的输入。

    A．接收被调用模块的返回值   B．将值传递给被调用的模块

    C．从文件中读取   D．接收键盘的输入

15. 使用冒泡排序对数列[3,28,16,38,6]进行升序排序，经第二轮排序后，该数列可以为_____。

    A．28,16,38,6,3   B．3,16,28,6,38

    C．28,38,16,6,3   D．3,16,6,28,38

16. 使用快速排序法对数列[16,28,3,38,6]进行升序排序，若以未排序区间最左元素为基准，则经第一轮排序后，该数列为_____。

    A．6,3,16,38,28   B．3,6,16,28,38

    C．16,3,28,6,38   D．3,6,16,38,28

17. 使用选择法对数列[3,28,16,38,6]进行降序排序，经第二轮排序后，该数列可以为_____。

    A．38,28,6,16,3   B．3,16,6,38,28

    C．38,28,16,6,3   D．38,28,3,16,6

18. 若使用二分法在升序数列[2,3,6,10,13,15,18]中查找关键值 19，则第一轮与第二轮判断的数据分别是_____。

    A．10 和 13   B．18 和 15   C．10 和 15   D．10 和 3

19. 若使用顺序查找法在数列[8,28,16,38,6]中查找关键值3，则需要做_____次比较运算。

    A．0   B．1   C．5   D．6

20. 流程图中的判断框具有_____。

    A．一个入口、一个出口   B．一个入口、两个出口

    C．一个入口、多个出口   D．两个入口、一个出口

21. 按照结构化算法的思想，控制结构都应具有_____的特征。

    A．单入口、多出口   B．多入口、多出口

    C．多入口、单出口   D．单入口、单出口

22. 在一组已经排好序的数据中查找某数据所在的位置，最好使用_____算法。

    A．折半查找   B．顺序查找   C．随机查找   D．倒序查找

23. 虽然描述算法的方法多种多样，但是_____不是描述算法的方法。

    A．自然语言   B．流程图   C．数据流图   D．伪代码

24. 如果算法 a 调用算法 b，那么_____。

    A．算法 a 比算法 b 先结束运行   B．算法 b 比算法 a 先结束运行

    C．算法 a 和算法 b 同时结束运行   D．算法 a 和算法 b 有可能同时结束运行

25. X 是一个有序列表，分别用顺序查找和二分查找来查找关键值在 X 中的位置，查找的次数分别是 a 和 b。若查找成功，则 a 和 b 的关系是_____。

    A．$a>b$ B．$a<b$ C．$a=b$ D．无法确定

26. 与递归算法相比，迭代算法_____。

    A．易于理解   B．速度快   C．结构简单   D．适宜问题分析

27. 以下关于分治法的叙述中，错误的是_____。

    A．对于适合用分治法求解的问题，采用分治法求解，其计算效率会提高

    B．分解出的子问题和原问题的性质是相同的，且规模较原问题小

    C．分治法适用于各种问题求解，但也是在找不到其他有效算法情况下的无奈选择

    D．分治法通常用递归方式描述

28. _____是适合分治法求解的问题。

    A．一所大学分多个学院，学院内分多个系进行管理

    B．纸质答卷排序

    C．为教师分配教学任务

    D．统计答卷的最低分、最高分、平均分

29. 在以下选项中，不属于迭代计算式的是_____。

    A．$x=x+1/i$ B．$fib[j]=fib[j-1]+fib[j-2]$

        $i=i+1$ $j=j+1$

    C．$x=y$ D．$a=b$

        $y=z$ $b=c$

        $z=x+y$ $c=a$

30. 通常，子算法用_____的形式来描述。

    A．递归   B．函数   C．迭代   D．调用函数

31. _____不是随机模拟可求解问题。

    A．3 个骰子点数的和等于 18 的概率

    B．根据内切圆面积和正方形面积比求 π

    C．根据车流量和红绿灯时间设置，估算车辆通过十字路口所需要的时间

    D．求用一个 7mL 的水杯和一个 5mL 的水杯量出 3mL 水的过程

32. 使用选择法对含有 n 个元素的列表进行升序排序算法的空间复杂度为_____。

    A．$O(1)$ B．$O(n)$ C．$O(n^2)$ D．无法确定

二、判断题

1. 穷举法属于完备的归纳算法。理论而言，任何问题都可以用穷举法求解。

2. 对于一个算法，只要输入相同，其输出一定相同；反之亦然。

3. 由于伪代码的结构严谨、清晰，因此使用伪代码描述算法比流程图更直观。

4. 不是每个迭代算法都能够转换为功能相同的递归算法。

5. 在最差的情况下，快速排序退化为选择排序。

6. 标识算法包括为算法命名，为外界的输入命名，指出算法的输出。

7. 尽量缩小解空间（穷举范围）是提高穷举法效率的有效措施之一。

8. 蒙特·卡罗方法是一种随机模拟算法，只能用于求解概率问题。

9. 通常，算法具有通用化特征，一个算法是一类问题的通用求解方法。

10. 变量、循环结构、算法标识（函数）是算法通用化的工具。

11. 因为不同计算机的运算速度不同，所以算法的时间复杂度也不同。

12. 因为不同计算机的内存空间容量不同，所以算法的空间复杂度也不同。

三、简答题

1. 简述算法的定义，算法有哪些特点？

2. 简述条件驱动求解策略的求解过程，变量起什么作用？

3. 简述目标驱动问题求解策略的求解过程，算法标识起什么作用？

4. 简述使用伪代码描述算法的优缺点。

5. 简述迭代的三个关键要素及其作用。

6. 适合用分治法进行求解的问题应具有哪些特点？

7. 阅读以下伪代码表示的算法，算法的输出是多少？使用流程图表示该算法。

```
begin
    i=1
    while i≠13 :
        i=i+2
    output i
end
```

8. 阅读以下伪代码表示的算法。其中，mod 表示求余运算，算法的输出是多少？将该算法改为没有函数的形式。

```
def gcd(a,b):
begin
    while b≠0:
        r=a mod b
        a,b=b,r
    return a
end
begin
    x,y=48,28
    output gcd(x,y)
end
```

9. 简述二分查找的基本思想。

10. 简述递归定义的两个要素及其作用。

四、应用题

1. 在列表[2,5,8,16,33,38,45,62]中使用二分查找算法查找 24，写出查找的步骤，给出每步的 left、i、right 的值。其中，列表的下标索引值，从左向右分别为 0, 1, 2, …。

2. 已知列表[18,25,2,17,9]，使用冒泡排序对该列表进行排序。按照图 4-10 写出第一趟排序相邻比较、交换的过程，再写出每趟排序的结果。

3. 已知列表[18,25,2,17,9]，使用选择排序对该列表进行排序。按照图 4-9 写出每趟排序的结果。

4. 已知列表[28,35,2,7,18]，写出求最小值的步骤以及每一步的中间结果。

5. 使用伪代码写出调用子算法的冒泡排序。子算法的功能是在列表的未排序区间内进行一趟冒泡排序。

6. 下列递归定义是求从 n 个对象中抽取 k 个对象的组合数量。用伪代码写出其递归算法。

$$C(n,k)=\begin{cases} 1 & ,k=0 \text{ or } k=n \\ C(n-1,k)+c(n-1,k-1) & ,k>0 \text{ and } k<n \end{cases}$$

7. 使用迭代算法求 $1+\dfrac{1}{2^2}+\dfrac{1}{3^2}+\cdots+\dfrac{1}{n^2}$，写出该迭代算法的伪代码。

8. 输入一个任意位的正整数 n，求各位数之和。假设 "//" 为求整数商运算符，"mod" 为求余数运算符，用伪代码写出该算法。

9. 试用乘法规则和二分算法求 x^n。其中 x、n 的值要输入，且 n 是正整数，用伪代码分别写出其递归算法和迭代算法。

10. 使用伪代码写出例 4.10 的迭代算法。

11. 使用伪代码写出韩信点兵问题的穷举算法。（韩信点兵问题描述：若按 1～6 报数，则最后一名士兵报数 5；若按 1～7 报数，则最后一名士兵报数 4；若按 1～11 报数，则最后一名士兵报数 10，计算士兵人数。）

第 5 章

计算机语言与程序

计算机有很多种语言，利用这些语言能够编写出程序。程序是算法在计算机上的具体实现，是用计算机语言描述的某个问题的解决步骤。在用计算机解决某个问题时，首先设计解决这个问题的算法，然后用某种计算机语言精确描述，并在计算机上调试运行正确后，最终解决问题。

计算机语言大致分为两大类：一类是与计算机硬件相关的机器语言、汇编语言，它们被称为低级语言；一类是与计算机硬件无关的语言被称为高级语言。本章首先介绍计算机语言、程序和程序设计方面的基础知识，然后介绍 Excel 和 VBA 语言的基础知识，并给出相应的应用案例。

5.1 计算机语言概述

5.1.1 算法与程序

算法是从逻辑上设计的用计算机解决问题的一系列步骤，但如何把这一系列有限的步骤告诉计算机呢？这就需要编写程序，用计算机能够"理解"的语言告诉计算机该如何去做。算法是一种通用的表达方式，而程序是与具体的计算机语言结合在一起的。因此，程序通常被定义为"算法＋语言"。

所谓程序设计，就是根据计算机要完成的任务，设计解决问题的算法，然后使用某种计算机语言编写相应的程序代码，并测试该代码运行的正确性，直到能够得到正确的运行结果为止。程序设计应遵循一定的方法和原则，良好的程序设计风格是程序具备可靠性、可读性、可维护性的基本保证。

5.1.2 计算机语言

在编写程序代码时，程序员必须遵循一定的规则来描述问题的求解方法和解决步骤，这种规范就是计算机语言。计算机语言具有一些基本原则，即具有固定的语法格式、特定的语义和使用环境，这些基本原则比日常语言更加严格，必须避免语言的二义性。随着计算机技术的发展，计算机语言经历了从机器语言、汇编语言到高级语言的发展历程。

1. 机器语言

在计算机发展初期，唯一的计算机语言就是机器语言。机器语言由二进制的 0、1 代码指令构成，是计算机硬件唯一能理解和识别的语言。虽然用机器语言编写的程序能真实地表示数据是如何被计算机执行的，但它有以下两个缺点。

（1）完全依赖于计算机硬件。每台计算机均有其自己的机器语言，彼此不兼容。

（2）理解和记忆机器语言非常困难，并且容易出错，编程效率极低。

2．汇编语言

汇编语言是符号化的机器语言，采用英文助记符代替机器指令，比机器语言容易识别和记忆，从而提高了程序的可读性。但是汇编语言仍然是面向机器的语言，是为特定的计算机系统设计的，它要求软件工程师熟悉相应的硬件，如果遇上复杂的算法，那么使用汇编语言编写程序的难度更大，且编程效率低，因此，汇编语言属于一种低级语言。

3．面向过程的高级语言

20 世纪 60 年代出现了一种面向过程的高级语言，这种语言不依赖于特定的计算机系统，表达形式更接近于被描述问题的语言，程序可读性更强，也便于修改、维护，通用性也更好。但这种语言的每条语句都是为了完成一个特定任务而对计算机系统发出的指令。常用的面向过程的高级语言有如下两种：

（1）BASIC 语言

BASIC 语言是一种供初学者使用的程序设计语言。BASIC 语言本来是为校园的大学生创造的高级语言，目的是使大学生轻松使用计算机。虽然初期的 BASIC 语言的功能差、语句少，只有 14 条语句，但由于 BASIC 语言在当时比较容易学习，它很快从校园走向社会，成为初学者学习计算机程序设计的首选语言。

（2）C 语言

C 语言是一门面向过程的、抽象化的通用程序设计语言，被广泛应用于底层开发。C 语言描述问题比汇编语言迅速、工作量小、可读性好、易于调试、修改和移植。

C 语言是普适性最强的一种计算机程序编辑语言，它不仅可以发挥出高级编程语言的功能，还具有汇编语言的优点，因此相对于其他编程语言，它具有简洁、数据类型和运算符丰富等特点，以及可对物理地址进行直接操作及代码具有较好的可移植性。

4．面向对象的高级语言

尽管传统的 C 语言有如此众多的优点，但作为传统的面向过程的计算机语言，其强调对功能的模块化，也即一个模块作为一个功能处理单位，所有的编程细节都要求编程者逐一处理，工作量大，程序也极易出错且难以调试。因此，到了 20 世纪 80 年代后期，面向对象的程序设计语言被提出并逐步成为设计的主流。

面向对象程序设计（Object-Oriented Programming，OOP）是一种以对象为基础，由事件驱动对象执行的编程技术。简单地说，编程就是定义数据，对数据进行操作并得到预期的结果。对象是面向对象程序设计的核心，如程序本身是一个对象，程序中使用的按钮是对象，程序中使用的窗口也是一个对象。用户只要建立能完成各种功能的多个对象，并把这些对象组合起来，然后建立起与这些对象相关联的事件过程，就可创建出具体的应用程序。在此过程中，用户考虑的是如何组织对象并编写完成相应功能的代码，而并不需要了解对象内部是如何完成具体功能的。

在面向对象程序设计中，对象是一种程序的实例，它包含对象的属性和对象的行为。程序员使用对象的属性和行为构建程序，而不需要知道对象的细节。面向对象程序设计使用类（class）作为程序的基本形态。对象是类的实例，类具有以下三个基本特性：

（1）封装性。类把对象的属性和行为封装起来，构成一个独立的函数或方法。

（2）继承性。一个对象能继承另外一个对象，一个新建的类可以继承已经存在的类。例如，当一个几何形状类被定义后，在定义一个矩形类时，就可以继承几何形状类的公用特性和方法。

（3）多态性。多态性指的是某些对象可以有多种行为方法。在面向对象程序设计中，可以定义一些具有相同名字的操作，而这些操作在相关类中做不同的事情。例如，定义两个类：圆和矩形，都是从几何形状类继承下来的。在计算圆面积和矩形面积时，两个操作有相同的名字 area，但做不同的事情。

常见的面向对象语言有如下几种：

（1）Visual Basic

Visual Basic（VB）是一种模块化、可视化、以事件驱动为机制的面向对象的编程语言。事件驱动的编程是针对用户触发某个对象的相关事件进行编码的，每个事件都可以驱动一段程序的运行。开发人员只要编写响应用户动作的代码。这样的应用程序代码精简，比较容易编写与维护。

（2）C++

C++语言是对传统的 C 语言的基础上扩展升级而成的，它既可以进行 C 语言的过程化程序设计，又可以进行以抽象数据类型为特点的基于对象的程序设计，还可以进行以继承和多态为特点的面向对象的程序设计。C++不仅擅长面向对象程序设计，还可以进行基于过程的程序设计。

（3）Java

Java 是一门面向对象编程语言，它不仅吸收了 C++语言的各种优点，还摒弃了 C++中难以理解的多继承、指针等概念，因此 Java 具有功能强大和简单易用两个特征。Java 作为静态面向对象编程语言的代表，极好地实现了面向对象理论。

Java 具有简单性、面向对象、分布式、健壮性、安全性、平台独立与可移植性、多线程、动态性等特点。

（4）Python

Python 是 1991 年开发的，是迄今为止最为流行的计算机语言之一。Python 提供了高效的高级数据结构，还能简单有效地面向对象编程。基于 Python 的语法、动态类型，以及它是解释型语言的本质，使它成为多数平台上写脚本和快速开发应用的编程语言。

Python 语言具有易读、易维护、强制缩进和可移植性等特点。

5. 翻译程序

翻译程序是一种系统程序，它将计算机高级语言编写的程序翻译成计算机能够识别和执行的机器语言程序。用高级语言编写的程序统称为源程序，把翻译后的机器语言程序统称为目标程序，如图 5-1 所示。

图 5-1 翻译程序功能

翻译程序主要包括编译和解释两种程序。

（1）编译程序。编译程序也称编译器，是把整个源程序翻译成目标程序。

（2）解释程序。解释程序也称解释器，是把每行源程序均翻译成目标程序中相应的行，并执行它的过程。

编译和解释的不同在于，编译在执行前翻译整个源程序代码，而解释一次只翻译和执行源代码中的一行。但编译和解释这两种方法都遵循相同的翻译过程，如图 5-2 所示。

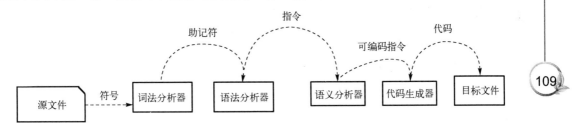

图 5-2 源代码的翻译过程

5.2 计算机语言基础

5.2.1 标识符

所有的计算机语言都有标识符，标识符是指用来对变量、函数、类等数据对象命名的有效字符串序列，即对象的名称。计算机语言通常规定标识符只能由字母、数字和下画线组成，且第一个字符必须为字母或下画线，不能以数字开头。

标识符允许给程序中的对象命名。例如，计算机中的每个数据都存在一个唯一的地址中，如果没有标识符来命名数据存储的地址变量，那么在进行数据处理时，就只能直接使用数据的地址来进行存取操作，编写程序极不方便。但是，如果用标识符对数据地址命名，那么在编写程序时，只要简单给出数据的名字就可以让编译器去跟踪数据实际存放的物理地址。

在很多面向对象的高级语言中，有一部分标识符是关键字，也称保留字，是语言本身的一部分，变量、函数、类等数据对象的命名不能与其关键字相同。

5.2.2 数据类型

计算机语言通常都要求给参与运算的各种数据定义其类型，每种数据类型都定义了一系列值及应用于这些值的一系列操作，大多数高级语言都定义了两类数据类型：基本数据类型和组合数据类型。

109

1．基本数据类型

基本数据类型指的是不能分解成更小数据类型的数据类型。基本数据类型通常有：整型、实型、字符型和逻辑型。

（1）整型

整型数据是指不包括小数部分的整数。整型通常有短整型、长整型两种，不同版本的翻译器对整型数据分配的内存单元长度是不同的。

（2）实型

实型数据也称浮点数，包含整数部分和小数部分。

（3）字符型

字符型是指 ASCII/Unicode 字符集。

（4）逻辑型

大部分计算机语言都有逻辑型数据，其取值为 true 和 false。

2．组合数据类型

组合数据类型是一组数据，其中每个元素都是简单的数据类型。大多数计算机语言定义了如下的组合数据类型。

（1）数组

数组是一组数据元素，每个元素都具有相同数据类型。一般用一个数组名来标识数组，并以下标的形式区分数组中的每个数据元素。

（2）字符串

字符串（String）是由数字、字母、下画线组成的一串字符，它是编程语言中表示文本的数据类型。在程序设计中，字符串为符号或数值的一个连续序列，字符串在存储上类似字符数组，所以它每位的单个元素都是可以提取的，如 s="abcdefghij"，则 s[1]="b"，s[9]="j"。

3．常量

常量指的是在程序运行时，不会被程序修改的量。常量可分为不同的类型，如 25、0 为整型常量，6.8 为实型常量，a, b 为字符常量。一般常量从其字面形式即可判断，这种常量称为字面常量或直接常量。

4．变量

变量是存储单元的名字，程序使用标识符命名存储单元，称为变量名。在程序运行时，变量中的值可被程序修改。大多数高级语言都要求变量在使用前被声明，并且在声明时进行初始化。

5.2.3　表达式与运算符

（1）表达式

表达式是一系列操作数和运算符的组合，其中，操作数包括常量、变量及分组符号（括号）。

（2）运算符

运算符是指对数据进行各种运算的特定语言的语法记号。例如，"*"是一个运算符，表示对两个数相乘。计算机高级语言都有丰富的运算符，主要包括算数运算符、关系运算符、逻辑运算。Python、Java 中常用的各种运算符分别如表 5-1、表 5-2、表 5-3 所示，以下各表均假设变量 a 的值为 10，变量 b 的值为 20。

表 5-1　算术运算符

运算符	定义	实例
+	加	a+b 结果为 30
–	减	a – b 结果为–10
*	乘	a * b 结果为 200
/	除	b/a 结果为 2
//	整除	9//2 结果为 4
%	取余	b % a 结果为 0

表 5-2　关系运算符

运算符	定义	实例
==	等于	(a== b) 返回 false
!=	不等于	(a != b) 返回 true
>	大于	(a > b) 返回 false
>=	大于或等于	(a>= b) 返回 false
<	小于	(a<b) 返回 true
<=	小于或等于	(a<=b) 返回 true

表 5-3　逻辑运算符

运算符	定义	实例
and	与	(a and b)返回 20
or	或	(a or b)返回 10
not	非	not(a and b)返回 false

5.2.4　基本语句

每条语句都能让程序执行一个相应的动作，它被直接翻译成一条或多条计算机可执行的指令。计算机语言包含的基本语句有赋值语句、控制语句和输入/输出语句。

（1）赋值语句

赋值语句的作用是给变量赋值。换言之，赋值语句存储一个值在变量中。在算法中，使用符合 "←" 定义赋值，在大多数语言中，如 C++、Java、Python 使用 "=" 建立赋值语句。

赋值语句通常要求，赋值号的左边是变量，右边可以是常量、变量、表达式或函数。

（2）控制语句

控制语句是语句的集合。在前面 4.1.3 节中介绍了算法的流程控制结构，计算机高级语言都有实现这些结构的语句。顺序结构是控制语句的主干，语句通常是程序一句接一句被执行。实现选择结构的语句即为选择语句，实现循环结构的语句即为循环语句。编程语言中的控制结构形式与 4.1.3 节介绍的类似，在此不再累述。

循环中断语句属于特殊的控制语句，一般用在上述的循环控制结构中。循环中断语句有 break 语句、continue 语句。break 语句中断整个循环，跳出循环体去执行循环结构下一条语句。continue 语句是中断当次循环，程序流程继续回到循环判断条件，若满足循环条件，则继续执行循环体。

（3）输入/输出语句

输入/输出语句是指实现数据输入和输出的语句。输入语句的功能是通过计算机外部设备将数据存入计算机内存中。输出语句的功能是将数据从计算机的内存输送到计算机的外部设备。目前，大多数高级编程语言都没有提供通用的输入/输出语句，而是以"函数"或"方法"的形式提供输入/输出功能。如 Python 语言提供了 input( )函数作为数据输入语句，print( )函数作为数据输出语句。

5.2.5　子程序、函数和方法

第 4 章在介绍递归算法设计时，介绍了在 Raptor 中可以将递归算法写成一个主程序和一个子程序。子程序的概念在面向过程语言中经常用到。子程序（Subprogram）是程序中的某部分代码，由一个或多个语句块组成，它负责完成某项特定任务，而且相较于其他代码，具备相对的独立性。

对于大多数面向对象的编程语言，通常把具有通用功能进行封装后的子程序称为函数和方法。所有编程语言都提供了大量的函数和方法，编程者只需调用这些函数和方法即可。例如，Python 提供了大量的内置函数库和第三方函数库，其中包含了大量的函数和方法。

子程序一般会有输入参数和返回值，提供对过程的封装和细节的隐藏。在子程序中一般包含返回语句，其功能是将被调用子程序的计算结果带回到主程序中。子程序执行结束后，通过返回语句回到主程序。主程序与子程序的调用过程，如图 5-3 所示。

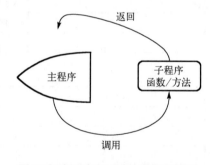

图 5-3　主程序与子程序的调用过程

5.3　Excel 基础

大数据日益成为研究行业的重要研究目标。面对其数据量大、多维度与异构化的特点，以及分析方法思路的扩展，传统统计工具已经难以应对。目前几种比较常用的数据统计分析软件有 SAS、SPSS、Excel 等。

SAS 是目前国际上流行的一种大型统计分析系统，被誉为统计分析的标准软件。SPSS 作为仅次于 SAS 的统计软件工具包，SPSS 容易操作，功能齐全，是世界上应用最广泛的专业统计软件之一。

Excel 不是专业的数据统计软件，但它作为美国微软公司推出的办公软件包中的核心组件之一，Excel 含有大量的数据计算函数和专业的数据分析工具，具有强大的数据处理和数据分析的能力，用于支持高级的数据计算与数据分析需求。

5.3.1 Excel 在数据分析中的应用概述

Excel 作为一个功能全面的电子表格软件，几乎可以处理各种数据，其丰富的数据处理函数和图表处理功能，能灵活地满足企业个性化的数据分析需求。Excel 提供了丰富的财务内置函数，可以满足许多领域的数据处理和数据分析要求。如果内置函数不能满足需求，那么还可以使用 Excel 内置的 Visual Basic for Application（VBA）建立自定义函数。

Excel 在数据处理方面的功能主要包括以下三个方面：

（1）数据的录入、运用公式进行的数据计算及对数据的预处理功能。

Excel 的数据计算主要分为两个层次：一个层次是支持对数据集进行四则运算、逻辑运算、字符串运算等基础运算；另一个层次是提供常用运算的内置函数，包括求和、求均值、方差等，用户只需要按照规定的语法调用函数就可以实现快速运算。

（2）灵活的数据管理、数据分析与辅助决策。

数据管理主要包括数据的排序、筛选、查询、统计等。系统还提供了许多数据分析与辅助决策工具，如数据透视表、方差分析、指数平滑、回归分析、规划求解等。

（3）具有丰富的数据呈现功能。

系统提供了丰富的统计图表，在数据集的基础上制作图形，包括柱形图、折线图、散点图、气泡图等。

5.3.2 Excel 数据处理基础

运用 Excel 进行数据处理与分析前，本节首先介绍有关 Excel 数据处理的基本要素。

1. 单元格与单元格引用

单元格是构成工作表的最基本单位，也是存放 Excel 数据的单元。单元格区域指的是单个的单元格，或者是由多个单元格组成的区域，或者是整行、整列等。

在工作表中使用公式或者函数进行运算时，对单元格的引用必不可少，通过对单元格或单元格区域的引用来实现数据计算，从而提高计算的速度、效率和公式的灵活性。单元格的引用就是对单元格地址的引用，通过指定单元格地址找到该单元格并使用其中的数据，把单元格内的数据和公式联系起来。单元格的引用主要包括相对引用、绝对引用和混合引用三种。

（1）相对引用

相对引用是指在公式移动或复制过程中，公式中所包含的单元格地址会跟随公式的位置变化而发生变化。

（2）绝对引用

绝对引用是指在公式移动或复制过程中，公式中所包含的单元格地址不跟随公式的位置变化而发生变化。绝对引用通常是在相对引用的列坐标和行坐标前分别加上"$"，锁住参加运算的单元格，以便使它们不会因为公式的复制或移动而变化，如$A$2。

（3）混合引用

混合引用是指单元格地址中的一部分为绝对引用，另一部分为相对引用，如$A2 或 A$2。

在公式中使用单元格引用时，Excel 默认为相对引用。在实际操作中，输入一个含有相对引用的公式，然后拖动填充柄，可将含有相对引用的公式复制到相邻单元格，实现自动计算。

2．Excel 的数据类型

（1）数值型数据

默认情况下，数值型数据在单元格中右对齐。输入数值型数据的一些规则如下：

① 负数：带括号的数字被识别为负数。例如，输入(3)和–3 都被识别为负数。

② 分数：整数与分数用空格隔开。当整数部分为 0 时不可省略；否则识别为日期。

③ 百分数：当输入百分数时，只需要在数字后输入"%"即可。

当数字的整数位数超过 11 位时，系统将自动转化成科学计数法表示。数字的有效位数是 15 位，超过 15 位的部分被舍弃用 0 代替。

日期型数据作为一种特殊的数值型数据，将日期存储为一系列连续的整数，实质上是基准日期到指定日期之间天数的序列数。即以 1900 年 1 月 1 日为基准日，对应序列号为 1，1900 年 1 月 2 日对应序列号 2，依此类推，日期数据对应的序列号将依次递增。当日期数据参与运算时，实际上是日期数据对应的序列值参与运算。

（2）文本型数据

文本型数据包括字符和汉字。非法的数值数据也被认为是文本数据。如 1889/3/1、3+4、8:30AM 等。

默认情况下，文本数据在单元格中左对齐。在输入数据时，在数字前面加撇号"'"，如'44123456，Excel 会将其转化为文本型数据，这种数据称为数字文本数据。

有些数据必须保存为文本，如身份证号、银行卡号，因为数值型数据的有效位为 15 位，超过 15 位将显示为 0。有些数据（如学号、手机号等）虽然长度不超过 15 位，但是因为无须参与数学运算，所以一般将这些数据保存为文本型数据，这与数据库中对这些数据的定义一致。

在输入数字文本时，除了输入时在数字前面加撇号"'"的方法，还可在输入数据之前先选定空白单元格区域，设置数字格式为"文本"，再输入数据。在输入大批量数字文本数据时，往往会采用第二种方法。

（3）逻辑型数据

逻辑型数据只有两个值，即 TRUE 和 FALSE。在 Excel 公式中，关系表达式的结果为逻辑值。如"=8>9"的结果为 FALSE。逻辑值 TRUE 和 FALSE 在公式中作为数值 1 和 0 参与运算，因此，公式"=20+TRUE"的结果为 21。

3．数据类型转换

（1）将数值转换为文本

在 Excel 的数据计算中，经常会遇到一些数据类型必须被强制转换的问题，如身份证号、邮政编码、学号等，这些数据本来是数值型数据，但在实际的数据计算中却不需要参与运算，所以可以被转化为文本型数据进行存储。

将数值转换文本可使用菜单模块中的"数据"→"数据工具"→"分列"命令完成。这种转换方法并没有将数值真正转换成文本，只是将数值强制存储成了文本格式。

（2）将文本转换为数值

把以文本形式存储的数值转换为以数值形式存储的数字，通常采用以下两种方法：

① 单击"转换为数字"命令。

② 单击"分列"按钮。

4．公式与函数

公式是 Excel 数据计算必备的工具，它可以极大地提高数据的计算能力。用户在输入数据后，被引用的公式即可完成数据计算，方便、快捷而且准确。输入公式时必须以"="开头。公式的内容可以是简单的数学公式，也可以包含内置函数。

Excel 函数其实是一些预定义的公式，它们使用一些被称为参数的特定数值，按特定的顺序或结构进行计算。使用函数能完成一般公式无法完成的计算。

（1）Excel 公式的基本要素

Excel 公式的基本要素为"="、常用"运算符"和"数据"。"="为公式或函数的标志，是在单元格中输入公式或函数时的前导符。"数据"包括各种常量和单元格引用。

（2）Excel 中的函数

利用 Excel 中的函数可以进行加、减、乘、除等简单的数学运算，还可以操作文本和字符串，也可以完成财务、统计和科学计算等复杂计算。在进行数据计算时，只需调用函数名就会自动计算结果。

内部函数的一般格式为：函数名(参数 1,参数 2,…) 。

函数名表示该函数具有的功能和类型，使用时不能出错。不同类型的函数要求单元格给定不同类型的参数，参数形式可以是常量、单元地址、区域地址、数组和表达式等。在参数被给定后，函数返回一个有效值。

（3）Excel 中的数组公式

数组公式就是包含数组的公式。Excel 中的数组公式在不能使用工作表函数直接得到结果时就显得特别重要。数组公式的本质是多重运算，所谓多重运算就是一组数据与另一组数据之间的运算，它也可对多组数值执行多重计算，并返回多个结果。数组公式在{ }中，按下 Ctrl+Shift+Enter 组合键可以完成数组公式的输入。

5．错误值

在 Excel 中使用公式时，经常会遇到一些错误值，Excel 中常见的错误值的类型及其产生原因如表 5-4 所示。

表 5-4　Excel 中常见的错误值的类型及其产生原因

错误值类型	产生原因
#####	列宽不够，无法显示
#VALUE!	使用的参数类型错误
#DIV/0!	除数为 0
#NAME?	函数名输入错误，或公式中的文本字符输入错误
#N/A	查询类函数找不到匹配结果
#REF!	删除了被引用的单元格区域
#NUM!	公式或函数中使用了无效数字值

除此之外，若数据源中本身含有错误值，则公式计算结果也会返回错误值。

5.4 VBA 语言

VBA（Visual Basic for Applications）是 Microsoft Office 集成办公软件的内置编程语言，它是基于 VB（Visual Basic）发展起来的，与 VB 有很好的兼容性。VBA 寄生于 Office 应用程序，是 Office 的重要组件，利用它可以将烦琐、机械的日常工作变得自动化，从而极大地提高用户的办公效率。

使用 VBA 可以实现如下功能：

（1）自动处理重复的任务。

（2）将 Office 作为开发平台，进行应用软件开发。

（3）对数据进行复杂的操作和分析。

本节介绍在 Excel 环境下的 VBA 语法基础、控制结构及面向对象程序设计的有关知识。

5.4.1 VBA 语言基础

1. VBA 中的宏

宏（Macro）是一组 VBA 语句，可以将其理解为一个程序段，或一个子程序，它存储于 Visual Basic 模块中，可随时调用。如果工作表存在大量重复性操作，那么就可以利用宏来自动执行这些任务，以提高工作效率。

在 Office 中，宏可以直接编写，也可以通过录制形成。录制宏实际上就是将一系列操作过程记录下来并由系统自动转换为 VBA 语句。这是目前最简单的编程方法之一，也是 VBA 最具特色的地方。用录制宏的办法编写程序，不仅可使编程过程得到简化，还可以提示用户使用什么语句和函数，帮助用户学习程序设计。当然，实际应用的程序不能完全依靠录制宏，还需要对宏进一步加工和优化。

（1）宏的安全性

宏病毒是一种寄存在 Office 文档或模板的宏中的计算机病毒。一旦打开文档，其中的宏就会被执行，宏病毒就会被激活并转移到计算机上，驻留在 Normal 模板中，此后所有自动保存的文档都会感染上这种宏病毒。

为了防止宏病毒，Office 提供了一种安全保护机制，就是设置宏的安全性。通常，宏的安全性设为如下 4 级：

① 禁用所有宏，并且不通知。

② 禁用所有宏，并发出通知。

③ 禁用无数字签署的所有宏。

④ 启用所有宏。

依次单击"开发工具"→"代码"→"宏安全性"按钮，设置宏的安全性。

（2）宏的录制与执行

对于需要经常重复执行的一些操作，可以把执行这些操作的步骤全部录制在宏中，把宏变为可自动执行的操作，其方法如下：

① 启动 Excel。

② 依次单击"开发工具"→"代码"→"录制宏"按钮。

③ 在打开的"录制宏"对话框中输入宏名，单击"确定"按钮。

④ 进行用户需要的操作（如设置单元格某个区域的前景颜色）。

⑤ 依次单击"开发工具"→"代码"→"停止录制"按钮，结束宏录制。

录制完的宏，需要通过执行宏来进行自动操作。执行宏的方法如下：

① 依次单击"开发工具"→"代码"→"宏"按钮。

② 在打开的"宏"对话框中输入宏名或选择宏，单击"执行"按钮。

【例 5.1】录制并执行"填充颜色"的宏，其功能是在 Excel 工作簿中将当前选中的单元格背景设置成蓝色，具体步骤如下：

① 启动 Excel，选定任意一个单元格。

② 依次单击"开发工具"→"代码"→"录制宏"按钮。

③ 在打开的"录制宏"对话框中输入宏名"填充颜色"，单击"确定"按钮。

④ 依次单击"开始"→"字体"→"填充颜色"按钮右边的三角标志，选择蓝色。

⑤ 依次单击"开发工具"→"代码"→"停止录制"按钮，结束宏录制。

若要执行刚才录制的宏，则可以先选择任意一个单元格，然后依次单击"开发工具"→"代码"→"宏"按钮，在打开的"宏"对话框中选择"填充颜色"选项，单击"执行"按钮，选定的单元格被填充为蓝色。

（3）宏的查看与编辑

对已经存在的宏，可以查看其代码，也可以进行编辑。

依次单击"开发工具"→"代码"→"宏"按钮，打开"宏"对话框，选择"填充颜色"选项，单击"编辑"按钮。此时，在 VBA 编辑器窗口中显示如下代码：

```
Sub 填充颜色()
'
' 填充颜色 宏
'
    With Selection.Interior
        .Pattern=xlSolid
        .PatternColorIndex=xlAutomatic
        .ThemeColor=xlThemeColorAccent5
        .TintAndShade=0
        .PatternTintAndShade=0
    End With
End Sub
```

这段代码包括以下几部分：

① 宏（子程序）开始语句。每个宏都以 Sub 开始，Sub 后面紧接着宏名和一对括号。

② 注释语句。从单引号开始直到行末尾是注释内容。除了使用单引号，还可以用 Rem 语句填写注释。注释是绿色的，以便与其他语句区别。可以在宏中添加、修改、删除注释，而不会影响宏的运行。

③ With 语句。With 语句可以简化代码中对复杂对象的引用。该语句建立一个"基本"对象，然后进一步引用这个对象上的子对象、属性或方法，而不用重复指出对象的名称。

④ 宏结束语句。End Sub 是宏的结束语句。

该宏显示了关于单元格背景颜色设置的 5 个不同属性，说明可以同时改变多个属性。需要改变的只有表示颜色的 ThemeColor 属性，但宏记录器录制所有可能的属性。因此，需要删除其中不必要的属性，使录制的宏可读性更好。

简化代码后的运行效果与原来的程序是一样的，简化后的代码如下：

```
Sub 填充颜色()
    Selection. Interior. ThemeColor=xlThemeColorAccent5
End Sub
```

2. 数据类型

VBA 的数据具有数值、字符（String）、日期（Date）、逻辑（Boolean）、对象（Object）和变体（Variant）等类型。VBA 的标准数据类型如表 5-5 所示。

表 5-5　VBA 的标准数据类型

分类	类型名	关键字	存储空间/字节	取值范围
数值	字节型	Byte	1	0～255
	整型	Integer	2	-2^{15}～$2^{15}-1$，即-32768～32767
	长整型	Long	4	-2^{31}～$2^{31}-1$
	单精度	Single	4	$-3.402823E38$～$3.402823E38$
	双精度	Double	8	$-1.79769313486232d308$～$1.79769313486232d308$
	货币型	Currency	8	-9222337203685477.5808～9222337203685477.5808
字符	字符型	String	–	0～65535 个字符
日期	日期型	Date	8	#100-1-1 00:00:00#～#9999-12-31 23:59:59#
逻辑	布尔型	Boolean	2	true 或者 false
变体	变体型	Variant	–	以上类型的任意一种
对象	对象型	Object	4	程序中的对象

3. 变量

VBA 中的每个变量都有一个名称。由于变量是用来表示和存放数据的，因此它必须有自己的数据类型。变量的名称和类型都可以通过变量声明来确定。程序运行时将为变量分配内存空间，具体所占空间大小根据其类型来确定。

变量声明就是给变量指定一个名称和数据类型。系统将按照声明来建立变量，也就是为其分配内存空间并赋初值。最常用声明变量的方法是使用 Dim 语句。Dim 语句格式为：

```
Dim <变量名1>[As <类型>][,<变量名2>[As <类型>],…,<变量名n>[As <类型>]]
```

其中，变量名要符合标识符的命名规则。方括号部分"[As<类型>]"表示该语句成分是可选的，若不选，则取默认值 Variant，即表示创建的类型为变体型。

例如：

```
Dim n As Integer
Dim a As Integer, b As Single
```

当在一条 Dim 语句中同时定义多个变量时，每个变量都应有自己的类型说明，否则为变体型。例如：

```
Dim x1, x2 As Integer
```

该语句声明了两个变量，分别为变体型变量 x1 和整型变量 x2。等同于下面的语句：

```
Dim x1 As Variant, x2 As Integer
```

VBA 中的对象众多，需要经常使用对象变量。对象变量是指向某个对象的变量，创建对象变量与创建其他变量完全类似，通过使用 Dim 语句来完成。

对象类型可以是通用的对象类型，也可以使用特定的对象类型。例如：

```
Dim MyObject As Object
Dim ws Worksheet
Dim wb As Workbook
Dim rng As Range
```

第一条 Dim 语句使用通用的 Object 类型，其他的 Dim 语句声明特定类型的对象变量。对象变量也可以用 Variant 数据类型来表示，如声明 MyObject 变量如下：

```
Dim MyObject As Variant
或 Dim MyObject
```

用 Dim 语句定义好对象变量后，变量是空的，并没有实体对象与之对应，对象变量需用 Set 语句将一个已有的、实际的对象指定给该变量。也就是说，用 Set 语句给对象变量赋值，例如：

```
Set ws=Workbooks ("Data") .Worksheets ("Sheet1")
Set wb=Workbooks ("Data")
```

Set 语句被执行后，对象变量与具体对象之间就建立起一种关联，此时可用对象变量代替对象。将对象变量赋值为 Nothing，也称释放对象变量，这样会释放该对象所关联的所有系统及内存资源。及时释放不再用的对象变量是一种良好的编程习惯。

5.4.2　VBA 控制结构

VBA 控制结构的语句格式和运行机制与算法的流程控制结构类似，读者可以参考 4.1 节中的相关案例。

1．分支结构

（1）单分支结构

单分支结构的语句有一行和多行两种形式，它们都是以 If…Then 开始的。当单分支结构写在一行时，随着行的结束，结构自然完成；当写在多行时，必须用关键字 End If 表示结构的结束。

一行单分支语句的语法格式为：

```
If <条件表达式> Then <语句>
```

多行单分支语句的语法格式为：

```
If <条件表达式> Then
    <语句序列>
End If
```

（2）双分支结构

双分支语句也有一行和多行两种形式。Else 是 Then 部分的结束，在多行的情况下，End If 是 If 的结束。

一行双分支语句的语法格式为：

```
If <条件表达式> Then <语句1> Else <语句2>
```

多行双分支语句的语法格式为：

```
If <条件表达式> Then
    <语句序列1>
Else
    <语句序列2>
End If
```

（3）多分支结构

多分支语句有 If…Then…ElseIf…Else…EndIf 和 Select Case…End Select 两种。

If…Then…ElseIf…Else…EndIf 语句的语法格式为：

```
If <条件表达式1> Then
    <语句序列1>
ElseIf <条件表达式2>
    <语句序列2>
        ⋮
ElseIf <条件表达式n>
    <语句序列n>
[Else
    <语句序列n+1>]
End If
```

Select Case…End Select 语句的语法格式为：

```
Select Case <表达式0>
Case 表达式列表1
    <语句序列1>
Case 表达式列表2
    <语句序列2>
        ⋮
Case 表达式列表n
    <语句序列n>
[Case Else
```

```
        <语句序列 n+1>]
    End Select
```

2．循环结构

（1）计数型循环语句（For…Next）

在 For…Next 语句中，For 为开端，Next 为终端，其语法格式为：

```
For <循环计数变量>=<初值> to <终值> [Step <增量>]
        <循环体>
Next [<循环计数变量>]
```

说明：

① 循环计数变量为数值型简单变量，For 和 Next 后面的循环计数变量必须相同。Next 的作用之一是为循环计数变量加上一个增量的值。

② 初值、终值与增量均为数值表达式，增量的默认值为 1。

③ 循环体是要被反复执行的语句序列。

运行机制如下：

① 一次性地设置循环控制参数，包括为循环计数变量赋初值，计算并保存终值表达式和增量表达式的值。

② 测试循环计数变量的值是否已大于或小于终值。具体地说，当增量为正（负）时，测试循环计数变量的值是否大（小）于终值，若是则退出循环，执行 Next 语句之后的语句；否则执行循环体。

③ 当遇到 Next 语句时，为循环计数变量加上一个增量（执行循环计数变量=循环计数变量+增量），然后返回步骤②。

（2）条件型循环语句（Do…Loop）

在 Do…Loop 语句中，Do 为开端，Loop 为终端。条件型循环语句分为入口检测型和出口检测型两种。

入口检测型的语法格式为：

```
Do {While|Until} <条件表达式>
        <循环体>
Loop
```

说明：While 和 Until 两个关键字可任意选一个，用于确定是 While 模式还是 Until 模式。While 模式是当条件表达式的值为 True 时，执行循环体；否则退出循环，执行 Loop 之后的语句；Until 模式与 While 模式正好相反，当条件表达式的值为 False 时，执行循环体；否则退出循环，执行 Loop 之后的语句。

运行机制如下：

① 执行 Do 语句，计算条件表达式的值，根据模式和条件取值来决定执行步骤②还是执行步骤④。

② 执行循环体。

③ 当遇到 Loop 语句时，返回步骤①。

④ 执行 Loop 之后的语句。

出口检测型的语法格式为：

```
Do
<循环体>
Loop {While|Until} <条件表达式>
```

说明：While 和 Until 同上所述。

运行机制如下：

① 执行循环体。

② 执行 Loop 语句，计算条件表达式的值，根据模式和条件取值来决定执行步骤③还是执行步骤④。

③ 返回步骤①。

④ 执行 Loop 之后的语句。

使用注意事项：

与计数型循环语句不同，条件型循环语句没有自动地使条件发生变化的机制，因此必须在其循环体内使用专门的语句来修改条件的因素。

5.4.3　VBA 常用对象与程序设计

1. VBA 对象

（1）VBA 对象概述

对象是 VBA 程序的基础，几乎所有操作都与对象有关。VBA 对象是指 Excel 中的各种元素，即 Excel 对象。如 Excel 工作表、单元格、单元格、区域等都是对象。VBA 程序要自动化操作和控制 Excel 应用程序，必须要与 Excel 提供的对象进行交互，如访问工作表、修改单元格的数据等。事实上，Excel 应用程序本身就是通过这些对象组织在一起的。表 5-6 列出了 Excel 中常用的 VBA 对象。

表 5-6　Excel 中常用的 VBA 对象

对象名	说明
Application	应用程序
Workbook	工作簿对象
Workbooks	工作簿对象集合
Worksheet	工作表对象
Worksheets	工作表对象集合
Range	区域对象

（2）Excel 对象模型与层次结构

Excel 各对象不是孤立存在的，而是彼此之间存在联系的，对象模型用于描述对象之间的联系。Excel 对象模型的整个层级结构如图 5-4 所示。

一个 Excel 应用程序就是一个 Application，Application 处于层次结构的顶部。

一个 Application 可以包含很多个 Workbook（Workbooks）。用户可以同时打开很多个工作簿（Workbooks），但某一时刻只有一个工作簿（Workbook）处于活动状态，这个工作簿称为活动工作簿（ActiveWorkbook）。

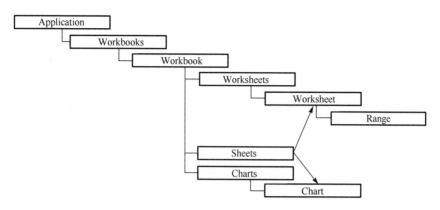

图 5-4 Excel 对象模型的层级结构

一个 Workbook 可以包含多个 Worksheet（Worksheets）。一个工作簿包含多个工作表（Worksheets），某一时刻只有一个工作表（Worksheet）处于活动状态，这个工作表称为活动工作表（ActiveWorksheet）。

一个 Workbook 还可以包含很多 Shapes 对象。工作表中包含一些图表、标记、注释、控件等，这些都是浮在 Sheet 页上的，这些统称为 Shapes，其中较多的是图表（Charts）。

一个 WorkSheet 可以包含很多个 Range 对象。一个工作表中有很多个单元格，单元格范围用 Range 表示，Range 可以表示一个单元格，也可以表示多个单元格。单元格都是嵌入在 Sheet 页中的。

当在代码中引用对象时，要限定一个对象名，必须通过对象模型中的层次结构。例如，要引用工作簿 Book1 中的工作表 Sheet1 上的单元格 A1，使用如下代码：

```
Application . Workbooks ("Book1").Worksheets("Sheet1").Range ("A1")
```

实际上，在很多情况下，可以省略对 Application 对象的引用。可以通过如下代码引用单元格 A1：

```
Workbooks ("Book1").Worksheets("Sheet1").Range ("A1")
```

在代码中，并不总是需要使用完全限定的对象名。在某些情况下，例如，在某工作表被激活时，可以直接使用如下简短的引用方式：

```
Range ("A1")
```

（3）集合对象

一个集合是指一组相似的对象组合起来，整体上形成一个对象，其成员（元素）又是一独立的对象。集合对象往往用英语复数形式来表示，而成员用单数形式来表示。例如：

```
Application. Workbooks ("Book1") .Worksheets ("Sheet1") . Range ("A1")
```

其中，Workbooks 和 Worksheets 是集合，它们用复数形式表示。Book1 为集合 Workbooks 的一个元素，属于 Workbook 对象；Sheet1 为 Worksheets 的一个元素，属于 Worksheet 对象。

集合中的对象作为集合的成员被引用。集合中的每个成员按顺序编号，即是成员的索引号。可以用下标方式引用集合的元素，形式如下：

123

集合名(索引号)或集合名(成员名)，例如：

Workbooks (1)是指第 1 个工作簿，本身为 Workbook 的对象。

Workbooks ("Book1")是指名称为"Book1"的工作簿。

Worksheets(3)是指第 3 张工作表，本身为 Worksheet 的对象。

Worksheets ("Sheet1")是指名称为"Sheet1"的工作表。

2．Application 对象

（1）Application 的常用属性

① Caption 属性。返回或设置显示在 Excel 主窗口标题栏中的名称。

② StatusBar 属性。返回或设置状态栏中的文字。状态栏一般位于窗体的底部，如果需要恢复默认的状态栏文字，那么将本属性设为 False 即可。

③ DisplayAlerts 属性。True：显示警告提示框；False：关闭警告提示框。默认值为 True。

④ ScreenUpdating 属性。用于控制屏幕刷新。True：表示显示屏幕刷新；False：表示关闭屏幕刷新。

⑤ ActiveWorkbook 属性。返回一个表示活动窗口中的工作簿的 Workbook 对象。

⑥ ThisWorkbook 属性。返回一个表示当前运行的宏代码所在工作簿的 Workbook 对象。

⑦ ActiveCell 属性。返回一个活动工作簿中的活动工作表的活动单元格的 Range 对象。

⑧ Selection 属性。返回活动窗口中被选择的对象。返回对象的类型取决于当前的选定对象，如果选定对象是单元格，那么本属性返回的将是 Range 对象。

（2）Application 的常用方法

① Quit 方法。通过编程方式退出 Excel，如 Application.Quit。

② InputBox 方法。显示一个接收用户输入的对话框，并返回此对话框中的输入信息。

③ OnTime 方法。应用于 Application 对象的 OnTime 方法能够安排某个过程在将来的特定时间运行。

3．Workbooks/ Workbook 对象

在 Application 对象的下一级层次是 Workbooks（工作簿对象集），它包含了许多工作簿（Workbook）对象。

（1）Workbooks 的常用属性和方法

① Count 属性。返回指定集合中对象的数目，其格式为 Workbooks.Count。

② Add 方法。新建工作簿。新建的工作簿将成为活动工作簿，并返回 Workbook 对象。例如，声明一个工作簿对象变量，然后将其设定为新建的空白工作簿。

```
Dim Xgzb As Workbook
Set Xgzb=Workbooks. Add
```

③ Open 方法。打开一个工作簿。例如，打开 MyGzb. xlsx 工作簿：

```
Workbooks. Open "D: \User\MyGzb. xlsx"
```

（2）Workbook 的常用属性和方法

Workbook 对象代表 Excel 工作簿，它是 Workbooks 集合的成员。

① ActiveSheet 属性。返回活动工作簿中的指定窗口或工作簿中的活动工作表。若未给出对象，则本属性返回活动工作簿中的活动工作表。

例如，显示活动工作表名称：

```
MsgBox "活动工作表的名称: " & ActiveSheet.Name
```

② ActiveCell 属性。返回一个 Range 对象，该对象代表活动窗口的活动单元格或指定窗口的活动单元格。若不指定对象，则本属性返回的是活动窗口中的活动单元格。

注意区分活动单元格和选定区域。活动单元格是当前选定区域内的单个单元格，选定区域可能包含多个单元格，但只有一个单元格是活动单元格。

例如，显示活动单元格的值：MsgBox "活动单元格的值: " & ActiveCell.Value。

③ Saved 属性。若指定工作簿从上次保存之后未发生过修改，则 Saved 属性返回值为 True；否则为 False。若关闭某个已更改的工作簿，则不想保存它或者不想出现保存提示，此属性应设 True。

④ Activate 方法。激活指定 Workbook 对象。如激活工作簿 MyWorkBook . xlsx：

```
Workbooks( "MyWorkBook .xlsx") . Activate
```

⑤ Close 方法。关闭指定 Workbook 对象。例如，关闭所在的工作簿，并放弃对该工作簿的所有修改：

```
ThisWorkbook.Saved=True
ThisWorkbook.Close
```

⑥ Save 方法。保存指定工作簿。例如，保存活动工作簿：ActiveWorkbook.Save，保存已打开的活动工作簿，但不是当前工作簿的 "MyGzb.xlsx"。

```
Workbooks("MyGzb.xlsx").Save
```

4．Worksheets/ Worksheet 对象

在 Workbook 对象的下一级层次是 Worksheets（工作表对象集），它包含了许多工作表（Worksheet）对象。

（1）Worksheets 的常用属性和方法

① Count 属性。返回指定集合中对象的数目，其格式为 Worksheets.count。

② Add 方法。新建工作表。新建的工作表将成为活动工作表，返回 worksheet 对象。例如，将新建工作表插入到活动工作表之前：

```
ActiveWorkbook .Worksheets. Add
```

（2）Worksheet 的常用属性和方法

① Name 属性。返回或设置工作表对象的名称，其名称为字符串。例如，为活动工作簿的第一张工作表命名：

```
Worksheets(1).Name="Data"。
```

② Visible 属性。默认值为 True，将其设置成 False 后，会隐藏工作表。例如，隐藏活动工作簿中的第一张工作表：

```
Worksheets(1).Visible=False
```

③ Activate 方法。激活工作表。如

```
Worksheets("Sheetl").Activate,
```

④ Copy 方法。复制工作表。如复制 Data，并将其放到 Sheet1 之后：

```
Worksheets("Data").Copy after := Worksheets("Sheet1")
```

⑤ Move 方法。移动工作表。例如，将工作簿中最后一个工作表移到"Sheet1"之前：

```
Worksheets(Worksheets.Count).Move Before:= Worksheets("Sheet1")
```

⑥ Delete 方法。删除指定工作表。例如，删除当前工作簿的所有工作表：

```
For Each Dw In Worksheets
      Dw.Delete
Next Dw
```

5. Range 对象

Range 对象既可表示单元格，也可表示单元格区域。在使用 Range 对象之前先要指定单元格或单元格区域，然后对该单元格或单元格区域进行操作。

有多种方法引用单元格或单元格区域对象：

① 使用单元格坐标，如

```
Range("A1")Range("A1:B5")Range( "C5:D9 ,C9:H16")
```

② 通过使用名称标识单元格区域，如

```
Range( "MyBook.xlsx! MyRange")
```

③ 使用 ActiveCell 返回活动单元格。若不指定对象，则返回活动窗口的活动单元格。

④ 使用选定对象 Selection 属性。Selection 返回对象的类型取决于当前的选定对象。如果选定对象是单元格，那么 Selection 返回的是 Range 对象。

（1）Range 的常用属性

① Cells 属性。返回单个单元格，其格式为 Cells(Row, Column)，其中，Row 表示行号，Column 表示列号。例如：

```
Worksheets(1).Cells(1, 1).Value=12          '将单元格 A1 赋值为 12
ActiveSheet.Cells(2, 1). Formula="=Sum( B1 :B5)"
                                            '设置单元格 A2 的公式
```

虽然用 Range("A1")也可返回单元格"A1"，但用 Cells 属性更方便，因为在使用该属性时，可用变量指定行号和列号，也可以用

```
Range. Object. Cells( Row, Column)
```

返回区域中的一部分，Row 和 Column 为相对于该区域的左上角偏移量。例如，设置单元格"F2"中公式的语句为：

```
Range( "F2:F6"). Cells(1, 1). Formula="= Sum( B2: E2) "
```

可用 Range(cell1, cell2) 返回 Range 对象，其中 cell1 和 cell2 为指定起始和终止位置的 Range 对象。例如，设置单元格区域 "A1：F6" 的边框线条样式的语句为：

```
Range(Cells(1, 1), Cells(6, 6)).Borders.LineStyle=xlThick
```

② Count 属性。返回一个单元格区域中行、列数目。例如，统计选定区域的单元格数、行数及列数：

```
Range("A1:F6").Select
MsgBox "单元格数为:" & Selection.Count
MsgBox "行数为:" & Selection.Rows.Count
MsgBox "列数为:" & Selection.Columns.Count
```

③ Value 属性。对象取值。例如，将 Sheet1 中 A2 单元格的值设置为 3.14。

```
Worksheets( "Sheet1") . Range("A2").Value=3.14
```

④ Offset 属性。Offset 属性返回一个 Range 对象，此对象代表偏离于指定区域的区域。例如，激活 Sheetl 工作表中当前单元格向下偏离 3 行、向右偏离 3 列的单元格：

```
ActiveCell . Offset( rowOffset:=3, columnOffset:=3) . Activate
```

其中，rowOffset 为可选参数，表示区域偏移量中的行数，默认值为 0。columnOffset 为可选，表示区域偏移量中的列数，默认值为 0。

上句与 ActiveCell. Offset(3, 3). Activate 等价。若当前单元格为 A6，则执行该语句后激活的单元格为 D9。

⑤ Font 属性。返回一个 Font 对象，该对象表示指定对象的字体。例如，将 Sheet1 中 A1 单元格的字体设为 15 磅、加粗、倾斜。

```
With Worksheets( "Sheet1") . Range("A1"). Font
    .Size=15
    .Bold=True
    .Italic=True
End With
```

⑥ Interior 属性。Interior 属性返回一个 Interior 对象，此对象表示指定对象的内部。例如，将 Sheet1 中 A1 单元格的内部颜色设为青色。

```
Worksheets("Sheet1").Range("A1").Interior.ColorIndex=8
```

⑦ Name 属性。Name 属性可以使用程序方法为单元格区域设置名称。例如，设置第一张工作表上单元格区域 "A10：B12" 的名称：

```
Worksheets( 1) . Range("A10: B12") . Name="MyRange"
Worksheets( 1) . Range("A10: B12") . Name. Visible=False
```

若将一个名称的 Visible 属性设为 False，则该名称不出现在 "定义名称" 对话框中。当 Visible 属性为 True 时，名称 "MyRange" 出现在 "定义名称" 对话框中。

（2）Range 的常用方法

① Select 方法。选定一个单元格或一个单元格区域。例如，选定工作表 Sheetl 中的 A1:F6 单元格区域：

```
Worksheets( "Sheet1"). Activate          '激活工作表 Sheet1
Range("A1:F6").Select                    '选定单元格区域 A1:F6
```

② Activate 方法。激活单个单元格。例如，激活 B2 单元格：Range("B2").Activate。

③ Copy 方法。将选定对象复制到指定区域或者复制到剪贴板上。

例如，将 Sheet1 中 A1:D4 单元格的公式复制到 Sheet2 中的 E5:H8 单元格中：

```
Worksheets("Sheet1").Range("A1:D4").Copy  destination:=  Worksheets
("Sheet2"). Range("E5")
```

其中，destination 为可选参数，是指复制的目标区域。当该参数省略时，将指定区域复制到剪贴板。

【例 5.2】在 Excel 工作表的第一列输出 100 以内的所有素数。

```
r=1
For i=2 To 100
  For k=2 To i - 1
    If i Mod k=0 Then Exit For
  Next
  If k=i Then
    Range("A" & r)=i
    r=r+1
  End If
Next
```

【例 5.3】在 Excel 工作表中输出杨辉三角形。杨辉三角形的每行均是二项式$(x+y)^n$的展开式的各项系数，对角线和每行的第 1 列均为 1，其余各项是它的上一行中前一列元素和上一行的同一列元素之和。

```
n=Val(InputBox("n:"))
For i=1 To n
  For j=1 To i
    If j=1 Or i=j Then
      Cells(i, j)=1
    Else
      Cells(i, j)=Cells(i - 1, j - 1)+Cells(i - 1, j)
    End If
  Next
Next
```

【例 5.4】将 Excel 工作表按名称递增进行排序。

```
For i=1 To Worksheets.Count - 1
  k=i
  For j=i+1 To Worksheets.Count
    If Worksheets(j).Name<Worksheets(k).Name Then k=j
  Next
  If k <> i Then Worksheets(k).Move Worksheets(i)
Next
```

【例 5.5】在如图 5-5 所示的工作表中，每名学生的专业和姓名均放在一行，要求将所有相同专业的单元格进行合并，效果如图 5-6 所示。

	A	B
1	专业	姓名
2	财务管理	马培
3	财务管理	余永进
4	法学(律师)	张灵
5	法学(律师)	牟正翔
6	法学(律师)	韩睿敏
7	翻译	吴学良
8	翻译	王尚元
9	工商管理	黄磊
10	工商管理	陈卓明
11	工商管理	吴秋娟
12	工商管理	彭怡婷

图 5-5　工作表

	A	B
1	专业	姓名
2	财务管理	马培
3		余永进
4	法学(律师	张灵
5		牟正翔
6		韩睿敏
7	翻译	吴学良
8		王尚元
9	工商管理	黄磊
10		陈卓明
11		吴秋娟
12		彭怡婷

图 5-6　效果图

代码如下：

```
r2=2
r1=2
Do
  r2=r1
  r1=r1+1
  Do
    If Cells(r1, "A")=Cells(r1 - 1, "A") Then
      r1=r1+1
    Else
      Exit Do
    End If
  Loop
  Range(Cells(r2, "A"), Cells(r1 - 1, "A")).Merge
Loop Until r1 > [B1].End(xlDown).Row
```

若需要取消单元格的合并，即将如图 5-6 所示的工作表转换为如图 5-5 所示的工作表，代码如下：

```
r=2
Do
  If Cells(r, "A").MergeCells=True Then
    Set rn=Cells(r, "A").MergeArea
    rn.UnMerge
    Cells(r, "A").AutoFill rn '自动填充
  End If
  r=r+1
Loop Until r > [B1].End(xlDown).Row
```

【例 5.6】在如图 5-5 所示的工作表中，要求将 A 和 B 两列的数据按专业拆分到不同的工作表中，所有相同专业的学生均放在同一工作表中，以专业作为工作表的名称。

代码如下：

```
Set sh=ActiveSheet
```

```
        r=2
        Do
          k=r
          r=r+1
          Do While sh.Cells(k, "A")=sh.Cells(r, "A")
            r=r+1
          Loop
          Set shnew=Sheets.Add(after:=sh)
          shnew.Cells(1, "A")="专业"
          shnew.Cells(1, "B")="姓名"
          sh.Range(sh.Cells(k, "A"), sh.Cells(r - 1, "B")).Copy Destination:
=shnew.[A2]
          shnew.Name=sh.Cells(k, "A")
        Loop Until r > sh.[A1].End(xlDown).Row
        sh.Activate
```

习 题 5

一、单项选择题

1. 能够被计算机直接识别和执行的计算机语言是_____。

    A. 机器语言　　　　B. 汇编语言　　　　C. 高级语言　　　　D. Python

2. 能够把高级语言编写的源程序翻译成目标程序的是_____。

    A. 解释程序　　　　B. 伪代码语言　　　　C. 编译程序　　　　D. 翻译程序

3. _____不属于结构化程序设计。

    A. return　　　　　B. 顺序结构　　　　C. 选择结构　　　　D. 循环结构

4. 下列_____属于合法的标识符。

    A. C2　　　　　　　B. #123ab　　　　　C. char　　　　　　D. a1+c1

5. _____不是高级语言的基本数据类型。

    A. 整型　　　　　　B. 实型　　　　　　C. 数组　　　　　　D. 字符型

6. 计算机语言常用的运算符有算术、_____和逻辑运算符。

    A. 赋值　　　　　　B. 组合　　　　　　C. 对象　　　　　　D. 关系

7. 面向对象的程序设计具有_____、继承和多态三大特性。

    A. 封装　　　　　　B. 类　　　　　　　C. 对象　　　　　　D. 函数和方法

8. 在表达式(2*a+3*b)中，a,b 是变量，其物理含义是_____。

    A. 数学变量　　　　B. 标识符　　　　　C. 内存单元　　　　D. 数据类型

9. 在程序设计中，仅能终结一次循环执行的语句是_____。

    A. continue　　　　B. exit　　　　　　C. break　　　　　　D. return

10. 在公式移动或复制过程中，公式中所包含的单元格引用会跟随公式的位置变化而发生变化。这种单元格引用称为_____。

    A. 绝对引用　　　　B. 混合引用　　　　C. 相对引用　　　　D. 无法引用

11. 在 Excel 中，将数值型数据输入到单元格后，将会自动_____。

　　A．右对齐　　　　　B．左对齐　　　　　C．居中　　　　　D．无法确定

12. 公式是 Excel 数据计算必备的工具，输入公式时必须以_____开头。

　　A．=　　　　　　　B．'　　　　　　　　C．"　　　　　　　D．^

13. Excel 中经常会遇到一些错误值，如单元格中出现######，其错误类型是_____。

　　A．列宽不够，无法显示　　　　　　　B．除数为 0

　　C．使用的参数类型错误　　　　　　　D．输入了无效的数据

14. 在 VBA 中，语句 x=x+1 表示_____。

　　A．变量 x 的值与 x+1 的值相等　　　　B．将变量 x 的值存到 x+1 中

　　C．将变量 x 增 1 后再赋给 x　　　　　D．变量 x 的值为 1

15. 可作为 VBA 变量名的是_____。

　　A．_show　　　　　B．2E3　　　　　　C．4D+2　　　　　D．Alphi_1

16. 在 VBA 中，表达式 5 Mod 3+5 \ 3 的值等于_____。

　　A．2　　　　　　　B．3　　　　　　　C．4　　　　　　　D．5

17. 由 For k=35 To 0 Step 3 : Next k 循环语句控制的循环次数是_____。

　　A．0　　　　　　　B．12　　　　　　　C．1　　　　　　　D．11

18. 在 Select Case A 语句中，判断 A 是否大于或等于 10 而小于或等于 20 的是_____。

　　A．Case A>=10 And A=<20　　　　　　B．Case 10 To 20

　　C．Case Is 10 To 20　　　　　　　　　D．Case Is>=10 And Is=<20

19. 宏录制完成后，可以使用_____方法来执行。

　　A．通过菜单找到宏名　　　　　　　　B．指定给按钮

　　C．为录制的宏指定一个快捷键　　　　D．以上都可以

20. 条件"m、n 不同时为 0"写作 VB 的表达式为_____。

　　A．m=0 And n<>0　　　　　　　　　B．m+n=0

　　C．Not(m=0 And n=0)　　　　　　　D．m * n=0

二、判断题

1. 算法是一种通用的表达方式，而程序是与具体的计算机语言结合在一起的。

2. 机器语言由二进制数的 0、1 代码指令构成，不能被计算机直接识别。

3. 面向对象程序设计是一种以对象为基础，由事件驱动的编程技术。

4. 子程序一般含有返回语句，其功能是将子程序的计算结果带回到主程序中。

5. 在 Excel 中直接输入文本时，不需要任何标识，而输入公式中的文本数据时，需要用双引号标识。

6. 在 Dim 定义 VBA 数值变量时，该数值变量自动赋初值为 0。

7. 将 VBA 变量 A、B、C 都赋值为 1，可以用赋值语句 A=B=C=1 来完成。

8. 判断 VBA 变量 A、B、C 的值是否从大到小排列，可使用表达式 A>B>C。

9. 在 VBA 中 For 循环控制语句与 Do 循环可以互相嵌套，构成多重循环。

10. 在 VBA 中允许把几个语句放在一行中，各条语句之间用冒号隔开。

三、简答题

1. 举例说明什么是面向对象的高级语言？它与面向过程的高级语言有什么区别？

2．高级语言有哪几种基本数据类型？

3．Excel 电子表格的数据类型有哪几种？

4．什么是 VBA 的宏？如何设置宏的安全性？

5．如何录制宏？如何执行宏？

四、编程题

1．编写 VBA 程序，在 Excel 工作表中创建"九九乘法表"。

2．编写 VBA 程序，将 Excel 工作表选中区域的数据行列转置。

3．水仙花数是指一个 3 位数，它的每个位上的数字的 3 次幂之和等于它本身。编写 VBA 程序，在 Excel 工作表中输出所有 3 位的水仙花数。

4．孪生素数对是指相差 2 的素数对，如 3 和 5、5 和 7、11 和 13。编写 VBA 程序，在 Excel 工作表中输出 100 以内的所有孪生素数对。

5．公鸡 5 元 1 只，母鸡 3 元 1 只，小鸡 3 元 1 只，100 元买 100 只鸡，可买公鸡、母鸡和小鸡各多少只？编写 VBA 程序，在 Excel 工作表中输出百鸡问题的所有解。

6．编写 VBA 程序，将 Excel 工作表的第 1 行从指定位置 m 开始的 n 个数按相反顺序重新排列。例如，原数列为 1、2、3、4、5、6、7、8、9、10、11、12、13、14、15、16、17、18、19、20。从第 5 个数开始，将 10 个数进行逆序排列，则得到新数列为 1、2、3、4、14、13、12、11、10、9、8、7、6、5、15、16、17、18、19、20。

7．设 Excel 工作表的第 1 行有 n 个升序排列的数，第 2 行有 m 个升序排列的数。编写 VBA 程序，将第 2 行的数合并到第 1 行中，并保持所有数升序排列。

8．在 Excel 工作表中有一批证券交易所的每日股市收盘数据，为研判股市的走势需要计算 n 日的移动平均值。设工作表的 A 列存放日期（A1 单元格存放该列的名称"日期"），B 列存放对应的收盘数据（B1 单元格存放该列的名称"收盘数据"），收盘数据的数据类型为实数，编写 VBA 程序，从键盘输入 n（整数），在 C 列计算移动平均值。n 日的移动平均值的计算公式为

$$移动平均值=(当天数据+前 1 天数据+\cdots+前 n-1 天数据)/n$$

以下是 Excel 工作表中 4 天的数据和 $n=3$ 的示意图。

A	B	C
日期	收盘数据	3 日移动平均值
第 1 天	3000	
第 2 天	3100	
第 3 天	3200	3100
第 4 天	2900	3066.7
第 5 天	（略）	（略）
…	…	…

图 5.7　题 8 的图

其中，因为 $n=3$，所以移动平均值从第 3 天开始计算（图 5.7 中没有第 1 和第 2 天的移动平均值），第 1 天、第 2 天和第 3 天的移动平均值为 3100，第 2 天、第 3 天和第 4 天的移动平均值为 3066.7。

第 6 章

数据收集与预处理

前面的章节中介绍了数据的概念，以及现实数据的各种表示、数据的存储和数据结构基础等内容。本章进一步介绍数据的其他特性，包括数据的来源、数据的分类、数据集等。同时，前面的 2.2.3 节中阐述了大数据分析和处理流程，其中，数据的收集与预处理是大数据分析与处理流程的第一步，是极其重要的环节，因为只有对收集到的原始数据进行清洗和规约，只有对数据进行结构化、规范化，后续的数据计算和数据分析才能顺利进行。本章详细介绍数据收集与预处理的方法，包括数据收集的途径与方法、数据清洗、数据规整等内容。

6.1 数据的来源、数据的分类与数据集

在 1.1.3 节中，我们从数据模型的角度介绍了数据的主要来源是现实世界的各种具体或抽象的物体、现象、观念等，从数据收集的角度考虑，数据主要来源于现实世界中的各个方面，例如，人类的个人健康数据、GPS 导航数据、宏观经济数据、股市收盘数据、网上购物数据、社交媒体数据、声音数据、图像数据集的视频数据等。本节介绍数据的来源、数据的分类与数据集。

1．数据的来源

现实世界中的数据来源可分为直接来源和间接来源。

（1）直接来源

直接的调查和科学实验，是统计数据的直接来源。例如，地质勘探和测量数据、人口普查数据等。

（2）间接来源

来源于他人的调查和实验，或者通过数据计算衍生出来，是统计数据的间接来源。例如，前面章节中介绍的数据记录就是经过数据计算后衍生出来的间接数据，包括文本、音频、图像与视频等。

2．数据的分类

数据的分类有多种形式，下面介绍几种常用的数据分类。

（1）按数据的表示形式

按数据的表示形式可将数据分为模拟数据和数字数据。模拟数据是指在某个区间内产

生的连续值，如一系列连续变化的电磁波或电压信号。一般用浮点数来表示模拟数据。数字数据是指取值范围是离散的变量或数值，它有有限个值。例如，一系列断续变化的电压脉冲，常表示为整数变量。

（2）按数据标识方式

按数据标识方式可将数据分为静态数据和动态数据。

静态数据是指在运行过程中主要作为控制或参考用的数据，静态数据可以被收集到本地以数据本身呈现，一般不随运行而改变，如一个单位的名称、员工信息、系统参数等。

动态数据是指在系统应用中随时间变化而改变的数据。可以使用链接、查询等形式对动态数据进行标识。动态数据常常是变化的，如日销售额、网站访问量、在线人数、Web库存数据等。

（3）按数据的结构

按数据的结构可将数据分为结构化数据、非结构化数据和半结构化数据。1.1.3 节中详细介绍了这三种数据的概念、特点及各自的表现形式，在此不再重复介绍。

3．数据集

数据集是一种由数据组成的集合。数据集通常以表格形式出现，表格中的每行均表示一个数据对象，被称为记录、样本或实体。数据集中的每列均对应一个属性，属性是对对象的一个特性的描述，也被称为变量、字段或维。如图 6-1 所示，学生成绩数据集中有 5 个数据对象（记录）、每个数据对象用学号、高等数学、大学英语、大学计算机 4 个属性（变量或字段）来描述。

字段

学号	高等数学	大学英语	大学计算机
2021100349	90	86	83
2021100427	87	78	85
2021100428	82	56	81
2021100898	77	85	94
2021100899	96	67	65

记录 →

图 6-1　学生成绩数据集

数据集有三个重要特性：维度、稀疏性和分辨率。

维度是指数据对象具有的属性个数的总和。在 Excel 表中，维度是指表格的字段个数。

稀疏性是指在某些数据集中，有意义的数据非常少，对象的大部分属性的取值为 0，且非零项不足 1%。

分辨率也称粒度，是指不同分辨率下数据的性质不同。例如，对于图像数据集，在不同分辨率下得到的数据是不一样的。

6.2　数据收集

数据收集又称数据采集或数据获取，是指对现实世界进行采样，以便产生可供计算机处理的数据的过程。本节介绍数据收集的途径与方法，以及 Excel 数据的录入与管理规范。

6.2.1　数据收集的途径与方法

1．数据收集的途径

在当今的大数据时代，数据是极其重要的资源，没有数据就无法进行数据分析，所以数据的获取是数据分析的前提和基础。数据来源的途径通常有以下几种。

（1）文本数据

文本数据是指以纯文本形式存储的表格数据，主要包括数字和文本。文本数据文件是一个字符序列，使用任意文本编辑器都可以查看和编辑其内容。采集文本数据时，可以使用 Excel 的菜单直接导入。

（2）数据库

数据库中的数据是按指定数据结构来组织、存储和管理的，是以指定的方式存储在表中的。采集数据库中的数据时，可用 Excel 的菜单直接导入。

（3）网站数据

采集网站数据的常用方法是先在浏览器中访问相应的网站，然后使用鼠标选中网页中的表格，对其进行复制，最后粘贴到 Excel 工作表中。

（4）从文件夹中批量导入多个文件进行数据收集

很多时候，原始数据分散保存在多个文件中，如不同的业务部门按月保存各自的业务数据。在 Excel 环境中采集这些数据时，可通过依次单击"数据"→"获取数据"→"自文件"命令逐个导入文件，但是当文件数量比较多时，逐个导入文件需要耗费大量的时间。Excel 2019 中提供了从文件夹批量导入多个文件的功能，可以轻松解决这个问题。

（5）整合多种数据源创建的数据集合

在数据分析中，经常遇到多种数据源使用不同数据格式的现象，如数据分析师维护的数据表一般使用 Excel 格式的文件，而企业信息化系统的输出文件更多采用文本格式的文件。Excel 2019 的数据获取与转换功能无须事先统一基础数据的数据文件格式，可直接完成导入和数据分析。

2．数据收集的方法

数据收集的方法有多种，根据研究问题的不同可以选择不同的采集方法。常用的方法包括调查法、实验法、文献检索法和网络搜寻法等。

（1）调查法

调查法一般分为普查和抽样调查两大类，被广泛应用于社会和经济研究应用中。例如，人口普查就是一种常用的普查方法，人口普查的范围很大，会花费很多财力和人力，是一种政府主导行为的数据收集方法。相对于普查，抽样调查具有省时、省力、节约财力等优点，适用范围较广，如商品市场价格波动调查、家庭收支情况调查等。

（2）实验法

实验法是通过实验过程获取数据信息的方法，被广泛应用于科学应用研究中。

（3）文献检索法

文献检索法是从众多的文献中检索出所需信息的过程，文献检索法主要利用计算机进行检索。

（4）网络搜寻法

网络搜寻法是运用互联网通信平台来搜索数据信息的方法，是信息时代的一种非常重要的数据采集方法。

6.2.2　Excel 数据的录入与管理规范

1．数据录入与管理规范

在 Excel 中输入的数据必须遵守数据管理规范。若基础数据的录入不规范，则会严重影响后续的数据统计和分析操作。数据表的录入与管理规范要点如下：

（1）工作表的首行用作各列的列标题，以说明每列数据的作用和属性。

（2）以一维表的形式记录数据，每条记录单独占一行。

（3）表格的同一列中存放相同属性的数据，每条记录应保持完整，各条记录之间和字段之间不应有空白。

2．影响数据质量的因素

（1）数据内容的问题主要包括以下几种类型：

① 重复问题。

② 单实体的多个条目。

③ 丢失默认值。

④ Null。

⑤ 过期数据与人造数据。

⑥ 非正规空格。

（2）格式化问题主要包括以下几种类型：

① 不同行列之间的不规则格式化。

② 不规则的大小写英文字母。

③ 不一致的分隔符。

④ 规则 Null 格式。

⑤ 非法字符。

3．常见的不规范基础数据表格

常见的不规范基础数据表格主要包括以下几种。

（1）使用双行表头和合并单元格

在基础数据表中，不要使用双行表头和合并单元格，否则表格将无法进行排序和筛选，也无法进行分类汇总。例如，图 6-2 所示的表格就无法进行数据统计与分析。规范后的表格可以进行相关的数据统计与分析，如图 6-3 所示。

	A	B	C	D	E	F	G	H
1	产品型号	销售区域	1月			2月		
2			销量	销量占比	平均折扣	销量	销量占比	平均折扣
3	iPhone 13 Pro Max	北京	130	22.00%	2.30%	160	19.75%	2.30%
4		上海	200	34.00%	2.50%	210	25.93%	2.40%
5		广州	160	27.00%	2.40%	260	32.10%	2.10%
6		深圳	100	17.00%	2.60%	180	22.22%	3.10%
7	华为P50 Pocket	武汉	280	23.00%	1.10%	300	26.55%	3.20%
8		杭州	300	24.00%	1.50%	240	21.24%	3.20%
9		成都	240	20.00%	1.30%	260	23.01%	2.30%
10		重庆	330	27.00%	1.40%	210	18.58%	2.10%
11		南京	80	7.00%	1.20%	120	10.62%	2.50%
12								

图 6-2　使用双行表头和合并单元格的表格

	A	B	C	D	E	F
1	产品型号	销售区域	月份	销量	销售占比	平均折扣
2	iPhone13 pro max	北京	1	130	22.00%	2.30%
3	iPhone13 pro max	上海	1	200	34.00%	2.50%
4	iPhone13 pro max	广州	1	160	27.00%	2.40%
5	iPhone13 pro max	深圳	1	100	17.00%	2.60%
6	华为P50 Pocket	武汉	1	280	23.00%	1.10%
7	华为P50 Pocket	杭州	1	300	24.00%	1.50%
8	华为P50 Pocket	成都	1	240	20.00%	1.30%
9	华为P50 Pocket	重庆	1	330	27.00%	1.40%
10	华为P50 Pocket	南京	1	80	7.00%	1.20%
11	iPhone13 pro max	北京	2	160	19.75%	2.30%
12	iPhone13 pro max	上海	2	210	25.93%	2.40%
13	iPhone13 pro max	广州	2	260	32.10%	2.10%
14	iPhone13 pro max	深圳	2	180	22.22%	3.10%
15	华为P50 Pocket	武汉	2	300	26.55%	3.20%
16	华为P50 Pocket	杭州	2	240	21.24%	3.01%
17	华为P50 Pocket	成都	2	260	23.01%	2.45%
18	华为P50 Pocket	重庆	2	210	18.58%	2.18%
19	华为P50 Pocket	南京	2	120	10.62%	2.50%

图 6-3　规范后的一维表格样式

（2）手工添加汇总行

为了在工作表中体现汇总后的信息，可以选择在表格中手工插入小计行和总计行，如图 6-4 所示。

	A	B	C	D	E
1	销售人员	手机型号	单价	销量	金额
2	王英雄	iPhone 13	¥8,800	60	¥528,000
3	王英雄	iPhone 13	¥9,100	70	¥637,000
4	王英雄	华为 P50	¥8,900	30	¥267,000
5		小计		160	¥1,432,000
6	李健康	iPhone 13	¥8,800	50	¥440,000
7	李健康	iPhone 13	¥9,100	80	¥728,000
8	李健康	华为 P50	¥8,900	20	¥178,000
9		小计		150	¥1,346,000
10	苏灿	iPhone 13	¥8,800	80	¥704,000
11	苏灿	iPhone 13	¥9,100	90	¥819,000
12		小计		170	¥1,523,000
13	刘能干	iPhone 13	¥9,100	100	¥910,000
14	刘能干	华为 P50	¥8,900	80	¥712,000
15		小计		180	¥1,622,000
16		总计		660	¥5,923,000

图 6-4　手工添加了汇小计行和总计行的表格

（3）无法被系统识别的日期数据

如在表格中输入日期数据"2022.3.5"，系统无法识别；又如要按时间统计某些信息时，系统将无法进行处理。

（4）数字和单位均放在同一单元格中

在图 6-4 的"销量"列的单元格中，同时输入销售手机的数量和单位"130 台""200台"。

（5）同一类数据存放到多列，或者同一列中存放了不同属性的数据。

（6）数据表格中有空行或空列。

6.3 数据预处理

数据预处理是数据分析的基础，实际应用中的数据一般是不完整的、有噪声的、不一致的和冗余的，这些数据往往会影响数据分析的正确率，因此，在分析数据前需要通过数据预处理以提高数据质量。本节介绍数据预处理的方法，包括数据清洗、数据规约等。

6.3.1 数据清洗

数据清洗通过填补缺失数据、平滑噪声数据，以及消除重复数据等操作，改善数据质量，提高数据分析和进一步数据挖掘的精度与性能。

1．缺失数据处理

缺失数据即数据值为空的值，又称空值。由于人为或系统的原因，原始数据表中不可避免地会出现空值。数据清洗的第一步就是要找出空值并选择合适的方法对其进行处理。

寻找空值的方法很多，常用以下两种方法。

（1）筛选空值

在数据量比较少的情况下，筛选空值是很有效的方法。具体操作步骤如下。

步骤 1：选中原始数据表的字段名。

步骤 2：依次单击"数据"→"排序与筛选"→"筛选"按钮，即可对该列字段进行筛选。

步骤 3：在"筛选"下拉对话框中，勾选"空白"复选框，单击"确定"按钮。

（2）定位空值

定位空值的具体操作步骤如下。

步骤 1：选中原始数据列表。

步骤 2：依次选择"开始"→"编辑"→"查找与选择"→"定位功能"选项。

步骤 3：在弹出的"定位功能"对话框中选择"空值"选项，单击"确定"按钮。

在找出空值后，需要对空值进行处理，处理的方法需要结合实际的数据和业务需求，常用的处理方法有以下三种。

（1）删除

该处理方式直接删除含有空值的整条记录，而不仅仅删除该空值所在的单元格。这种处理方式的优点是删除记录以后整个数据集都含有完整记录的数据，缺点是缺少的这部分样本数据可能会导致整体结果出现偏差。

（2）填补空值

用均值、众数或中位数等数据填补空值。例如，在学生基本信息表中，学生的平均年龄为 19 岁，此时就可用该均值来填补所有缺失的年龄值。

（3）统计学方法

在统计学中，空值的处理也可用回归分析或决策树推断出该条记录特定属性的最大可能的取值。例如，在学生成绩表中，可利用数据集中其他学生的属性值构造一棵决策树来预测某门课程的成绩属性的缺失值。该方法最大程度地利用了当前数据所包含的信息来预测缺失的数据，但该方法与上述方法相比，处理难度较高，不太适合初学者。

另外，在填补空值时，可用 Excel 中的批量填补和查找替换方法。

（1）批量填补

批量填补的具体操作如下。

步骤 1：对"成绩"字段进行定位空值操作，所有空值均处于被选中状态，如图 6-5 所示。

步骤 2：提前计算出成绩的平均值 64.9，输入 64.9。

步骤 3：按 Ctrl+Enter 组合键，所有被选中的空值都被填补为 64.9。

（2）查找替换

查找替换的具体操作简单，读者可自行完成。

2．噪声数据处理

在统计学中，噪声数据也称异常值，是指一个测量变量中的随机错误或偏离期望的孤立点值，该值是与平均值的偏差超过两倍以上标准差的测定值。

产生噪声的原因很多，如数据输入时的人为错误、网络传输中的错误、数据收集设备的故障等。噪声数据对数据挖掘有误导作用。检测噪声数据通常可采用以下两种方法。

（1）使用散点图检测噪声数据

噪声数据是离群值，在 Excel 环境中可使用散点图检测异常值。散点图可用两组数据构成多个坐标点，考察坐标点的分布，总结坐标点的分布模式后，可便捷查看数据是否存在异常值，即噪声数据。在图 6-6 所示的学生成绩表中选取数据列中的任意一个单元格，插入散点图后即可观察到有 3 个异常值，即为噪声数据。

（2）使用公式检测噪声数据

在图 6-6 所示的数据列表中，也可使用公式检测单元格中的值是否存在异常。

例如，在 C1 单元格中输入字段名"噪声数据检测"，在 C2 单元格中输入公式"=IF(ABS(B2−AVERAGE(B:B))>1.5*STDEVP(B:B),"噪声数据","")"，向下复制填充即可检测出噪声数据。

噪声数据的处理可采用直接删除或平均值进行修正等方法。

3．数据去重

数据去重是用户在整理数据过程中经常面临的问题，Excel 对此提供了多种解决方法，如使用条件格式快速标记重复值、利用"删除重复值"功能快速删除重复值等。

（1）判断重复值是否存在

在 Excel 环境中，通常采用条件格式标记重复值，或者运用函数 COUNTIF 判断某属性值在字段中出现的次数，进而判断重复值是否存在。

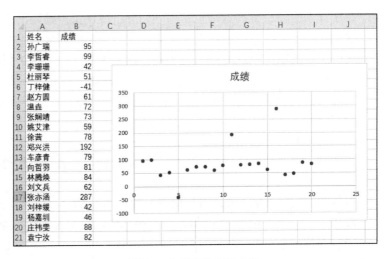

	A	B	C
1	学号	姓名	成绩
2	2012052618	张菁菁	96
3	2012052619	黄河	74
4	2012052643	周慧龙	
5	2012052644	丘鸿润	64
6	2012052645	凌瑞璟	86
7	2012052646	熊恬	43
8	2012052647	侯若曦	73
9	2012052648	吴镇江	78
10	2012052649	孙伟洋	32
11	2012052650	邵琳娜	58
12	2012052651	朱嘉彦	62
13	2012052652	邓超	
14	2012052653	王筱璇	67
15	2012052654	张婧瑜	62
16	2012052655	李嘉维	35
17	2012052656	邓文霖	55
18	2012053370	张云涵	76
19	2012053371	胡源源	88
20	2012053372	刘彦卓	57
21	2012053373	何烨	43
22	2012053374	蔺思琪	
23	2012053375	帅龙飞	74
24	2012053383	王雅琳	61
25	2012053384	刘可佳	57
26	2012053385	李建勋	76
27	2012053386	孙思	
28	2012053387	郭涛	86
29	2012053388	夏薇	52

图 6-5　被选中空值的数据表

图 6-6　有异常值的散点图

（2）提取唯一值列表

使用 Excel 的"删除重复值"功能，可快速提取一组数据中的唯一值，也可使用"高级筛选"命令获取不重复的记录。

【例 6.1】在如图 6-7 所示的学生成绩表中，A 栏中的"姓名"字段数据存在重复数据，对其数据进行数据清理，删除重复数据，改善数据质量。

C2			×	✓	fx	=COUNTIF(A:A,A2)

	A	B	C	D	E
1	姓名	成绩	出现次数		
2	孙广瑞	95	2		
3	李哲睿	99	1		
4	李珊珊	42	2		
5	杜丽琴	51	1		
6	丁梓健	-41	1		
7	赵方圆	61	1		
8	温垚	72	1		
9	张娴靖	73	1		
10	孙广瑞	95	2		
11	姚艾津	59	1		
12	徐茜	78	1		
13	李珊珊	42	2		
14	郑兴洪	192	1		
15	车彦青	79	1		
16	向哲羽	81	1		
17	林腾焕	84	1		
18	刘文兵	62	1		
19	张亦涵	287	1		
20	刘梓媛	42	1		
21	杨嘉圳	46	1		
22	庄祎雯	88	1		
23	袁宁汝	82	1		

图 6-7　有重复值的列表

如上所述，数据去重有两种解决方法。

（1）菜单法

运用 Excel 菜单栏中的条件格式标记重复值后再删除。具体操作：依次单击"条件格式"→"突出显示单元格规则"→"重复值"选项进行格式标记。

（2）公式法

具体操作如下。

步骤 1：在 C2 单元格中输入公式"=COUNTIF(A:A,A2)"后向下填充赋值，即可判断出 A 列中的重复数据。

步骤 2：找到重复值后，可直接使用 Excel 中的"数据"→"删除重复项"选项或用"高级筛选"命令获取不重复记录。

6.3.2　数据规约

1．字符串整理

在对数据进行文本分析的过程中，字符串的处理需要耗费很多时间。俗语说"磨刀不误砍柴功"，字符串的整理对数据分析而言是极其必要的"磨刀功夫"。在 Excel 环境中，字符串的整理有多种方法，除了内置分列、查找替换、快速填充功能，系统还提供了丰富的内置函数，用于实现字符串的查找与替换、截取、合并、拆分等。

下面介绍在 Excel 中整理字符串的几种常用方法。

（1）使用内置分列功能，按指定分隔符拆分数据

Excel 的内置分列功能可方便、快捷地根据分隔符或固定宽度将目标列字段拆分为多列。具体操作如下：依次单击"数据"→"分列"按钮，按提示进行操作即可。

（2）使用函数按指定分隔符拆分数据

与分列功能相比，Excel 函数在字符串处理上更加灵活。通常用到的字符串处理函数有 left、right、mid、find、trim、rept、substitute 等。

（3）使用快速填充处理数据

Excel 2013 以上的版本均提供"快速填充"功能，该功能使字符串处理变得快捷、简单，如字符串的分列与合并等。一般在使用"快速填充"功能时，可按照"数据特征"提取数据或按"分隔符""位置"等拆分数据。不过在处理缺乏明显规律性的数据时，"快速填充"功能也可能无法得到准确的结果。

（4）使用"&"运算符合并字符串

"&"运算符是 Excel 中的文本连接符，它可以将两个字符串合并为一个文本值。

2．数据合并

数据合并分为数据表的合并和字段的合并两种。

（1）数据表的合并

数据表的合并是在已知两个表有相同关键字段的前提下，将其合并在一起的操作。

【例 6.2】在如图 6-8 所示的学生成绩表中，表 A 缺失的"成绩"字段数据在表 B 中，要求将在 B 表中对应学号的"成绩"字段值合并到表 A 中。

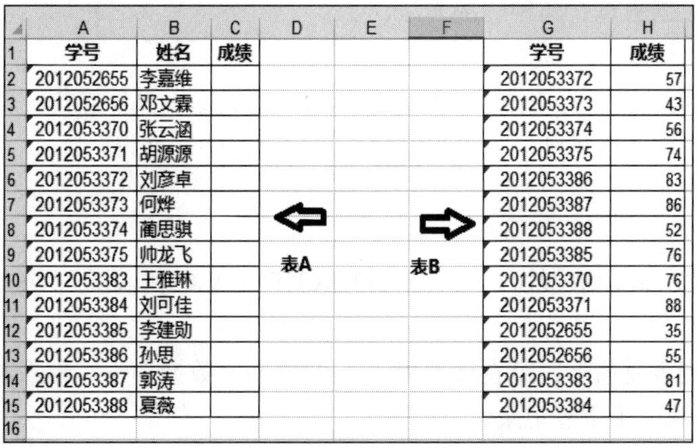

	A	B	C	D	E	F	G	H
1	学号	姓名	成绩				学号	成绩
2	2012052655	李嘉维					2012053372	57
3	2012052656	邓文霖					2012053373	43
4	2012053370	张云涵					2012053374	56
5	2012053371	胡源源					2012053375	74
6	2012053372	刘彦卓					2012053386	83
7	2012053373	何烨					2012053387	86
8	2012053374	蔺思骐		⇦		⇨	2012053388	52
9	2012053375	帅龙飞		表A		表B	2012053385	76
10	2012053383	王雅琳					2012053370	76
11	2012053384	刘可佳					2012053371	88
12	2012053385	李建勋					2012052655	35
13	2012053386	孙思					2012052656	55
14	2012053387	郭涛					2012053383	81
15	2012053388	夏薇					2012053384	47
16								

图 6-8　需要数据合并的两个表

这种数据合并操作将两个表中对应的相同字段值进行合并，首先对表 B 中的每行数据进行匹配查找，然后进行合并，所以可调用 Excel 中的 VLOOKUP()函数来解决该问题，具体操作步骤如下。

步骤 1：选中 C2 单元格，插入函数 VLOOKUP()。

步骤 2：确定该函数括号中的各个参数，即“=VLOOKUP(A2,G:H,2,0)”。

步骤 3：拖动 C2 单元格中的公式至 C15，完成整个数据的合并。

（2）字段的合并

字段的合并是指将多列数据合并成一列数据的操作。字段合并的方法有多种，常见的方法有连接符“&”、快速填充、调用系统函数 CONCATENATE()。这三种方法的操作比较简单，在此不再详细介绍。

3．数据排序

数据排序是数据规约的常用方法，Excel 提供了排序功能，用户可以根据需要对数据列表中的某个字段或多个字段进行升序或降序排列，系统还支持使用自定义规则的排序。

除了利用“排序”命令直接进行排序操作，Excel 还提供排序函数，常用的排序函数有 RANK、LARGE、SMALL，它们的语法格式和功能说明可参阅附录 A。

4．数据筛选

数据筛选根据指定条件，从数据清单的众多数据中筛选出特定的记录，并将那些符合条件的记录显示在工作表中，而将其他不满足条件的记录隐藏起来，或者将筛选出来的记录送到指定位置进行存放，而原数据表保持不变。

数据筛选操作分为自动筛选和高级筛选。

（1）自动筛选

自动筛选是按简单条件进行的数据筛选。具体操作步骤如下：选定数据清单中的任意一个单元格，依次选择“数据”→“排序和筛选”→筛选”按钮，此时数据清单的列标题全部变成下拉列表框，单击某列的下拉列表框，出现筛选条件列表框，确定筛选条件后即显示筛选结果。

（2）高级筛选

高级筛选是通过在工作表中的条件区域设定筛选条件的。高级筛选可以在条件区域设定比较复杂的筛选条件，并且把符合条件的数据复制到另一个工作表中，或者复制到当前工作表的其他空白位置。

条件区域的设置是执行高级筛选的前提和基础，该区域应在远离数据清单的位置（至少一行以上的距离）上进行设置。条件区域至少包含两行：第一行为从原数据清单复制过来的相关列标题；第二行及以下各行作为查找条件。

用户可以定义一个或多个条件，若在两个字段下面的同一行中输入条件，则系统将按"与"逻辑运算进行处理；若不在同一行中输入条件，则系统将按"或"逻辑运算进行处理。

习　题　6

一、单选题

1. 数据获取的途径不包括_____。

   A. 产品自有数据　　　　　　　　　　　　B. 调查问卷

   C. 互联网数据导入　　　　　　　　　　　D. 从别人数据库窃取

2. 在数据表中，表中的列称为_____。

   A. 数据　　　　　　B. 字段　　　　　　C. 记录　　　　　　D. 大数据

3. 在数据表中，表中的行称为_____。

   A. 数据　　　　　　B. 字段　　　　　　C. 记录　　　　　　D. 大数据

4. 数据的存储方式不包括_____。

   A. Excel　　　　　　B. CSV　　　　　　C. Python　　　　　　D. 数据库

5. 以下不属于非结构化数据的是_____。

   A. 视频　　　　　　B. Excel 数据表　　　　C. 音频　　　　　　D. 数据库

6. 预处理的方法不包括_____。

   A. 数据分析　　　　B. 数据清理　　　　C. 数据集成　　　　D. 数据变换

7. _____不适合对遗漏数据进行清理。

   A. 分箱操作　　　　　　　　　　　　　　B. 利用同类别均值填补

   C. 利用缺省值填补遗漏值　　　　　　　　D. 忽略遗漏数据所在的记录

8. 将多个数据源中的数据进行合并处理并形成一个统一的数据集合，该过程称为_____。

   A. 数据规约　　　　B. 数据清理　　　　C. 数据集成　　　　D. 数据变换

9. 以下不属于动态数据的是_____。

   A. 日销售额　　　　B. 在线人数　　　　C. 网站访问量　　　　D. 系统参数

10. 以下属于静态数据的是_____。

   A. 天气预报　　　　B. 确诊病例　　　　C. 单位名称　　　　D. Web 库存数据

11. 在 Excel 的自动筛选中，每个标题下的三角按钮对应一个_____。

   A. 下拉菜单　　　　B. 对话框　　　　　C. 窗口　　　　　　D. 工具栏

12．在使用“高级筛选”命令对数据表进行筛选时，若在条件区域的不同行中输入两个条件，则表示________。

A．“与”的关系　B．“或”的关系　C．“非”的关系　D．“异或”的关系

13．在 Excel 学生成绩表中，若要按班级统计出某门课程的平均分，则需要使用数据规约中的________。

A．排序　B．筛选　C．合并　D．分类汇总

14．以下函数中不能实现汇总功能的是________。

A．SUMIF　B．SUMIF　C．TOTAL　D．LOOKUP

15．以下函数中不能用来处理字符串的是________。

A．LEFT　B．MID　C．TRIM　D．RANK

二、判断题

1．Excel 是按照数据结构来组织、存储和管理数据库的仓库。

2．配置一种采集任务可以采集多个数据源。

3．数据采集工具可以针对某个主题从微博上爬取相关信息。

4．数据质量的完整性是指信息具有一个实体描述的所有必需的部分。

5．空值是指缺失或不知道具体的值，可能是一条记录中的某个属性缺失，也可能是整条记录都缺失。

6．噪声数据是指一个测量变量中的随机错误或偏差。

7．“数据去重”可使用“高级筛选”命令获取不重复记录。

8．使用“快速填充”功能时，可按照“数据特征”提取数据或按“分隔符”“位置”等拆分数据。

9．数据集通常以表格形式出现，表格中的每行均代表一个数据对象，被称为记录、样本或实体。

10．数据筛选从数据清单中筛选出符合条件的记录，隐藏不符合条件的记录。

三、简答题

1．简述数据采集的途径和方法。

2．简述缺失数据处理常用的方法。

四、应用题

图 6-9 所示为一家超市的销售流水数据表，根据编号的关键字，对该数据进行清洗。

提示：

（1）编号是唯一的，可以用来判断数据是否重复

（2）对于整行缺失的数据，可直接删除整行；对于个别字段缺失的数据，可根据其他字段的情况进行填充。

	A	B	C	D
1	日期	类别	价格	编号
2	2021年5月11日	洗面奶	194元	1.23457E+16
3	2021年5月12日		三十四	2.23457E+16
4	2021/5/13	护肤水	532	4.23457E+16
5	2021/5/14		4432	5.5679E+16
6	2021年5月15日	精华露	563元	7.0679E+16
7	2021-05-16	面霜	面霜887	8.5679E+16
8	2021-05-17	精华露	六十六	1.00679E+17
9	第一周			
10	2021-05-18	精华露	567	1.30679E+17
11	5/19	护肤水	123	1.45679E+17
12	5/20	面霜	985	1.60679E+17
13	2021-05-21		333	1.75679E+17
14	2021-05-22	精华露	256	1.90679E+17
15	5/23	眼霜	346	2.05679E+17
16	2021年5月24日	乳液	421	2.20679E+17
17				
18	2021/5/25	面霜	326	2.50679E+17
19	20210526	乳液	678	2.65679E+17
20	20210527	眼霜	356	2.80679E+17
21	2021-05-28	乳液	90	2.95679E+17
22	2021年5月29日	护肤水	198	3.10679E+17
23	2021年5月30日	护肤水	110	3.25679E+17
24	2021年5月31日	面霜	123	3.40679E+17
25	2021/6/1	精华露	436	3.55679E+17
26	2021年6月2日	眼霜	742	3.70679E+17
27	2021-06-03	面霜	832	3.85679E+17
28	2021年6月4日	乳液	463	4.00679E+17
29	2021年6月5日	眼霜	257	4.15679E+17
30	2021/6/6	护肤水	368	4.30679E+17
31	2021-06-07	面霜	568	4.45679E+17
32	2021年6月8日	精华露	221	4.60679E+17

图 6-9　超市销售流水数据表

第 7 章

数 据 计 算

Excel 作为一个数据处理平台软件，具有丰富的数据计算功能。Excel 不但包含常量、变量、运算符、表达式等数据计算的基本要素，而且根据数据类型的不同有不同的计算方式，如算术运算、比较运算等。Excel 函数、数组及单元格引用进一步体现了数据计算的过程。

本章首先介绍 Excel 的字段计算、函数运算；然后介绍如何利用 Excel 的"公式填充"命令实现简单的递推计算、Excel 中的算法推演，由于 Excel 的计算过程是显式可见的，读者能更加便利、直观地理解和描述计算过程；最后介绍 VBA 在数据计算中的应用。

7.1 字段计算

本节详细介绍字段计算中的各种运算方式和运算符，以及数据计算中需要用到的各类常用函数。

7.1.1 几种常用的数据运算

下面介绍针对数值型、字符型和逻辑型三种常用数据类型的各种运算。

1. 算术运算

算术运算是指对单元格中的数值进行的运算，算法运算符用来完成基本单元格的数值运算，主要包括加（+）、减（−）、乘（×）、除（/）、乘方（^）、百分号（%）等。

2. 比较运算

比较运算是指运用比较运算符来比较两个数值，结果产生逻辑值 True 或 False 的运算。比较运算符主要包括等于（=）、大于（>）、小于（<）、大于或等于（>=）、小于或等于（<=）、不等于（<>）。

3. 文本运算

文本运算是指运用文本运算符将多个文本连接起来成为一个组合文本的运算。文本运算符通常使用一个运算符"&"。"&"可以连接文本或引用含有文本的单元格。

7.1.2　函数运算

函数运算是指运用引用运算符对单元格区域进行合并计算。引用运算符包括区域运算符（:）、联合运算符（,）等。

区域运算符（:）对两个引用之间的所有单元进行引用，如"B5:C10"表示引用从 B5 到 C10 区域的所有单元格。

联合运算符（,）将多个引用合并为一个引用。如"=SUM(A1:C1,A3:C3)"表示对从 A1:C1 单元格区域到 A3:C3 单元格区域共 6 个单元的数据进行求和计算。

若字段计算中的公式有多个运算符，则计算顺序按照运算符的优先级进行，运算符的优先级从高至低为引用运算符→算术运算符→文本运算符→关系运算符。

字段计算中常用的函数介绍可参阅附录 A。

7.1.3　常用的字段计算

1.　条件判断计算

在日常数据处理过程中，经常需要根据条件对数据进行判断，如判断某项指标是否合格，或者判断某个数据是否符合指定特征。条件判断计算分为单条件判断、多条件判断、多区间判断三种。

单条件判断：运用 IF 函数对数据列表中某个字段实现"非此即彼"的条件判断。

多条件判断：运用 IF、AND 或 OR 函数对不同字段的多个条件分别进行判断。

多区间判断：运用 IF 函数或 IFS 函数对同一个数值进行多区间的判断，如判断学生成绩的等级（包括优秀、良好、中等、及格和不及格）。本节重点介绍常用逻辑函数 IF。

（1）IF 函数

逻辑判断函数用于判断是否满足某个条件，若满足，则返回一个值；若不满足，则返回另一个值。语法格式如下：

```
IF(logical_test,value_if_true,value_if_false)
```

参数说明：

logical_test：任何可能被计算为 true 或 false 的逻辑表达式。

value_if_true：logical_test 为 true 时的返回值。

value_if_false：logical_test 为 false 时的返回值。

（2）应用案例

【例 7.1】图 7-1 为单条件判断案例，根据 C 列，在 D2 单元格中输入公式"=IF (C2>=60,"Pass","Fail")"后，向下填充即可。

若 D 列的成绩等级划分为优秀（>=90）、良好（>=80）、中等（>=70）、及格（>=60）、不及格（<60），则为多区间判断，需要用到 IF 函数嵌套或 IFS 函数。

D2 单元格中的公式可更改为"=IF(C2>=90,"优秀",IF(C2>=80," 良好 ",IF(C2>=70," 中 等 ",IF(C2>=60," 及 格 "," 不 及 格 "))))"，若使用

图 7-1　单条件判断案例

IFS(logical_test,value_if_true,…)，则不需要函数嵌套，因为 IFS 函数的条件与返回的结果需要成对出现，即"若符合条件 1，则输出结果 1；若符合条件 2，则输出结果 2；…"，该函数允许最多同时计算 127 个条件。

2．条件求和

条件求和对符合指定条件的值进行求和计算，通常分为单条件求和和多条件求和。

（1）函数介绍

单条件求和公式为

```
SUMIF(range,criteria,[sum_range])
```

参数说明：

range：指定条件判断的单元格区域。

criteria：指定求和条件，可以是字符串、表达式，也可以是单元格的引用或其他函数的计算结果。若使用带有符号的条件，则必须加上一对半角双引号，如">8"。若要将某个单元格中的数值作为比较条件，则需要将比较符号加上一对半角双引号后，再与单元格地址进行连接，如">"&G2。

sum_range：可选参数，指定进行求和的单元格范围。

多条件求和是指对多个字段分别指定条件或者对同一个字段指定多个条件，然后对同时符合多个条件的对应数值进行求和。函数公式与语法为

```
SUMIFS(sum_range, criteria_rang1, criteria1,[ criteria_range2, crit-
eria2],…)
```

参数说明：

sum_range：指定要对哪个区域进行求和。

第二个、第三个参数分别用于指定第一组条件判断的条件区域和判断条件。之后的参数为可选参数，两两为一组，分别用于指定其他条件判断的区域及其关联条件。

（2）应用案例

【例 7.2】图 7-2 显示了某大学材料领用表的部分内容，B 列包含材料和型号的混合内容，需要根据 G2 单元格中的材料名称计算该材料的所有领用量。

在 H2 单元格中输入公式"=SUMIF(B2:B9,G2&"*",D2:D9)"后，即得到计算结果。

Excel 中的通配符包括"?"和"*"两种，在使用过程中，均必须为半角符号。在条件中使用通配符，能够按照部分关键字进行求和计算。

	A	B	C	D	E	F	G	H
1	日期	材料/型号	领料单位	数量(条)	经手人		材料	数量
2	2021/6/21	不锈钢棒-460cm	材料学院实验室	180	胡源源		不锈钢棒	332
3	2021/6/22	普通钢棒-370cm	化工学院实验室	389	刘彦卓			
4	2021/6/23	铜棒-386cm	理工学院实验室	38	何烨			
5	2021/6/20	不锈钢棒-460cm	生物科学学院实验室	56	蔺思骐			
6	2021/6/21	普通钢棒-370cm	理工学院实验室	62	帅龙飞			
7	2021/6/22	不锈钢棒-460cm	材料学院实验室	12	王雅琳			
8	2021/6/23	铜棒-386cm	建筑学院实验室	76	刘可佳			
9	2021/6/21	不锈钢棒-460cm	环境学院实验室	84	李建勋			

图 7-2　某大学材料领用表的部分内容

3. 中位数、众数和频数的计算

中位数又称中值，是指将一组数按大小顺序排列成一个数列后处于中间位置的数。中位数趋于一组有序数据的中间位置，不受分布数列的极值影响，从而在一定程度上提高了对数列分布的代表性。

众数是指一组数据中出现次数最多的那个数据，一组数据中可以有多个众数，也可以没有众数。众数是社会经济现象中最普遍出现的标志值。从分布角度看，众数是具有明显集中趋势的数值。

频数是指在一组数据中，某范围内的数据出现的次数。

（1）函数介绍

在 Excel 中，可以使用 MEDIAN 函数计算一组数据的中位数，可以使用 MODE.MULT、MODE.SNGL 函数计算众数，可以使用 FREQUENCY 函数完成频数有关的计算。

① MEDIAN 函数使用简单，在此不再赘述。

② MODE.MULT、MODE.SNGL 函数都可以返回一组数据或数据区域中出现频率最高的数值。若有多个众数，则在使用 MODE.MULT 函数后返回多个结果，该函数的语法如下：

```
MODE.MULT(number1,[number2],…)
```

该函数中的各参数都是计算众数的数字参数或单元格区域。若单元格区域中含有文本、逻辑值或空白单元，则这些值将被忽略。若运用 MODE.SNGL(number1,[number2],…)函数返回数值数组，则该函数的输入必须是数组公式的形式，即输入后按【Ctrl +Shift+Enter】合键结束。

③ FREQUENCY 函数用于计算数值在某个区域中出现的频数，返回一个垂直方向的数组结果。该函数的语法如下：

```
FREQUENCY (data_array, bins_array)
```

参数说明：

data_array：统计频数的一组数值，为一个数组或一个单元格区域。

bins_array：各统计区间的间隔。

（2）应用案例

【例 7.3】图 7-3 是某班 30 名学生的期末考试成绩，在 C2 单元中输入计算众数的公式"=MODE.SNGL(B2:B31)"即可得到 30 名学生的成绩众数。

计算频数时，首先在 E2:E5 单元格区域中输入间隔数，然后选中 F2:F6 单元格区域，输入数组公式"{=FREQUENCY(B2:B31,E2:E5)}"即可得到各间隔点的频数。

4. 查找与引用计算

查找与引用计算是指运用相关的函数查询各种信息。在数据量很多的工作表中，如果需要在数据表或指定的单元格范围内查找并返回特定内容，那么使用

	A	B	C	D	E	F
1	学号	成绩	众数			频数
2	2021100030	82	69	小于60	59.9	6
3	2021100031	69		[60,70)	69.9	10
4	2021100032	68		[70,80)	79.9	9
5	2021100335	63		[80,90)	89.9	4
6	2021100336	77		90以上		1
7	2021101049	50				
8	2021101337	46				
9	2021101384	50				
10	2021101385	91				
11	2021101386	71				
12	2021101549	57				
13	2021101550	48				
14	2021101673	62				
15	2021101674	54				
16	2021102983	77				
17	2021102984	69				
18	2021102985	64				
19	2021102986	80				
20	2021102987	69				
21	2021102988	73				

图 7-3　众数与频数的计算

查找和引用函数非常有用。常用的查找和引用函数有 VLOOKUP、LOOKUP、INDEX、MATCH 和 OFFSET 等。这里主要介绍 VLOOKUP 函数的使用，其他几个函数可参阅附录 A。

（1）VLOOKUP 函数

该函数用于在第一列中搜索指定值，搜索数据表区域首列满足条件的元素，确定待检索单元格在区域中的行序号，再进一步返回选定单元格的值。其语法格式如下：

```
VLOOKUP (lookup_value,table_array,col_index_num,range_lookup)
```

参数说明：

lookup_value：需要在数据表首列进行搜索的值，可以是数值、引用或字符串。

table_array：需要在其中搜索的数据列表，可以是区域或区域名的引用。

col_index_num：满足条件的单元格在 table_array 中的列序号，首列序号为 1。

range_lookup：逻辑值。若为 true 或忽略，则为近似匹配；若为 false，则为精确匹配。

（2）应用案例

【例 7.4】利用 VLOOKUP 函数，查找出图 7-4 所示数据列中员工编号为"19508"的姓名、部门、性别、职务、年龄等信息，并将查找结果填写在相应的单元格中。

149

	A	B	C	D	E	F	G	H	I	J
1	员工编号	姓名	部门	性别	出身日期	工作时间	职务	年龄	工龄	
2	199501	李小红	行政部	女	1975/7/4	2008/6/13	总经理	47	14	
3	199502	邓明	技术部	男	1985/2/5	2008/9/4	副总经理	37	13	
4	199503	张强	行政部	男	1986/1/21	2004/10/22	主管	36	17	
5	199504	郭台林	技术部	男	1985/2/23	2004/8/23	技术员	37	17	
6	199505	谢东	业务部	男	1982/7/21	2013/6/18	业务员	39	9	
7	199506	王超	业务部	男	1977/9/5	2012/3/18	主管	44	10	
8	199507	王志平	行政部	男	1976/11/9	2008/4/17	会计	45	14	
9	199508	曾丽	业务部	女	1977/9/18	2011/8/1	业务员	44	10	
10	199509	赵科	业务部	男	1988/8/13	2005/8/22	业务员	33	16	
11	199510	马光明	技术部	男	1992/11/8	2004/11/29	技术员	29	17	
12	199511	李兴明	技术部	男	1987/5/13	2006/9/4	技术员	35	15	
13	199512	赵明明	技术部	男	1991/6/19	2010/9/24	业务员	31	11	
14	199513	孙继海	业务部	男	1985/7/3	2007/6/25	业务员	37	15	
15	199514	黄雅平	业务部	女	1986/4/1	2006/5/12	业务员	36	16	
16	199515	周武	业务部	男	1992/8/24	2006/9/4	业务员	29	15	
17	199516	孙兴	业务部	男	1990/12/28	2007/8/22	业务员	31	14	
18	199517	王雷	技术部	男	1982/3/8	2006/5/28	主管	40	16	
19	199518	李海梅	业务部	女	1976/10/23	2009/6/28	业务员	45	13	
20	199519	张超	业务部	男	1986/3/26	2007/9/22	业务员	36	14	
21	199520	陈兵	业务部	女	1989/5/27	2008/7/6	业务员	33	14	
22										
23										
24					员工编号		姓名			
25					部门		性别			
26					职务		年龄			
27										
28										

图 7-4 数据列表

操作步骤如下。

步骤 1：新建一个 Excel 文件，将工作表"sheet1"改名为"VLOOKIP"，在相应的位置输入图 7-4 中的原始数据。

步骤 2：在 H24 单元格中输入公式"=VLOOKUP($F$24,$A$2:$I$21,2,FALSE)"。

步骤 3：依次在 F25、H25、F26、H26 单元格中输入上述公式，将函数的第三个参数依次改为 3、4、7、8 即可。

7.2 利用"公式填充"实现简单的递推计算

Excel 作为一个数据处理平台，包含表达式中的所有要素，如常量、变量、运算符、函数、数组等，单元格引用更进一步表达了计算过程。同时，计算过程还是显式可见的，这为如何描述计算过程的初学者带来了极大的便利。

本节利用工作表描述递推计算中输入、处理、输出的全过程。其中，处理部分的描述主要针对循环结构的三要素：初始化、循环体、循环条件。利用公式填充进行单步执行，充分展示递推过程，对进一步理解算法设计和程序编写都是很有用的。本节针对数制转换、数的编码，结合 Excel 中的递推计算，完成数制、编码转换的计算过程。

7.2.1 数制转换的递推计算

1. 将十进制整数转换为 R 进制整数

将进制作为输入参数，可将十进制整数转换为二进制整数的算法通用化为能够转换为任意 R 进制整数。为实现这个目标，需要增加数符与十进制整数的对照表。

2. 将十进制小数转换为其他进制小数

将十进制小数转换为其他进制小数可采用乘法求整法迭代求出 a_{-1}, a_{-2},···, a_{-i} 值。然而，迭代后剩余的小数部分有可能永远不等于 0，因此除了将迭代后的小数部分等于 0 作为终止条件，还需要补充一个迭代终止条件，即当小数位达到一定的位数后终止迭代。与十进制整数转换为其他进制整数相比，该转换过程增加了一个输入参数，即小数位数。

7.2.2 将十进制整数转换为 R 进制整数原码、反码和补码的递推计算

1. 将十进制整数转换为 R 进制整数原码

针对不同的需求，可采用不同的编码，以有利于对应的数据表示和数据计算。原码是一种数的编码方式，它用一半较小的数来表示 0 和正整数，用另一半较大的数来表示-0 和负整数。对于 R 进制来说，若有 m 个不同的表示状态，则原码表示如表 7-1 所示。

表 7-1 m 个不同状态的原码表示对应的数值范围

原 码	数 值
0	+0
1, 2,···, $m/2$ −1	1, 2,···, $m/2$ −1
$m/2$	−0
$m/2$ +1, $m/2$+2,···, $m/2$+($m/2$ −1)	−1, −2,···, −($m/2$ −1)

例如，若 $R=10$，$m=256$，则 127 的原码是 127，−127 的原码是 255，−1 的原码是 129，−0 的原码是 128，−128 的原码不存在（不能表示）。

对于二进制整数，原码编码非常直观，高位为 0 的编码表示 +0 和正整数，高位为 1 的编码表示 −0 和负整数。使用原码做加减法运算有两个缺点：出现一个不符合自然的数 −0；不符合加减法运算规则。

不同进制的整数之间可以相互转换，用编码表示的不同进制数之间同样可以互相转换。例如，要将十进制整数转换为 R 进制整数原码，可先将十进制整数转换为相同范围的十进制整数原码，然后将其转换为 R 进制整数原码。又如，要将十进制整数原码转换为 R 进制整数原码，可采用整除取余、迭代求解的方法。

2. 将十进制整数转换为 R 进制整数反码

反码也用一半较小的数来表示 0 和正整数，用另一半较大的数来表示–0 和负整数。它与原码的不同是，负数的编码正好相反。对于 R 进制来说，若有 m 个不同的表示状态，则反码表示对应的数值范围如表 7-2 所示。

表 7-2　m 个不同状态的反码表示对应的数值范围

反　　码	数　　值
0	+0
$1, 2, \cdots, m/2 - 1$	$1, 2, \cdots, m/2 - 1$
$m/2 + (m/2 - 1)$	-0
$m/2, m/2+1, \cdots, m/2+(m/2-2)$	$-(m/2-1), -(m/2-2), \cdots, -2, -1$

例如，若 $R=10$，$m=256$，则 127 的反码是 127，–127 的反码是 128，–1 的反码是 254，–0 的反码是 255，0 的反码是 0，–128 的反码不存在（不能表示）。

使用固定位数表示数时，如 8 位二进制数的 256 个状态的排列形成一个环，即 0 的后面是 1，255 的后面是 0（0, 1, 2,…, 254, 255, 0, 1, 2,…）。在反码编码中，这个环为 128, 129,…, 254, 255, 0, 1, 2,…, 126, 127, 128, 129,…，对应数的排列为–127, –126,…, –1, –0, 0, 1, 2,…, 126, 127, –127, –126,…，可见数的大小排列顺序和编码值的排列顺序是一致的，这就满足加减法运算规则，并将符号看成数值参与运算。反码有一个缺点：出现了一个不符合自然的数–0。

对于二进制整数，反码编码可以在反码基础上完成，即当反码的高位为 1 时，其他位求反运算。例如，要将十进制整数转换为 R 进制整数反码，可先将十进制整数转换为相同范围的十进制整数反码，然后将其转换为 R 进制整数反码。又如，要将十进制整数反码转换为 R 进制整数反码，可采用除 R 取余、迭代求解的方法。

3. 将十进制整数转换为 R 进制整数补码

补码也用一半较小的数来表示 0 和正整数，用另一半较大的数来表示负整数。它与反码的不同是，解决了–0 问题，同时可以多表示一个负数。对于 R 进制来说，若有 m 个不同的表示状态，则补码表示对应的数值范围如表 7-3 所示。

表 7-3　m 个不同状态的补码表示对应的数值范围

补　　码	数　　值
0	+0
$1, 2, \cdots, m/2 - 1$	$1, 2, \cdots, m/2 - 1$
$m/2, m/2+1, \cdots, m/2+(m/2-2), m/2+(m/2-1)$	$-m/2, -(m/2-1), -(m/2-2), \cdots, -2, -1$

例如，若 $R=10$，$m=256$，则 127 的补码是 127，–127 的补码是 129，–1 的补码是 255，–0 的补码不存在（已经消除），0 的补码是 0，–128 的补码是 128。

在补码编码中，这个环为 128, 129,…, 254, 255, 0, 1, 2,…, 126, 127, 128, 129,…，对应数的排列为–128, –127, –126,…, –1, 0, 1, 2,…, 126, 127, –128, –127, –126,…。补码编码不仅实现了数的大小排列顺序与编码值的排列顺序的一致性，而且消除了–0 问题，还增加了一个负数编码，完全解决了符号的编码、参与加减法运算问题，并将减法运算也转换为加法运算加以实现。

对于二进制整数，补码编码可以在反码的基础上完成，即当反码的高位为 1 时，做加 1 运算。

例如，要将十进制整数转换为 R 进制整数补码，可先将十进制整数转换为相同范围的十进制整数补码，然后将其转换为 R 进制整数补码。又如，要将十进制整数补码转换为 R 进制整数补码，可采用整除取余、迭代求解的方法。

7.3　Excel 中的算法推演

7.3.1　递推计算

从已知条件出发，根据一定的递推式，逐次求出中间结果，直至得到最后结果的计算过程称为递推计算。递推计算将问题分解、转换、抽象为循环结构而得以自动求解。

在 Excel 公式中，对单元格的相对引用可实现对前项数据的引用。利用公式填充功能逐个变更当前递推引用的单元格的值，可显式地体现递推的计算过程，进而实现递推计算。

1．数列的递推计算

如图 7-5 所示，要求表中的每行数据均以 2 递增。

① 在 A2 中输入"=A1+2"。

② 在 A3 中输入"=A2+2"。

将光标移到 A3 单元格右下角的填充句柄上，此时光标变为实心十字，向下拖动填充句柄，即可完成数列的递推计算过程。

在上述数列的递推计算过程中，始终贯穿了一个递推算法的思想：从已知条件 A1=1 出发，依照递推式，拖动鼠标上一个单元格 Ai 的填充柄，逐次求出了下一个单元格 A(i+1) 中的递推值，一直往下拖动填充柄，递推计算过程一直反复进行，反复执行的过程就是一个循环过程，递推式 A(i+1)=Ai+2 为循环体。拖动填充柄至某个目标单元格时，释放鼠标右键后，循环结束，递推计算随之结束。

2．累加递推计算

在"Excel 选项"窗口中，勾选"启用迭代计算"复选框，最多迭代次数为 1，如图 7-6 所示。

在 A2 中输入"=A1+A2"，即可在 A1 中每输入 1 个数据，都依次迭加到 A2 中。A1 用来存放输入的数据，A2 用来存放当前累加的结果数据。A1 中每输入 1 个数，A2 中就输出一个累加结果，该累加结果始终保存在"A2=A1+A2"等号左边的 A2 中，当 A1 中又有新的数据输入时，上次被保存在 A2 中的中间结果与本次输入 A1 的数相加，新的累加值继续存放在 A2 中，因此，A2 通常被称为"累加器"。

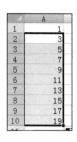

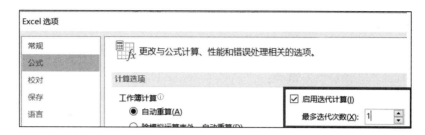

图 7-5　数列表　　　　　　　　　图 7-6　"Excel 选项"窗口

具体的算法步骤如下。

① 输入。在 A1 中输入要进行累加的数。

② 初始化。A1、A2 的初值均为空白单元格。

③ 循环体。A2 即为循环体，在 A2 中输入递推式"= A1+A2"。

④ 循环条件。当 A1 中不再输入数据时，循环结束。

⑤ 输出。当不再向 A1 中输入数据时，在 A2 中即可输出累加结果。

3．递推计算 n!

在前面讲解算法的章节中，讨论了在 RAPTOR 环境中如何运用递推算法求任意正整数 n 的阶乘，其算法步骤的伪代码如图 7-7 所示。

在 Excel 中，实现递推计算的工作表如图 7-8 所示，操作步骤如下。

原始数据在 A 列，从 A1 开始，在 B1 中输入"=A1"，在 B2 中输入"=B1*A2"，向下拖动 B2 的填充柄，即可实现 1～10 的阶乘递推计算。

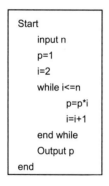

图 7-7　求 n!的伪代码　　　　　　　　　　　　图 7-8　实现递推计算的工作表

具体的算法步骤如下。

① 输入。在 A1～A10 区域中输入计算阶乘的数。

② 初始化。B1～B10 区域的初值均为空白单元格。

③ 循环体。在 B2 中输入的公式"=B1*A2"为循环体，当向下拖动 B2 的填充柄时，公式中的被乘数和乘数均被迭代更新，其中 B(i-1)为新的被乘数，Ai 为新的乘数。

① 循环条件。当 i > 10 时，循环结束，递推计算随之结束。

⑤ 输出。当向下拖动 B2 的填充柄至 B10，释放鼠标右键后，循环结束，B2～B10 即为输出结果区域。

7.3.2 二分法

对于具有 n 个状态的状态空间，若采用二分法进行计算，则最多只需要 $\log_2 n$ 次就可结束计算，计算效率非常高。

适合使用二分法计算的场景有很多，如方程求近似解、排序、查找等。在日常生活中也有很多应用场景，如猜谜、查找故障等。

二分法也称折半法，是一种在有序数组中查找特定元素的搜索算法。前面章节中详细讲解了二分法的算法思路，在此不再赘述。

1. 利用二分法求方程的根

已知函数 $f(x)$ 连续的闭区间 $[a, b]$ 和精确度 e，若 $f(a) \cdot f(b) < 0$，则表示有根存在于区间 $[a, b]$ 内，其函数图像如图 7-9 所示。

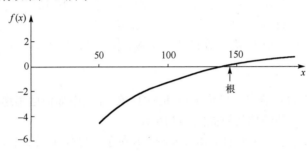

图 7-9　利用二分法求近似解的函数图像

该算法的步骤如下。

① 取区间中点 $r = (a+b)/2$，计算区间中点的函数值 $f(r)$。

② 若 $f(r) \cdot f(a) < 0$，则上限 $b = r$；否则下限 $a = r$。

③ 计算新的闭区间长度，若闭区间长度 $> e$，则返回步骤①，重新给中点 r 赋值；否则（闭区间长度 $< e$）停止二等分。

④ 输出结果 r 即为方程的根。

【例 7.5】在 Excel 中，采用二分法求方程 $f(x) = x^3 - x - 1 = 0$ 在区间 $[1, 2]$ 内的一个实根，使误差不超过 0.001。

在 Excel 中采用二分法求方程近似解如图 7-10 所示，操作步骤如下。

① 输入区域。在 A2、B2 中分别输入区间的下限值和上限值。

② 初始化区域。

步骤 1：C2 每次计算区间的中间值 =(A2+B2)/2。

步骤 2：D2 表示 $f(r) \cdot f(a)$ 的值，将 r 与 a 分别代入对应的单元格引用。

步骤 3：E2 为闭区间长度 $(b - a)$，用对应的单元格引用表示。

③ 循环体区域。

步骤 1：A、B、C、D、E 列对应的单元格引用均为循环体。

步骤 2：A 列区域表示区间下限的取值区域，在 A3 中输入公式 "=IF(D2<0,A2,C2)"，然后向下拖动 A3 的填充柄，进入循环计算。

步骤 3：B 列表示区间上限的取值区域，在 B3 中输入公式 "=IF(D2<0,C2,B2)"，然后向下拖动 B3 的填充柄，进入循环计算。

④ 循环条件区域。在 E2 单元格中输入公式"=IF(E2 > 0.001,"继续求解","结束")",然后向下拖动 E2 的填充柄,进入循环计算,当 E 列单元格中的值小于 0.001 时,结束循环。

⑤ 输出区域。C 为输出区域,当循环结束时,C 列中的 r 值即为方程的近似解。

	A	B	C	D	E	F
1	区间左端点	区间右端点	中点	f(r)*f(b)	精度	循环条件
2	1	2	1.5	-0.875	1	继续求解
3	1	1.5	1.25	0.296875	0.5	继续求解
4	1.25	1.5	1.375	-0.066680908	0.25	继续求解
5	1.25	1.375	1.3125	0.015293121	0.125	继续求解
6	1.3125	1.375	1.34375	-0.0042556	0.0625	继续求解
7	1.3125	1.34375	1.328125	-0.000750861	0.03125	继续求解
8	1.3125	1.328125	1.320313	0.000963852	0.015625	继续求解
9	1.3203125	1.328125	1.324219	3.98152E-05	0.007813	继续求解
10	1.32421875	1.328125	1.326172	-1.32121E-05	0.003906	继续求解
11	1.32421875	1.32617188	1.325195	-4.33388E-06	0.001953	继续求解
12	1.32421875	1.32519531	1.324707	9.91514E-08	0.000977	结束

图 7-10 采用二分法求方程近似解

2. 利用二分法求幂

用乘法计算 x 的整数次幂 $f(x, n)$,将其归约为

$$f(x,n)=\begin{cases}1 & ,n=0\\ x\cdot f(x,n-1), & n>0\end{cases} \tag{7-1}$$

使用递推算法,要做 n 次乘法运算。使用二分法计算,只需做 $\log_2^n$ 次乘法运算。利用二分法求幂的过程如表 7-4 和图 7-11 所示,将 x^n 表示为 $f(x, n)$。

表 7-4 利用二分法求幂

算法	Excel 实现步骤
① x 存放底数,n 存放指数,a 存放幂(初值为 1)	① 在 B5 中输入底数 x;在 C5 中输入指数 n;在 D5 中输入 1 作为幂的初值
② if n 为偶数,则 x←x*x;n←n/2;else a←a*x;x←x*x;n←(n−1)/2	② 在 B6 中输入公式,计算二分后的底数;在 C6 中输入公式计算二分后的指数;在 D6 中输入公式计算二分后的指数:if C5 为奇数,则输入"=B5*D5",否则输入"=D5"。
③ if n=0,结束递推,输出幂 a else 转②继续进行递推计算	③ 在 E6 中输入公式判断是"继续求解"还是"结束";选中 C6:E6 区域,向下拖动直到 E 列单元格出现"结束"为止

	A	B	C	D	E	F	G
1							
2							
3		底数	指数	幂	继续求解		
4		x	n	a			
5		2	15	1			
6		4	7	2	继续求解		
7		16	3	8	继续求解		
8		256	1	128	继续求解		
9		65536	0	32768	结束		
10		4294967296	0	32768	结束		
11		1.8447E+19	0	32768	结束		
12		3.4028E+38	0	32768	结束		
13		1.1579E+77	0	32768	结束		
14		1.341E+154	0	32768	结束		
15							
16							
17							

图 7-11 利用二分法求幂

7.3.3 贪心算法

贪心算法是指在对问题求解时，总是做出当前看来最好的选择，即不从整体最优上加以考虑。算法得到的是某种意义上的局部最优解。贪心算法的特点是一步一步地进行，采用自顶向下的迭代方法做出相继的贪心选择，每做一次贪心选择，就将所求问题简化为一个规模更小的子问题，通过每步贪心选择都可得到问题的一个最优解。

1．运用贪心算法求解埃及分数

埃及分数是指分子为 1 的分数，也称单位分数。古代埃及人在进行分数运算时，只使用分子是 1 的分数，因此将这种分数称为埃及分数。

可以将一个真分数分解为多个不同的埃及分数之和，也就是说可以有多种不同的埃及分数组合，即

$$\frac{a}{b} = \sum_{i=1}^{n} \frac{1}{a_i} \tag{7-2}$$

使用贪心算法求解，可获得局部最优解，其算法用伪代码表示在如下的文本框中。

```
Start
    input a,b
    while a > 1 and (b mod a) <> 0
        c = int(b / a) + 1
    output c       #输出第一个埃及分数的分母
        a = a * c - b
        b = b * c
    end while
    output b/a   #输出最后一个埃及分数的分母
End
```

根据上述伪代码，可在 Excel 中实现算法推演，计算过程与 7.3.2 节的计算过程类似。

7.4 VBA 在数据计算中的应用

7.4.1 排序算法演示

排序是程序设计中常用的算法，一般通过数组来实现排序。利用 Excel 中的单元格和 VBA 代码可将排序过程动态地显示出来，而且速度可由用户自己控制，具有直观、形象的特点，有利于用户加深对排序算法的理解。实现步骤如下。

步骤 1：启动 Excel，依次单击"开发工具"→"代码"→"宏"按钮，打开"宏"对话框。

步骤 2：创建宏"Randint"，在区域 A1:A10 中生成 10 个随机整数，输入以下代码。

```
Randomize
For i=1 To 10
```

```
    Cells(i, 1)=Int(Rnd * 100)
  Next
```

步骤 3：创建宏"SelSort"，用于实现对区域中的 10 个整数进行升序排序（冒泡排序），输入以下代码。

```
For i=1 To 10 − 1
  For j=1 To 10 − i
    If Cells(j, 1) > Cells(j+1, 1) Then
        temp=Cells(j, 1)
        Cells(j, 1)=Cells(j+1, 1)
        Cells(j+1, 1)=temp
        Application.Wait Now()+CDate("00:00:01")
    End If
  Next
Next
MsgBox "排序完毕!"
```

步骤 4：执行宏"Randint"，可看到自动生成的 10 个随机整数。

步骤 5：执行宏"SelSort"，可看到动态排序过程。

7.4.2 频数计算

（1）函数介绍

在 7.1 节的字段计算中，我们介绍了计算频数的 frequency 数组函数，它用一个数组公式即可轻松地统计出各分数段的人数分布。该函数以一列垂直数组返回某个区域中数据的频数，由于其结果返回一个数组，因此必须以数组公式的形式输入。如果以 60、70、80、90 作为间隔点，那么统计产生的是区间[0, 60]、(60, 70]、(70, 80]、(80, 90]、(90, 100]的频数。60 被统计在[0, 60]这个区间内，也就是说 60 被统计在不及格的区间内，而实际希望得到的结果应该是区间[0, 60)、[60, 70)、[70, 80)、[80, 90)、[90, 100]的频数。当然在实际应用时，可以把间隔点改为 59、69、79、89，显然这是一种变通的办法。

（2）通过 VBA 编程重新定义频数计算函数

【例 7.6】利用 Excel 管理学生考试成绩时，常要统计各分数段学生考试成绩的分布情况。在前面的 7.1 节中，我们直接运用 frequency 函数计算了 30 名学生的成绩频数，但如果以 60、70、80、90 作为间隔点，那么能否用 VBA 为 Excel 重新编写一个频数计算函数，使之能得到所希望的结果呢？回答是肯定的，该函数的具体代码如下。

```
Function myfrequency(data_array As Range, bins_array As Range)
    Dim r() As Variant
    brc=bins_array.Rows.Count
    ReDim r(1 To brc+1)
    For i=1 To brc+1
        r(i)=0
    Next
    For Each s In data_array
        For i=1 To brc
            If s<bins_array(i) Then r(i)=r(i)+1: Exit For
```

```
          Next
          If i > brc Then r(brc+1)=r(brc+1)+1
        Next
        myfrequency=Application.Transpose(r)
    End Function
```

（3）应用举例

在区域 B2:B6 中，使用公式 "{=frequency(A2:A10,A13:A16)}" 产生的是区间[0, 60]、(60, 70]、(70, 80]、(80, 90]、(90, 100]的频数，在区域 B13:B17 中，使用公式 "{=myfrequency(A2:A10,A13:A16)}" 产生的是区间[0, 60)、[60, 70)、[70, 80)、[80, 90)、[90, 100]的频数，计算结果如图 7-12 所示。

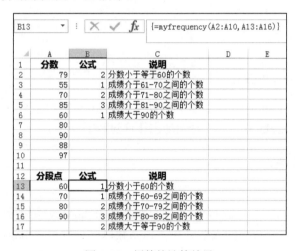

图 7-12　频数的计算结果

7.4.3　工作日计算

"工作日"这一概念在各领域中被广泛应用，许多工作都需要进行与之相关的计算，如员工的出勤天数、交货期的计算、付款日的计算等。Excel 自带了两个用于计算工作日的函数 NetWorkDay 和 WorkDays。

（1）函数介绍

NetWorkDay 用来计算两个日期值之间的完整工作日数值，此工作日数值不包括周末（周六和周日）和用户专门指定的假期。

WorkDays 用来计算某日期（起始日期）之前或之后相隔指定工作日数的某一日期的日期值。但在实际应用中，对于元旦、春节、五一、国庆等国家法定节假日，由于调休的原因，周末也有可能被安排为工作日，计算时应该将其算在工作日内。Excel 自带的两个工作日计算函数没有考虑到这一点，实际计算时必然会带来误差。因此有必要用 Excel 中的 VBA 重新编写两个对应的自定义函数，以正确计算工作日。

为了与 Excel 自带的工作日计算函数相对应，这两个自定义函数的参数采用了与前者类似的形式。由于除周末外，其间可能还有国家法定节假日，因此在实际计算工作日时要把这些节假日排除在外。为此在设计函数时使用了参数 holidays 来存放计算范围内的所有法定节假日，并据此检查以确定每个日期是否为工作日。另外，增加了一个新的参数

nonholidays，它对应 Excel 中的一个区域，用以存放被调整为工作日的周末的日期，并据此检查以确定每个日期是否均为非工作日。

（2）VBA 编程重新定义 WorkDays、NextWorkDay 函数

【例 7.7】用 WorkDays 函数计算两个日期值之间的工作日数。

```
    Function WorkDays(start_date As Date, end_date As Date, holidays As
Range, nonholidays As Range)
        Dim cur_date As Date, date1 As Date, date2 As Date, day_count As
Integer, day As Variant
        date1=IIf(start_date<=end_date, start_date, end_date)
        date2=IIf(start_date<=end_date, end_date, start_date)
        cur_date=date1
        day_count=0
        Do While cur_date<=date2
          If Weekday(cur_date, 2)>=1 And Weekday(cur_date, 2)<=5 Then
            day_count=day_count+1
          End If
          cur_date=cur_date+1
        Loop
        For Each day In holidays
          If day>=date1 And day<=date2 Then
            If Weekday(day, 2)>=1 And Weekday(day, 2)<=5 Then
              day_count=day_count - 1
            End If
          End If
        Next
        For Each day In nonholidays
          If day>=date1 And day<=date2 Then
            If Weekday(day, 2)=6 Or Weekday(day, 2)=7 Then
              day_count=day_count+1
            End If
          End If
        Next
        WorkDays=IIf(start_date<=end_date, day_count, -day_count)
    End Function
```

说明：在上述代码中，首先计算开始日期 start_date 和终止日期 end_date 之间非周末的天数，然后检查 holidays 减去非周末的节假日天数，再检查 nonholidays 加上作为工作日的周末的天数，即可得到两个日期相隔的工作日数。值得注意的是，如果 start_date 大于 end_date，那么结果将为负值。

【例 7.8】用 NextWorkDay 函数计算相隔指定工作日数之前或之后的日期。

```
    Function NextWorkDay(start_date As Date, days As Integer, holidays
As Range, nonholidays As Range)
        Dim cur_date As Date, day_count As Integer, flag As Boolean, day
As Variant
        cur_date=start_date
        day_count=0
```

```
      Do While day_count<Abs(days)
        cur_date=cur_date+Sgn(days)
        Select Case Weekday(cur_date, 2)
          Case 1 To 5
            flag=True
            For Each day In holidays
              If day=cur_date Then flag=False
            Next
            If flag Then day_count=day_count+1
          Case 6, 7
            flag=True
            For Each day In nonholidays
              If day=cur_date Then flag=False
            Next
            If Not flag Then day_count=day_count+1
        End Select
      Loop
      NextWorkDay=cur_date
    End Function
```

说明：在上述代码中，通过日期逐次递增或递减的方法检查所得日期是否为工作日，若是非周末则检查 holidays，若是周末则检查 nonholidays，直至累计到指定的天数为止。

（3）应用举例

根据 2022 年国际劳动节的放假规定，4 月 30 日—5 月 4 日放假调休，共 5 天，4 月 24 日（星期日）、5 月 7 日（星期六）正常上班。因此在本例中，首先把 2022 年"五一"期间非周末的节假日存入区域 A2:A4。由于 4 月 30 日、5 月 1 日本来就是周末，所以该区域只需存放 5 月 2 日、3 日和 4 日。接着把作为工作日的周末存入区域 B2:B3，该区域有 4 月 24 日和 5 月 7 日两天。然后，据此在 F2 中输入公式"=WorkDays(D2,E2,A2:A4,B2:B3)"，计算 2022 年 4 月 10 日—2022 年 5 月 10 日之间的工作日数；并在 F5 中输入公式"=NextWorkDay(D5,E5,A2:A4,B2:B3)"，以 2022 年 4 月 10 日为起始日期计算 21 个工作日后的日期。计算结果如图 7-13 所示。

	A	B	C	D	E	F
1	**假日**	**非假日**		**开始日期**	**结束日期**	**工作日数**
2	2022-5-2	2022-4-24		2022-4-10	2022-5-10	21
3	2022-5-3	2022-5-7				
4	2022-5-4			**开始日期**	**工作日数**	**结束日期**
5				2022-4-10	21	2022-5-10

图 7-13　计算结果

习　题　7

一、单项选择题

1. 在 Excel 工作表的单元格中输入公式时，应先输入_____。

    A. '   B. @   C. &   D. =

2．在 Excel 中，单元格地址是指_____。

    A．每个单元格   B．每个单元格的大小

    C．单元格所在的工作表   D．单元格在工作表中的位置

3．在 Excel 中，运算符"&"表示_____。

    A．数值型数据的无符号相加   B．字符型数据的连接

    C．逻辑型的与运算   D．子字符串的比较运算

4．在 A1、B1 中分别输入 12 和 34，在 C1 中输入公式"=A1&B1"，则 C1 的结果_____。

    A．1234   B．12   C．34   D．46

5．将 B3 中的公式"=C3+$D5"复制到 D7 中，则 D7 中的公式为"_____"。

    A．=C3+$D5   B．=D7+$E9   C．=E7+$D9   D．=E7+$D5

6．频数是指在一组数据中，某范围内的数据出现的次数。在 Excel 中，可用_____函数完成频数有关的计算。

    A．VLOOKUP   B．FREQUENCY   C．Rank   D．MODE.MULT

7．在 Excel 中，某公式引用了一组单元格(C3:D7,A5,G6)，则该公式引用的单元格总数为_____。

    A．4   B．8   C．12   D．16

8．在 Excel 中，若 A1 中的值为 5，在 B2 和 C2 中分别输入"="A1"+8"和"=A1+8"，则_____。

    A．B2 中显示 5，C2 中显示 8

    B．B2 和 C2 中均显示 13

    C．B2 中显示#VALUE!，C2 中显示 13

    D．B2 中显示 13，C2 中显示#VALUE!

9．在 Excel 中，A1、A2、B1、B2、C1、C2 的值分别为 1、2、3、4、3、5，在 D1 中输入公式"=SUM(A1:B2,B1:C2)"，则 D1 中的值为_____。

    A．25   B．18   C．11   D．7

10．在 Excel 中，若 A1～B2 中的值分别为 12、13、14、15，在 C1 中输入函数"=SUMIF(A1:B2,">12",A1:B2)"，则 C1 中的值为_____。

    A．12   B．24   C．36   D．42

二、判断题

1．众数是指一组数据中出现次数最多的那个数据，在一组数据中可以有多个众数，也可以没有众数。

2．在 Excel 中，可以使用 FREQUENCY 函数完成频数有关的计算。

3．当在 Excel 单元格中直接输入文本时，不需要任何标识，而输入公式中的文本数据时，需要用双引号标识。

4．在 Excel 中，关系运算符的运算结果是 true 或 false。

5．在 Excel 中，输入公式必须以"="开头，输入函数时直接输入函数名，而不需要以"="开头。

6．Excel 电子表格对单元格的引用默认采用相对引用。

7．Excel 数值型数据用于描述事物的数量类特征值，可以进行算术运算、关系运算及参与函数运算。数值型数据还可以表示日期和时间。

8. Excel 字符型数据也称文本型数据,用于描述事物的非数量类特征值,可以进行连接运算、关系运算及参与函数运算。

9. Excel 只能对同一列的数据进行求和。

10. 在 Excel 中,除能够复制选定单元格中的全部内容外,还能够有选择地复制单元格中的公式、数字或格式。

三、简答题

1. 什么是条件求和?举例说明在 Excel 中如何使用函数完成条件求和的有关计算。

2. 什么是众数?举例说明在 Excel 中如何使用函数完成众数的有关计算。

3. 什么是频数?举例说明在 Excel 中如何使用函数完成频数的有关计算。

四、应用题

1. 某人去商场购买物品时,需要支付现金 765 元,假如钱包里有足够多 100、50、10、5、1 面额的人民币,希望取最少张数的纸币来支付,问该怎样支付?

    (1)该问题可以采用什么算法策略?

    (2)写出实现该算法策略的伪代码。

    (3)完成该算法在 Excel 环境中的计算推演过程。

2. 国际标准书号(ISBN)由 12 位数字和 1 位校验码组成,最后的数字即为校验码,可由前 12 位数字计算出来。计算规则是:用 1 分别乘以前 12 位中的奇数位,用 3 分别乘以前 12 位中的偶数位,乘积之和以 10 为模(对 10 求余数),用 10 减去此模,即可得到校验码的值。如相减后的数值为 10,则校验码为 0。编写 VBA 程序,输入本书的 ISBN,计算并输出其校验码。

3. 居民身份证号码由 17 位数字和 1 位校验码组成,最后的数字即为校验码,可由前 17 位数字计算出来。计算规则是:将身份证号码前 17 位数字分别乘以不同的系数,第 1~17 位的系数分别为 7、9、10、5、8、4、2、1、6、3、7、9、10、5、8、4、2,将这 17 位数字和系数相乘的结果相加,用相加的结果与 11 求模,余数结果只可能是 0、1、2、3、4、5、6、7、8、9、10 这 11 个数字,分别对应的校验码为 1、0、X、9、8、7、6、5、4、3、2。例如,若余数是 2,则校验码是 X,若余数是 10,则校验码是 2。

    编写 VBA 程序,输入自己的身份证号码,计算并输出其校验码。

第 8 章

数据分析与可视化

随着大数据、人工智能时代的来临，数据挖掘正在成为各个行业所熟悉和必须掌握的一门技术。如何在已有的繁杂数据中快速查找对自己有价值的信息？数据分析与可视化可以有效地实现这个目标。

本章介绍数据分析的概念、数据统计与分析方法及其应用案例，给出在 Excel 中利用数据挖掘插件工具进行数据分析的相关案例，最后介绍数据可视化的概念、图表可视化及数据透视表。

8.1 数据分析与可视化概述

8.1.1 什么是数据分析

数据分析是指为了提取有用信息和形成结论而对数据加以详细研究和概括总结的过程。数据分析与数据挖掘密切相关，但数据挖掘往往倾向于关注较大型的数据集，较少侧重于推理。数据分析通常被划分为以下两种类型。

（1）探索性数据分析。探索性数据分析是指为了形成值得假设的检验而对数据进行分析的一种方法，是对传统统计学假设检验手段的补充。

（2）定性数据分析。定性数据分析又被称为定性资料分析，是指对诸如词语、照片、观察结果之类的非数值型数据的分析。

在统计学领域中，数据分析又常被划分为描述性统计分析、探索性数据分析及验证性数据分析，其中，探索性数据分析侧重于在数据中发现新的特征，而验证性数据分析则侧重于对已有假设的证实或证伪。

8.1.2 什么是数据可视化

数据可视化是指将已经规整好的数据以图形图像的形式来表示，并利用数据分析和开发工具发现其中未知信息的处理过程。可视化工具可以提供多样的数据展现形式、多样的图形渲染形式、丰富的人机交互方式，以及支持商业逻辑的动态脚本引擎等。2010 年后，数据可视化工具基本以表格、图形（chart）、地图等可视化元素为主，可通过过滤、钻取、数据联动、跳转、高亮等分析手段对数据进行动态分析。

Excel 中的数据可视化指的是通过图表方式对数据进行直观、形象、生动、有力的展示。Excel 在提供强大的数据处理与分析功能的同时，也提供类型丰富的图表，涵盖了柱形图、折线图、饼图、条形图、散点图等十几种标准图表类型。除此之外，条件格式和迷你图也是实现数据可视化的重要工具。

8.2 基础统计分析

统计分析是指运用统计方法及与分析对象有关的知识，以定量与定性结合的方式进行的研究活动。本节的统计分析将应用 Excel 的分析工具库，对已清洗完的数据进行统计分析。在应用 Excel 进行统计分析前，必须先加载分析工具库，其操作步骤如下。

步骤 1：依次单击"文件"→"选项"命令，打开"Excel 选项"对话框。

步骤 2：单击"Excel 选项"对话框中的"加载项"选项卡，单击"管理"组合框右侧的下拉按钮，在菜单中选择"Excel 加载项"选项，然后单击"转到"按钮。

步骤 3：在弹出的"加载项"对话框中选中"分析工具库"复选框，单击"确定"按钮。

此时，在"数据"选项卡中将新增"数据分析"按钮，单击此按钮，将弹出"数据分析"对话框，在"数据分析"列表框中选中需要启用的分析工具，单击"确定"即可。

	A	B
1	学号	期末成绩
2	2021100349	63
3	2021100427	58
4	2021100428	78
5	2021100898	76
6	2021100899	67
7	2021100900	49
8	2021101091	70
9	2021101092	63
10	2021101253	81
11	2021101254	69
12	2021101499	64
13	2021101500	80
14	2021101566	54
15	2021101567	74
16	2021103638	75
17	2021103640	64
18	2021103641	56
19	2021103642	95
20	2021103643	68
21	2021103644	67

图 8-1　学生期末考试成绩表

8.2.1　借助直方图进行数据特征分析

1．案例的数据描述

【例 8.1】图 8-1 为学生期末考试成绩表，运用数据分析工具中的直方图统计出各个分数数段(< 60、$[60, 70)$、$[70, 80)$、$[80, 90)$、$>=90$)的人数。

2．操作步骤

步骤 1：依次单击"数据"→"数据分析"按钮，在打开的"数据分析"对话框中的"分析工具"列表框中选择"直方图"选项，单击"确定"按钮后，进入"直方图"对话框。

步骤 2：在"直方图"对话框中设置参数。

① 确定"输入区域"的单元格引用为$B$2: $B$21。

② 确定"接收区域"的单元格引用为$E$2:$E$6。

③ 确定"输出区域"的单元格为$F$1。

④ 选中"图表输出"复选框。

步骤 3：单击"确定"按钮后，在工作表中生成频数统计表和直方图，如图 8-2 所示。

8.2.2　正态分布图形分析

正态分布又称高斯分布，是一种均值和中位数相等的分布，其曲线呈两头低、中间高、左右对称的钟形曲线，如图 8-3 所示。标准正态分布是期望值 $\mu=0$，标准差 $\sigma=1$ 条件下的正态分布，记为 $N(0, 1)$，即曲线图对称轴为 y 轴。服从正态分布的随机变量的概率规律为取与 μ 邻近的值的概率大，而取离 μ 越远的值的概率越小；σ 越小，分布越集中在 μ

附近，σ 越大，分布越分散。正态分布的密度函数的特点是关于 μ 对称，在 μ 处达到最大值，在正（负）无穷远处取值为 0，在 $\mu \pm \sigma$ 处有拐点。

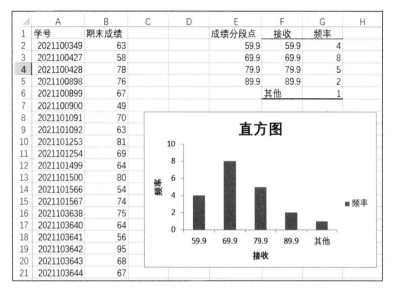

图 8-2　频率数统计表和直方图

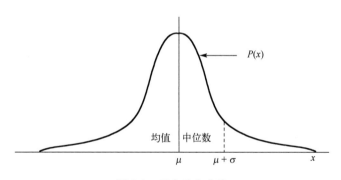

图 8-3　正态分布曲线

1．正态分布函数

正态分布是一个在数学、统计学及数据科学领域中应用非常广泛的概率分布。常用的正态分布函数为概率密度函数，其定义如下。

若连续型随机变量 x 的概率密度函数为 $f(x \mid \mu, \sigma)$，其中 $-\infty < \mu < +\infty$，$\sigma > 0$，形式如下：

$$f(x \mid \mu, \sigma) = \frac{1}{\sqrt{2\pi}\sigma} \mathrm{e}^{-\frac{(x-\mu)^2}{2\sigma^2}}, -\infty < x < +\infty \qquad (8\text{-}1)$$

则称 x 服从均值为 μ、方差为 σ^2 的正态分布。其中，期望值 μ 决定了其位置，标准差 σ 决定了分布的幅度，期望值 $\mu = 1$ 的标准正态分布如图 8-3 所示。

与其对应的累积分布函数为

$$F(x \mid \mu, \sigma) = P(X \leqslant x) = \int_{-\infty}^{+\infty} \frac{1}{\sqrt{2\pi}\sigma} \mathrm{e}^{-\frac{(x-\mu)^2}{2\sigma^2}} \, \mathrm{d}x \qquad (8\text{-}2)$$

在图 8-3 中，由曲线 $f(x\,|\,\mu, \sigma)$ 和 x 轴围成的面积就是 $F(x\,|\,\mu, \sigma)$ 的值。

Excel 提供了 4 个求正态分布的函数。

（1）NORM.DIST(x, mean, standard_dev, cumulative)，返回指定平均值和标准差。参数说明如下。

x：需要计算其分布的数值。

mean：分布数据的算术平均值。

standard_dev：分布数据的标准差。

cumulative：决定函数形式的逻辑值，其值为 true 时，返回累积分布函数；其值为 false 时，返回概率密度函数。

若 mean 或 standard_dev 均为非数字型数据，则函数返回错误值#VALUE！。

若 standard_dev<=0，则函数返回错误值#NUM！。

若 mean=0，standard_dev=1，且 cumulative=true，则函数返回标准正态分布。

（2）NORM.INV(probability, mean, standard_dev)，返回指定平均值和标准差的正态累积分布函数的反函数值。

参数说明如下。

probability：对应于正态分布的概率。

mean：分布数据的算术平均值。

standard_dev：分布的标准差。

若任意一个参数是非数字的，则函数返回错误值#VALUE！。

若 probability<0，或 probability > 1，则函数返回错误值#NUM！。

若 standard_dev $\leqslant$ 0，则函数返回错误值#NUM！。

若 mean=0 且 standard_dev=1，则函数使用标准正态分布。

（3）NORM.S.DIST(x, cumulative)，返回标准正态分布函数。该函数参数的含义与 NORM.DIST 参数的含义相同。

（4）NORM.S.INV(probability)，返回标准正态分布的区间点。该函数参数的含义与 NORM.INV 参数的含义相同。

2．正态分布分析案例

（1）案例的数据描述

【例 8.2】在某高校新生入学体检中，血压收缩压（mm-Hg）的数据近似符合正态分布，其原始数据保存在"8.2.2 原始数据_正态分布"文件中。设血压为随机变量 x，服从 $N(\mu, \sigma^2)$ 的正态分布，均值为 μ，标准差为 σ，均可运用 Excel 系统函数求出，试绘制正态分布函数的图形并分析。

（2）案例的操作步骤

步骤 1：在 Excel 中打开"8.2.2 原始数据_正态分布"文件，在 F2 中输入公式 "=AVERAGE(B2:B92)"计算均值 μ，在 F3 中输入公式 "=STDEVP(B2:B92) "，计算标准差 σ。

步骤 2：在 C2 中输入公式 "=NORM.DIST(B2,$F$2,$F$3,FALSE)"，然后向下拖动 C2 的填充柄至 C92，得到一系列标准正态分布概率密度计算的概率值，如图 8-4 所示。

步骤 3：选定单元格区域 C2:C92，依次选择菜单"插入"→"图表"→"柱形图"命令，在图表类型中选择"簇状柱形图"选项；右击图表，依次选择"选择数据"→"水平（分类）轴标签"→"编辑"命令，在弹出的"轴标签"对话框中，单击"轴标签区域"命令，选中区域 B2:B92，单击"确定"按钮，返回"选择数据源"对话框后，再次单击"确定"按钮，结果如图 8-5 所示。

图 8-5 中显示的是对称钟形曲线，是一种典型的标准正态分布形态，显示了该高校新生收缩压数据的分布特征，离均值 108 较近的数值出现的次数较多，而离均值 108 较远的数值出现的次数较少，从而对该校本届入学新生呈现的血压状况有一个整体的了解。

	A	B	C	D	E	F
1	学号	收缩压(mm-Hg)	正态分布函数值			
2	2021101673	86	0.007002217		均值=	108.5
3	2021103037	86.5	0.00746869		标准差=	13.13393
4	2021103024	87	0.007954701			
5	2021103014	87.5	0.008460068			
6	2021103036	88	0.008984512			
7	2021103012	88.5	0.009527648			
8	2021102985	89	0.010088985			
9	2021103030	89.5	0.010667922			
10	2021102994	90	0.011263745			
11	2021102983	90.5	0.011875622			
12	2021101549	91	0.012502604			
13	2021103989	91.5	0.013143627			
78	2021100031	124	0.015138502			
79	2021103993	124.5	0.014462935			
80	2021103002	125	0.013797504			
81	2021100032	125.5	0.013143627			
82	2021102989	126	0.012502604			
83	2021104408	126.5	0.011875622			
84	2021103009	127	0.011263745			
85	2021103991	127.5	0.010667922			
86	2021103020	128	0.010088985			
87	2021103007	128.5	0.009527648			
88	2021103019	129	0.008984512			
89	2021103023	129.5	0.008460068			
90	2021104407	130	0.007954701			
91	2021101337	130.5	0.00746869			
92	2021100030	131	0.007002217			

图 8-4　正态分布的基本数据

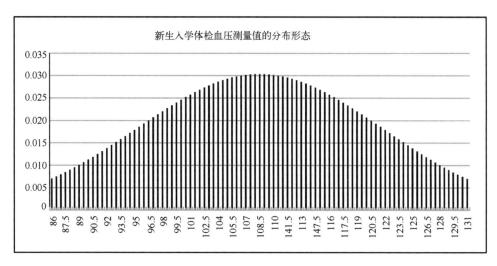

图 8-5　随机变量 x 的正态分布图

8.2.3　相关分析

1．相关图形分析

变量是计算科学中常用的术语，变量的特点是会因存放的个体内容不同而变化。在 Excel 的图形分析中，直方图是一组数据中所有数据的频次分布图，这组数据可以是一名学生的成绩，也可以是一个员工的工资收入等，这组数据也可以称为变量。8.2.2 节的正态分布可以用来描述变量，但只针对一个变量进行描述。要想研究两个变量之间的关系，即一个变量发生变化时另一个变量如何变化，则需要用到变量之间的相关关系。

在现实生活中有很多涉及相关性问题。例如，进行股票交易分析时，什么因素会导致股价的上下波动？进行健康检测分析时，什么因素会引发身体的疾病？。

运用 Excel 进行数据分析时，常用散点图来展示两个变量之间的相关性。散点图可以用来展示一组数据的两个变量之间的关系。例如，将某名学生的身高、体重分别作为 X 轴和 Y 轴上的数据，身高值与体重值的交点就是一个数据点，如果要分析一组数据（一个班上的多名学生），那么数据点也相应地增多。

散点图是统计分析中常用的一种变量关系分析方法，该方法将变量序列显示为一组点，变量值由点在图表中的位置表示，X 轴与 Y 轴分别表示不同变量，通过散点图的形状可以直观地判断两个变量之间存在何种相关关系。常见的三种相关关系如下。

（1）正相关

如图 8-6 所示，点之间的关系可以近似地表现为一条直线。

（2）不相关

如图 8-7 所示，散点图很松散，无规律，两个变量之间的关系不相关。

（3）负相关

如图 8-8 所示，直线从左上向右下方倾斜，表现为一个变量的数值增加时另外一个变量的数值减少。

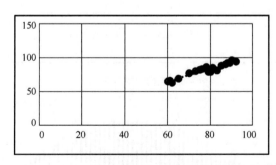

图 8-6　正相关

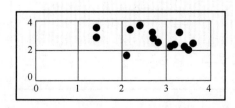

图 8-7　不相关

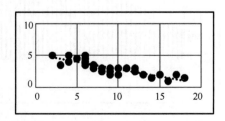

图 8-8　负相关

相关系数是研究变量之间线性相关程度的量，是一种反映两个变量间线性相关关系的统计指标，一般用 R 表示。相关系数 R 表示两个变量之间的线性相关关系，当 $R>0$ 时，两个变量正相关；当 $R<0$ 时，两个变量负相关。若 R 的绝对值在区间[0, 1]内，则 R 的绝对值越接近 1，表明两个变量的线性相关性越强；R 的绝对值接近于 0 时，表明两个变量之间几乎不存在线性相关关系。通常当 R 绝对值大于 0.75 时，就认为两个变量有很强的线性相关关系。

Excel 提供了 CORREL 函数来计算两个变量的相关系数，CORREL(array1,array2) 返回两个数组或数组对应单元格引用的相关系数。

2．相关分析案例

（1）案例的数据描述

【例 8.3】已知某高校经管类专业某班学生"高等数学""Python 程序设计基础"课程成绩，其原始数据保存在"8.2.3 原始数据_相关分析"文件中。试分析表中两门课程是否具有正相关性。

（2）案例的操作步骤

步骤 1：在 Excel 中打开"8.2.3 原始数据_相关分析"文件，依次选择菜单中的"插入"→"图表"→"散点图"→"仅带数据标记的散点图"命令创建散点图。

步骤 2：在"图标布局"选项卡下依次选择"添加图表元素"→"趋势线"→"线性"命令。

步骤 3：在 D2 中输入"相关系数"，在 E2 中输入公式"=CORREL(A2:A31,B2:B31)"后，即可得到两门课程的相关系数的值，如图 8-9 所示。

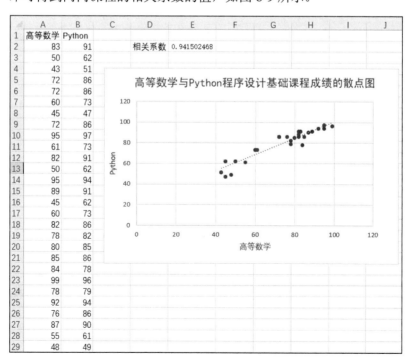

图 8-9　两门课程成绩的相关分析

本案例采用散点图—趋势线图表，结合相关性公式，对 30 名学生的"高等数学"与"Python 程序设计基础"两门课程成绩的相关性进行了分析。从散点图分布和趋势线走势可以看出，两门课程的成绩呈现出明显的正相关性。从相关函数看，相关系数为 0.9415，接近 1，进一步确定 30 名学生的两门课程的成绩是高度相关的。这也说明大一经管专业的"高等数学"和"Python 程序设计基础"属于同一类别的课程，学习方法和思维方式类似，所以"高等数学"学得好的学生，其"Python 程序设计基础"也学得不错。

8.2.4　回归分析

回归分析（regression analysis）是指确定两种或两种以上变量间相互依赖的定量关系的一种统计分析方法。回归分析按照涉及变量的多少，分为一元回归分析和多元回归分析。按照自变量和因变量之间的关系类型，可分为线性回归分析和非线性回归分析。本节使用散点图—趋势线法、回归分析函数法实现一元线性回归的图形分析。

1. 一元线性回归模型

一元线性回归分析是最简单的建模技术之一，也是人们在学习预测模型时首选的技术之一。在这种技术中，因变量是连续的，自变量可以是连续的，也可以是离散的，回归线的性质是线性的。线性回归使用最佳拟合直线（即回归线）在因变量（Y）和自变量（X）之间建立一元线性回归方程：

$$Y_i = \alpha + \beta X_i + \varepsilon \tag{8-3}$$

式中，X_i 表示自变量的各个取值，Y_i 表示对应因变量的取值，α 是一元线性回归方程中的常数项，β 是回归系数，ε 是随机误差项，其图形描述如图 8-10 所示。Y_i 分布在直线上或直线的附近。

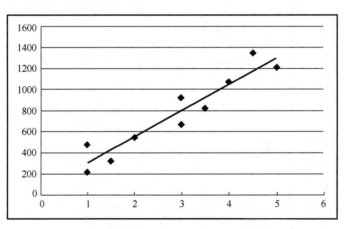

图 8-10　一元线性回归的图形描述

在回归分析中，可根据样本数据建立样本一元线性回归模型，一般表述为

$$\hat{Y}_i = \hat{\alpha} + \hat{\beta} X_i + \hat{\varepsilon} \tag{8-4}$$

式中，$\hat{\alpha}$ 和 $\hat{\beta}$ 分别是参数 α、β 的估计值，表示样本回归直线的截距和斜率。参数的估计方法有两种，即普通最小二乘法和最大似然估计法。根据普通最小二乘法的估计原理，估计值 $\hat{\alpha}$ 和 $\hat{\beta}$ 的计算公式为

$$\hat{\alpha} = \bar{y} - \hat{\beta}\bar{x} \tag{8-5}$$

$$\hat{\beta} = \frac{\sum (x_i - \bar{x})(y_i - \bar{y})}{\sum (x_i - \bar{x})^2} \tag{8-6}$$

式中，$\bar{x}$、$\bar{y}$ 分别是 x、y 的样本均值。

2．一元线性回归分析方法

（1）散点图—趋势线法

散点图—趋势线法可以直观地显示自变量和因变量的关系，若散点图显示两个变量存在明显的线性或曲线关系，则添加趋势线，输出具体方程和拟合度；否则，说明样本不符合线性回归，可直接放弃回归建模。

散点图是对所选变量之间相关关系的一种直观描述，在工具栏的"插入"选项卡下，依次选择"图表"→"散点图"命令，便会出现"散点图"下拉菜单。

绘制散点图后，若散点图显示变量之间的确存在一定的关系，则可进一步进行一元线性回归分析，对原散点图添加趋势线，方法是选中散点图，单击"布局"选项卡下"分析"组中的"趋势线"按钮，弹出"趋势线"下拉菜单，可在该下拉菜单中选择需要添加的趋势线类型。若要添加线性趋势线，则选择"线性趋势线"命令；若下拉菜单中的命令不能满足用户的需要，则可以单击"其他趋势线选项"命令，弹出"设置趋势线格式"对话框，在该对话框中，用户可以根据自身需要进行设置。

（2）回归分析函数法

Excel 提供了以下三个函数来求解回归方程的参数。

① INTERCEPT(known_y's, known_x's)。

功能：根据已知的 x、y 值，绘制最佳的回归线，并计算截距。

known_y's：因变量的观察值或数据的集合。

known_x's 自变量的观察值或数据的集合。

该函数的参数可以是数字，也可以是包含数字的名称、数组或引用。

② SLOPE(known_y's, known_x's)。

功能：返回数据点的线性回归线的斜率。斜率为垂直距离除以线上任意两个点之间的水平距离，即回归线的变化率。

③ RSQ(known_y's, known_x's)。

功能：返回给定数据点的 Pearson 积矩阵法相关系数的平方。

（3）回归分析工具法

Excel 提供的回归分析工具不仅能给出回归方程和显著性检验结果，还能输出更多的信息。回归分析工具的分析结果分为数据描述和图形描述两部分，数据描述部分主要包括summary output（回归汇总输出）、residual output（残差输出）和 probability output（正态概率输出），图形描述部分包括残差图、线性拟合图和正态概率图。summary output 是回归结果中最重要的部分，包括回归统计和方差分析，从中可得到可决系数、P 值、截距、斜率等一系列信息；residual output 给出因变量的预测值及其对应的残差和标准差等结果；probability output 给出正态分布概率，即各个因变量的百分比排位；线性拟合图、残差图和正态概率图依次与数据输出结果相对应，以便用户更好地观察和分析数据。

回归分析工具不是 Excel 的自有工具，用户在使用回归分析工具进行回归分析之前，需要先加载回归分析工具，回归分析工具属于"数据分析"工具，"数据分析"工具的加载方法在本节的开头已经讲过，这里不再赘述。

3. 回归分析案例

【例 8.4】已知广州市 2001—2021 年城市居民的人均可支配收入和人均消费支出数据集，应用一元线性回归模型对该数据集进行实证分析。

（1）案例的数据描述

影响城市居民人均消费支出的因素有很多，如人均收入水平、通胀因素等。但人均收入水平对人均消费支出的影响具有决定意义。根据广州市统计局统计，2001—2021 年广州市城镇居民人均可支配收入和人均可消费支出数据如图 8-11 所示，以人均可支配收入为自变量、以人均可消费支出为因变量，对这组数据进行一元线性回归分析，选择对人均可消费支出影响有决定意义的人均可支配收入作为一元线性回归模型（8-3）中的自变量，来研究对人均消费支出的影响。

A	B	C
年份	人均可支配收入（单位：元）	人均可消费支出（单位：元）
2001	14694	11467
2002	13380	10672
2003	15003	11571
2004	16884	13121
2005	18287	14468
2006	19850	15445
2007	22469	18951
2008	25316	20836
2009	27609	22821
2010	30658	25012
2011	34438	28209
2012	38053	30490
2013	42049	31230
2014	42954	33384
2015	42718	35752
2016	46667	38398
2017	55400	40637
2018	59982	42181
2019	65052	45049
2020	68304	44283
2021	74416	43280

图 8-11　人均可支配收入和人均可消费支出数据

（2）案例的操作步骤

步骤 1：打开"8.2.4_原始数据_一元线性回归图形分析.xlsx"，选中区域 B2:C22，依次单击"插入"→"图表"→"散点图"→"仅带数据标记的散点图"命令。

步骤 2：依次单击"图表工具"→"图表布局"→"添加图表元素"→"图表标题"命令，输入图表标题，然后单击"轴标题"命令，分别输入主要横坐标标题和主要纵坐标标题，如图 8-12 所示。

步骤 3：单击图表，依次单击"图表工具"→"图表布局"→"添加图表元素"→"趋势线"→"其他趋势线"命令，在弹出的"设置趋势线格式"对话框中，选择"线性""显示公式""显示 R 平方值"复选框，单击"关闭"按钮，生成添加趋势线的散点图，效果如图 8-12 所示。

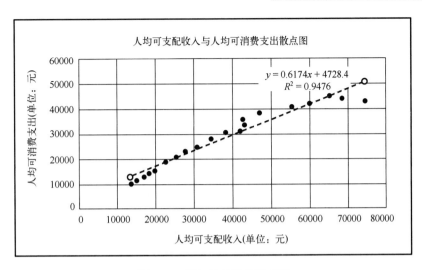

图 8-12 添加趋势线的散点图

步骤 4：在 E2 中输入公式 "=INTERCEPT(C2:C22,B2:B22)"，计算出截距。

步骤 5：在 E3 中输入公式 "=SLOPE(C2:C22,B2:B22)"，计算出斜率。

步骤 6：在 E4 中输入公式 "=RSQ(C2:C22,B2:B22)"，计算出判定系数，如图 8-13 所示。

步骤 7：使用分析工具法加载"数据分析"工具后，依次单击"数据"→"分析"→"数据分析"命令。

步骤 8：在弹出的"数据分析"对话框中，选择"回归"选项，单击"确定"按钮。

步骤 9：在弹出的"回归"对话框中，首先设置"输入"内容，单击"Y 值输入区域"后面的折叠按钮，选取单元格 C1:C22，同样单击"X 值输入区域"后面的折叠按钮，选取单元格区域 B1:B22，选中"标志""置信"复选框，删除"并默认 95%"。选中"新工作表组"作为"输出选项"，最后单击"确定"按钮，得到回归结果如图 8-14 所示。

	A	B	C	D	E
1	年份	人均可支配收入（单位：元）	人均可消费支出（单位：元）		
2	2001	14694	11467	截距=	4728.398543
3	2002	13380	10672	斜率=	0.617374226
4	2003	15003	11571	判定系数=	0.947634094
5	2004	16884	13121		
6	2005	18287	14468		
7	2006	19850	15445		
8	2007	22469	18951		
9	2008	25316	20836		
10	2009	27609	22821		
11	2010	30658	25012		
12	2011	34438	28209		
13	2012	38053	30490		
14	2013	42049	31230		
15	2014	42954	33384		
16	2015	42718	35752		
17	2016	46667	38398		
18	2017	55400	40637		
19	2018	59982	42181		
20	2019	65052	45049		
21	2020	68304	44283		
22	2021	74416	43280		

图 8-13 利用回归函数计算的回归分析结果

173

SUMMARY OUTPUT							
	回归统计						
Multiple R	0.973464994						
R Square	0.947634094						
Adjusted R Squar	0.944877994						
标准误差	2843.201112						
观测值	21						
方差分析							
	df	SS	MS	F	Significance F		
回归分析	1	2779462480	2.779E+09	343.8314949	1.25417E-13		
残差	19	153592058.7	8083792.6				
总计	20	2933054539					
	Coefficients	标准误差	t Stat	P-value	Lower 95%	Upper 95%下限 95.0%	上限 95.0%
Intercept	4728.398543	1375.336173	3.4379947	0.00275689	1849.78685	7607.01 1849.787	7607.01
X	0.617374226	0.033294743	18.542694	1.25417E-13	0.547687528	0.687061 0.547688	0.687061

图 8-14　利用回归分析汇总的输出结果

（3）结果分析

运用散点图—趋势线法，求得图 8-12 和一元线性回归方程 $y=0.6174x+4728.4$，样本可决系数 $R^2=0.9476$。从图 8-12 可以看到，居民人均可支配收入和人均可消费支出基本上呈现一种线性关系，可以使用一元线性回归方程来拟合。

① 经济意义检验。在本回归分析中，$\beta = 0.6174$，该值大于 0 且小于 1，说明居民人均可支配收入中约有 62%用于人均可消费支出，且消费性支出不会超过可支配收入，是符合经济意义假设的。而 $\alpha = 4728.4$，说明即使居民没有收入，依然会进行消费，毕竟为了维持生活，需要购买各种生活必需品。因此估计量都符合经济意义。

② 拟合优度检验。拟合优度检验就是对样本回归直线与样本观测值之间拟合程度的检验。拟合优度检验可用样本可决系数的大小来评价样本回归直线与样本观测值之间的拟合程度。所谓样本可决系数 R^2，就是回归平方和与总离差平方和的比值，其中 $0 \leqslant R^2 \leqslant 1$，$R^2$ 越接近于 1，表示回归直线与样本观测值拟合得越好。在本回归分析中，$R^2=0.9476$，非常接近于 1，说明拟合度很高，因此可以认为回归模型具有较强的合理性。

③ 变量的显著性检验。变量的显著性检验是检验自变量 X 是否是因变量 Y 的一个显著性的影响因素。变量的显著性检验所应用的方法是数理统计学中的假设检验。具体地说，就是对估计量进行 t 检验。若 $t \geqslant 2$，则说明自变量 X 对因变量 Y 的影响是显著的。在本回归分析中，$t=18.54$，远大于 2，说明居民人均可支配收入对人均可消费支出的线性影响显著，也说明城市居民人均可支配收入是决定人均可消费支出水平的主要因素。

4．相关分析与回归分析的联系与区别

相关分析和回归分析经常相互结合和渗透，但两者研究的侧重点和应用方向不同。主要表现在以下两方面。

（1）在相关分析中，主要研究两个变量 x、y 之间的密切程度，没有自变量、因变量之分。在回归分析中，不仅可以解释自变量 x 对因变量 y 的影响大小，还可以由回归方程进行预测和控制。

（2）在相关分析中，所涉及的变量全是随机变量。而在回归分析中，因变量 y 是随机变量，通常将自变量 x 假定为非随机的确定变量。

8.3　数据挖掘

8.3.1　数据挖掘概述

数据挖掘是从大量的、不完全的、有噪声的、模糊的、随机的数据中，提取隐含在其中的、人们事先不知道的，但是又潜在有用的信息和知识的过程。数据挖掘在大数据处理分析中具有广泛的应用，在应用中按实际作用可分为分类、估值、预测、相关性分析、时间序列等。数据挖掘方法主要有机器学习方法、统计方法、神经网络方法等。

数据挖掘通常包括以下 8 个步骤。

（1）信息收集

根据数据分析对象，抽象出在数据分析中所需要的特征信息，然后选择合适的信息收集方法，将收集到的信息存入数据库。对于海量数据，选择一个合适的数据存储和管理数据仓库是至关重要的。

（2）数据集成

数据集成是指把不同来源、格式、性质的数据在逻辑上或物理上有机地集中，进而为企业提供全面的数据共享。

（3）数据规约

大多数的数据挖掘算法在计算机上执行时均需要花费很长时间，数据规约技术可以提高算法的效率，降低算法的时间复杂度和空间复杂度，同时又能保持原数据的完整性，并且数据规约后执行数据挖掘结果与数据规约前执行结果相同或几乎相同。

（4）数据清理

数据库中的数据有一些是不完整的、含噪声的、不一致的，因此需要对其进行数据清理，将完整、正确、一致的数据存入数据库。

（5）数据变换

通过平滑聚集、数据概化、规范化等方式将数据转换成适用于数据挖掘的形式。

（6）数据挖掘过程

根据数据仓库中的数据信息，选择合适的分析工具，应用统计方法、事例推理、决策树、规则推理、模糊集，甚至神经网络、遗传算法的方法处理信息，得出有用的分析信息。

（7）模式评估

从商业角度出发，由行业专家来验证数据挖掘结果的正确性。

（8）知识表示

将数据挖掘所得到的分析信息以可视化的方式呈现给用户，或作为新的知识存放在知识库中，供其他应用程序使用。

数据挖掘过程是一个反复循环的过程，如果其中任意一个步骤没有达到预期目标，那么都需要回到前面的步骤，重新调整并执行。不是每项数据挖掘的工作都需要上述 8 个步骤，如当不存在多个数据源时，步骤（2）的数据集成步骤便可以省略。步骤（3）数据规约、步骤（4）数据清理、步骤（5）数据变换合称为数据预处理。在数据挖掘中，至少60%的费用可能要花费在步骤（1）信息收集阶段，而至少 60%以上的精力和时间花在数据预处理阶段。

8.3.2 Excel 数据挖掘模块

Excel 是当前使用最普遍的电子表格软件之一，利用它能容易地完成图表的制作、统计、分析及数据处理，不但功能强大，而且简单易用。为了能有效提升 Excel 用户数据处理和分析的能力，微软公司提供了一个免费的数据挖掘模块。通过调用该模块，Excel 配合 SQL Server，用户可以方便、快速地完成以往只有使用专业数据挖掘软件才能完成的任务。

在 Excel 中进行数据挖掘之前，需要安装数据挖掘外接程序，并且要有 SQL Server 的支持。Excel 采用插件的形式来实现数据挖掘功能，其数据挖掘插件主要包括 Excel 表分析工具和 Excel 数据挖掘客户端。

1. Excel 表分析工具

Excel 表分析工具为不具备数据挖掘和统计学知识背景的数据挖掘初学者提供数据分析和预测功能，在其简单、易用的操作界面下，屏蔽了复杂的技术。Excel 表分析工具菜单如图 8-15 所示，主要有 8 个功能模块。

图 8-15　Excel 表分析工具菜单

（1）分析关键影响因素

此工具可以分析表中所有列与某个目标列之间的相关性，生成一个报表，标识出对目标有重要影响的列，并详细解释这个影响有多大。

（2）检测类别

此工具可以找出数据中的自然组，通过分析可以找出列值最常见的组合，然后根据这些常见的模式来定义组。

（3）从示例填充

此工具通过对示例数据的分析，可以将最有可能的分类结果填入目标列空白的事例。

（4）预测

可以分析一系列数值信息，从而找出控制数字信息序列演化的模式，得到未来的演化趋势。

（5）突出显示异常值

可以发现 Excel 表中与其他行不相似的行。这些行可能是输入错误，或者是一些有价值的异常信息。

（6）应用场景分析

使用此工具时，先指定目标列，为目标列输入自己的期望值，然后选择要修改的列，通过分析找到当修改列中的值发生何种变化时，才能使得目标列达到相应的期望值。

（7）预测计算器

此工具在某种程度上类似于分析关键影响因素工具，可以确定每个属性的每个值对目标值的影响，并且为每个因素进行打分，最后把属性的分数加在一起，就得到预测的结果。

（8）购物篮分析

购物篮分析的原理是关联规则分析。此工具可以找出事务中常常一起出现的项，并且给出一组推荐信息。

2．Excel 数据挖掘客户端

Excel 数据挖掘客户端是为具有专业背景的数据分析师设计的数据挖掘工具，当其被安装后，Excel 菜单栏会多出"数据挖掘"项，如图 8-16 所示。

图 8-16　Excel 数据挖掘客户端菜单

Excel 数据挖掘客户端的主要功能模块如下。

① 数据准备。在数据挖掘前，完成对数据的浏览、清除数据或数据的随机抽样等。

② 数据建模。在开始进行数据挖掘前，可以先建立数据挖掘模型和预测分析等。其中包括的方法有分类、估计、聚类分析、关联、预测等。

③ 准确性和验证。通过图表来查看及验证挖掘模型。其中包括准确性图表、分类矩阵、利润图及交叉验证。

④ 模型用法。可以对已构建的挖掘模型进行条件式查询。其中的功能选项有浏览、文档模型及查询。

⑤ 管理。可以对已构建的挖掘模型进行管理。

⑥ 连接。设置与 SQL Server 的 Analysis Services 的连接。

8.3.3　关联分析

1．关联分析概述

关联分析（correlation analysis）是一种简单而实用的数据分析方法，是描述性而非预测性的方法，用于发现大量数据中隐藏的关联性或者相关性，分析结果用于指导对行为的选择。例如，从购物数据中发现某些商品可能被一起购买后，就可将这些商品捆绑销售。如数学成绩好的学生可能编程成绩也好，也许这些学生可以选择与计算机相关的专业。

（1）关联分析的基本概念

关联规则（association rules）反映一个事物与其他事物之间的相互依存性和关联性，如果两个或多个事物之间存在一定的关联关系，那么就能通过其他事物预测其中一个事物。关联规则是数据挖掘的一项重要技术，用于从大量数据中挖掘出有价值的数据项之间的相关关系。

在关联规则数据挖掘中，最经典的案例之一就是沃尔玛的啤酒和尿布的故事。沃尔玛拥有世界上最大的数据仓库系统，为了能够准确了解顾客在其门店的购物习惯，沃尔玛对其顾客的购物行为进行购物篮分析，想知道顾客经常一起购买的商品有哪些。沃尔玛数据仓库里集中了其各门店的详细原始交易数据。在这些原始交易数据的基础上，沃尔玛利用数据挖掘方法对这些数据进行分析和挖掘。一个意外的发现是：与尿布一起购买最多的商品竟是啤酒。经过大量实际调查和分析，揭示了一个隐藏在尿布与啤酒背后的美国人的一种行为模式：在美国，一些年轻的父亲下班后经常要到超市去买尿布，而他们中有 30%～40%的人同时也为自己买一些啤酒。产生这一现象的原因是：美国的太太们常叮嘱她们的丈夫下班后为小孩买尿布，而丈夫们在买尿布后又随手带回了他们喜欢的啤酒。

以顾客在超市购物为例，表 8-1 是一个典型的购物篮数据示例。

表 8-1　一个典型的购物篮数据示例

顾客编号	购物项集
001	豆浆、面包
002	豆浆、面包、鸡蛋
003	鸡蛋、饼干
004	豆浆、面包、饼干
005	豆浆、鸡蛋、香肠

其中，每行记录都被称为一个事务，一个事务是由事务标志（TID）和项目集组成的。若某个项目集包含了 k 个项目，则称之为 k-项目集。例如，在表中，TID=001 的事务就是一个 2-项目集，其中包含了豆浆和面包两个项目。

一个关联规则的形式为

$$X \rightarrow Y,\ X \cap Y = \varnothing$$

其中，X 为关联规则的前项，它可以是单个项目或者是一个项目集。而 Y 为关联规则的后项，它一般是一个单独项目。形如豆浆→面包，代表的是买了豆浆后，购买面包的规则。又如{豆浆,面包}→鸡蛋，代表的是购买了豆浆和面包后，购买鸡蛋的规则。

（2）关联规则的有效性指标

关联规则有很多，但是这些规则并不都是有效的。因此，需要借助有效性指标来判断规则是否有效。对于关联规则来说，最常用的两个指标就是支持度和置信度。

① 对于规则 $X \rightarrow Y$，其规则的支持度定义为

$$\text{Support}(X \rightarrow Y) = N(X \cap Y)/N(\text{ALL})$$

其中，$N(X \cap Y)$表示同时包含前项 X 和后项 Y 的事务数量，$N(\text{ALL})$表示总的事务数量。规则的支持度是规则发生或出现的概率，反映了规则的普遍程度。

最小支持度 Minimum_Support 是一个阈值参数，表示项目集在统计意义上的最低重要性，一般将其设置为 10%，需在处理关联模型之前设置该参数。

在表 8-1 的例子中，对于规则豆浆→面包，其规则支持度为

$$\text{Support}(豆浆 \rightarrow 面包) = N(豆浆 \cap 面包)/N(\text{ALL}) = 3/5 = 60\%$$

② 对于规则 $X \rightarrow Y$，其规则的置信度定义为

$$\text{Confidence}(X \rightarrow Y) = N(X \cap Y)/N(X)$$

其中，$N(X \cap Y)$表示同时包含前项 X 和后项 Y 的事务数量，$N(X)$表示包含前项 X 的事务数量。规则的置信度实际上是前项 X 发生或出现的前提下，后项 Y 发生或出现的概率。置信度是反应关联性的重要指标。

最小置信度 Minimum_Confidence 是一个阈值参数，表示关联规则的最低可靠性，一般将其设置为 80%，需在处理关联模型之前设置该参数。

在表 8-1 的例子中，对于规则豆浆→面包，其规则置信度为

$$\text{Confidence}(豆浆 \to 面包) = N(豆浆 \cap 面包)/N(豆浆) = 3/4 = 75\%$$

一般来说，一个好的关联规则应当同时具有较高的支持度和置信度。因此，在实际使用过程中，一般都会设置最小支持度和最小置信度。只有满足支持度大于或等于最小支持度和置信度大于或等于最小置信度，才认为是有效的关联规则。

2．关联分析实例

Excel 表分析工具中的购物篮分析功能模块可帮助用户查找数据之间的关联，关联可以指出哪些商品经常被一起购买。在数据挖掘中，这项技术用于在非常庞大的数据集中分析顾客的购买行为。商家可以使用该信息向顾客推荐相关产品，并通过将这些产品置于网页、目录或货架中的显眼位置来进行推销。

若要使用购物篮分析功能模块，则要被分析的项目必须通过事务 ID 进行关联。例如，若要分析通过某个网站接收的所有订单，则每个订单都会有一个订单 ID 或交易 ID，它与一个或多个购买项目相关联。

完成数据分析后，将创建两个新工作表：购物篮捆绑销售商品组和购物篮推荐。

（1）操作步骤

步骤 1：在 Excel 数据挖掘的示例数据中，选择"关联"（Associate）工作表，单击"分析"选项卡中的"购物篮"按钮。

步骤 2：打开如图 8-17 所示的"SQL Server 数据挖掘-购物篮分析"对话框，在"事务 ID"下拉列表中选择"订单编号"（Order Number），在"项"下拉列表中选择"产品"（Product）。在"项值（可选）"下拉列表中选择"产品价格"（Product Price）。

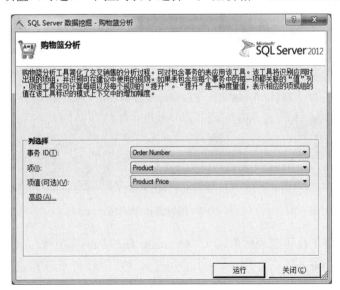

图 8-17　"SQL Server 数据挖掘-购物篮分析"对话框

步骤 3：单击"运行"按钮，生成购物篮捆绑销售商品和购物篮推荐两个表格。

（2）购物篮捆绑销售商品表格

购物篮捆绑销售商品表格显示了顾客订单中经常一起出现的项目，每组项目在一行中体现，如图 8-18 所示。

购物篮捆绑销售商品

捆绑商品	捆绑大小	销售数量	销售平均值	捆绑销售总值
Fender Set - Mountain, Mountain-200	2	438	2341.97	1025782.86
Mountain Bottle Cage, Mountain-200	2	430	2329.98	1001891.4
Mountain-200, Sport-100	2	407	2373.98	966209.86
Touring-1000, Sport-100	2	344	2438.06	838692.64
Mountain Bottle Cage, Mountain-200, Water Bottle	3	344	2334.97	803229.68
Mountain-200, Water Bottle	2	344	2324.98	799793.12
HL Mountain Tire, Mountain-200	2	314	2354.99	739466.86
Mountain-200, Patch kit	2	209	2884.98	602960.82
Touring-1000, Road Bottle Cage	2	216	2393.06	516900.96
Road-350-W, Sport-100	2	206	2497.34	514452.04
HL Mountain Tire, Mountain-200, Mountain Tire Tube	3	204	2359.98	481435.92
Mountain-200, Mountain Tire Tube	2	204	2324.98	474295.92
Touring-1000, Road Bottle Cage, Water Bottle	3	195	2398.05	467619.75
Touring-1000, Water Bottle	2	195	2389.06	465866.7
Road-550-W, Sport-100	2	264	1754.98	463314.72
Road-750, Road Bottle Cage	2	323	1129.48	364822.04

图 8-18 购物篮捆绑销售商品表格

图 8-18 中的第 1 列为"捆绑商品",包含一个项目中的商品,用逗号进行分隔。第二列为"捆绑大小",指项目中的商品数量。第 3 列为"销售数量",指多少个订单包含项目中的所有商品。第 4 列和第 5 列分别为"销售平均值"和"捆绑销售总值",描述了项目的价格。

(3)购物篮推荐表格

购物篮推荐表格是基于多数顾客一起购买商品的模式,提供了一个很好的销售方式。可以根据购物篮推荐信息,改进商品的摆放位置,以促进交叉销售,如图 8-19 所示。

购物篮推荐

所选商品	推荐	所选商品的销售情况	关联销售	关联销售的百分比	推荐的平均值	关联销售总值
Mountain Tire Tube	Sport-100	1782	749	42.03%	22.69276655	40438.51
All-Purpose Bike Stand	Patch kit	130	54	41.54%	234.6881538	30509.46
Half-Finger Gloves	Sport-100	849	352	41.46%	22.38454653	19004.48
Touring-1000	Sport-100	811	344	42.42%	22.90081381	18572.56
Touring Tire Tube	Touring Tire	897	507	56.52%	16.38565217	14697.93
Road-550-W	Sport-100	618	264	42.72%	23.06368932	14253.36
Mountain Bottle Cage	Water Bottle	1201	998	83.10%	4.126561199	4980.02
Touring-2000	Sport-100	211	86	40.76%	22.00540284	4643.14
Road Bottle Cage	Water Bottle	1005	897	89.25%	4.453761194	4476.03
ML Road Tire	Road Tire Tube	533	363	68.11%	6.122645403	3263.37
LL Road Tire	Road Tire Tube	608	334	54.93%	4.938585526	3002.66
HL Road Tire	Road Tire Tube	463	326	70.41%	6.329892009	2930.74
HL Mountain Tire	Mountain Tire Tube	816	552	67.65%	3.375588235	2754.48
Touring Tire	Touring Tire Tube	582	507	87.11%	4.346958763	2529.93
ML Mountain Tire	Mountain Tire Tube	661	435	65.81%	3.283888048	2170.65
LL Mountain Tire	Mountain Tire Tube	499	277	55.51%	2.77	1382.23

图 8-19 购物篮推荐表格

图 8-19 中的第 1 行可以理解为购买 Mountain Tire Tube(山地自行车胎内胎)的顾客通常会购买 Sport-100(型号为 Sport-100 的头盔),在 1782 个购买所选商品的顾客中,有 749 个购买了推荐的商品,关联销售的百分比为 42.03%,推荐的平均值和关联销售总值为 749 个订单的平均值和总值,按关联销售总值降序排列。

(4)高级参数设置

在"购物篮分析"对话框中,可以单击"项值"选项下方的"高级"链接,打开"高级参数设置"对话框,使用相应的阈值对分析工具进行调整,如图 8-20 所示。

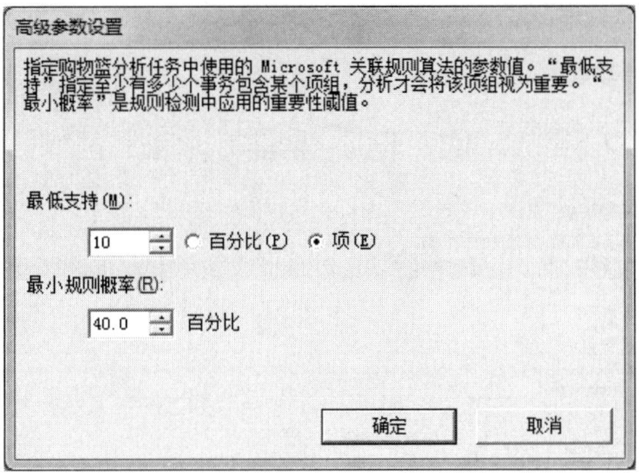

图 8-20 "高级参数设置"对话框

第一个阈值"最低支持"是指至少在 10% 或在 10 个订单中都同时出现的商品，才可以作为项。默认值为 10，可以根据需要进行调整。

第二个阈值"最小规则概论"是指购买商品 X 的订单中至少有 40%的客户购买了商品 Y，才会把商品 X 和商品 Y 作为推荐信息进行计算。默认值为 40，可根据需要进行调整。

8.3.4　聚类分析

1．聚类分析概述

聚类分析（cluster analysis）是一种动态分类的方法，可以把相似的事物归入合适的类别，使同类中的事务尽可能地相似（组内同质性），而类与类之间保持显著的差异（组间异质性）。例如，根据描述顾客相似或差异性的指标，将顾客群体分成若干具有不同特点的类别，进而达到市场分割的目的。

在聚类分析中，所有顾客所属分类是事前未知的，顾客群体中存在的类别数也是未知的。为得到合理的分类，必须使用适当的指标来定量地描述研究对象间的同质性。常用的指标为"距离"和"相似系数"。假定研究个体都用"点"来表示，在聚类分析中，一般是将"距离"较近的点或"相似系数"较大的点归为同一类，将"距离"较大或"相似系数"较小的点归为不同的类别。

2．聚类分析实例

（1）检测类别

Excel 表分析工具的检测类别功能模块采用聚类算法，检测类别功能模块的功能是在表中自动检测具有类似属性的行，然后对这些行按类别进行分组。该功能模块会生成一个详细的工作表，描述所发现的类别，还可以用相应的类别名称标记每一行。

检测类别的操作步骤如下：

步骤 1：在 Excel 数据挖掘的示例数据中，选择"表分析工具示例"（Table Analysis Tools Sample）工作表，单击"分析"选项卡中的"检测类别"按钮。

步骤 2：打开"SQL Server 数据挖掘-检测类别"对话框，如图 8-21 所示，选择除 ID 列外的其他列，最大类别数可以在 2～10 中选择，也可以自动检测数据中的自然类别数量。选中"将一个类别列追加到原始 Excel 表"复选框。

图 8-21 "SQL Server 数据挖掘-检测类别"对话框

步骤 3：单击"运行"按钮进行检测类别，检测完成后新生成一个分类报表。该分类报表分为三个部分：第一部分显示类别和每个类别的行数；第二部分描述每个类别的特征；第三部分采用数据透视表，显示了每个类别中的列值数据，并且在原始表最后追加了一列，标注了类别。

步骤 4：编辑分类报表的第一部分。"类别名称"可以编辑，名称的变化会在报表的其他部分得到反映。例如，在分类报表的第二部分，通过查看类别特征，类别 1 的显著特征是收入低。于是，可以把类别标记为"收入低"，如图 8-22 所示。

图 8-22 将类别 1 标记为"收入低"

步骤 5：在分类报表的第二部分，单击"类别"右侧的筛选按钮选择类别。

步骤 6：通过筛选，选择类别 2，单击"确定"按钮，分类报表的第二部分更新为类别 2。

步骤 7：标记类别 2，查看类别 2 的特征，发现最重要的特征为汽车数量为 0，把类别 2 标记为"无车一族"，如图 8-23 所示。

步骤 8：通过筛选，选择其他类别，读者可以自行观察类别特征，并按特征对类别 3~7 进行标记。

步骤 9：分类报表的第三部分为类别配置文件，如图 8-24 所示。

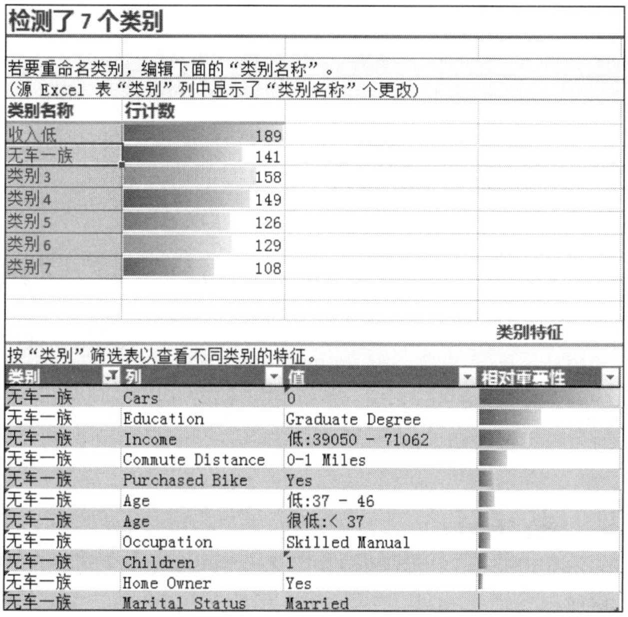

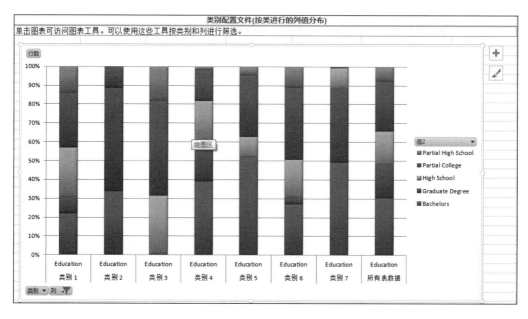

图 8-23　将类别 2 标记为"无车一族"

图 8-24　类别配置文件

类别配置文件通过数据透视表，显示了某个特征在所有类别中的分布情况，即数据行的个数。在本例中，可以按照类别和特征分隔数据，清晰地显示特征值在所检测类别中的分布情况。也可以交互操作，在数据透视表字段列表中，调整类别和列的值。

（2）突出显示异常值

Excel 表分析工具中的突出显示异常值功能模块采用聚类算法，该功能模块在表中用于检测出与其他行不相似的行，可以在单独的工作表中生成详细的异常值报表。在异常值报表中，异常值的行会突出显示，最有可能引发异常值的列也会被着重强调。

突出显示异常值的操作步骤如下。

步骤 1：在 Excel 数据挖掘的示例数据中，选择表分析工具示例（Table Analysis Tools Sample）工作表，单击"分析"选项卡中的"突出显示异常值"按钮。

步骤 2：打开"SQL Server 数据挖掘-突出显示异常值"对话框，如图 8-25 所示，选择需要进行异常值分析的列。因为 ID 列为每行数据的唯一标识，不包含数据的任何相关信息，所以不作为影响因素进行分析。

图 8-25 "SQL Server 数据挖掘-突出显示异常值"对话框

步骤 3：单击"运行"按钮进行分析，生成一个异常值报表，如图 8-26 所示。异常值报表的顶部有一个异常阈值，默认值为 75。通过阈值右侧的按钮，可以调节突出显示更多或更少的异常值。通常来说，阈值越大，异常值越少；阈值越小，异常值越多。异常值报表的下部列出异常值的对应情况。

步骤 4：返回原始表格，包含异常值的行显示为褐色，异常行中导致异常的列突出显示为黄色。突出显示异常值功能模块通过分析、计算表中的列，得出通用的模式。把表中所有行与得出的通用模式进行匹配，匹配不上的行用褐色标记为异常，对异常行中匹配不上的列，用黄色标记为异常。

Table2 的突出显示异常值报表

离群值单元在原始表中已突出显示。

异常阈值(大概异常值数)	75	

列	离群值	
Marital Status	0	
Gender	0	
Income	0	
Children	2	
Education	1	
Occupation	1	
Home Owner	0	
Cars	0	
Commute Distance	0	
Region	1	
Age	1	
Purchased Bike	0	
类别	0	
汇总	6	

图 8-26　异常值报表

步骤 5：为了便于集中发现异常值，单击"排序和筛选"选项卡下的"筛选"命令。

步骤 6：筛选功能打开后，单击"汽车数量"（Cars）旁边的向下箭头，选择"按颜色筛选"选项，再选择黄色，会把汽车数量异常值全部显示出来。

读者还可以自行对年收入、教育程度、职业等进行颜色筛选，集中判断异常值。

8.3.5　时间序列分析

1．时间序列分析概述

时间序列是指同一个变量按照事件发生的先后顺序排列起来的一组观察值或记录值。时间序列的构成要素有两个：一是时间；二是与时间对应的变量。一般认为，事物的过去趋势会延伸到未来，数据的时间序列可以反映变量在一定时间内的发展变化趋势与规律。因此，可以从时间序列中找出变量变化的特征、趋势及发展规律，从而对变量的未来变化进行有效的预测。

时间序列分析是指利用历史数据形成的时间序列对未来进行预测，对预测目标的未来状态和发展趋势做出定量判断。一般来说，时间序列中的数据点越多，所产生的预测就越准确。时间序列包含不同的成分，如趋势、季节性、周期性和随机性。时间序列中的时间可以是年份、季度、月份或其他时间形式。

趋势是指时间序列在长时期内呈现出来的某种持续上升或持续下降的变动，时间序列中的趋势可以是线性的，也可以是非线性的。

季节性是指时间序列在某一时期内重复出现的周期变动。季节并不是指一年中的四季，而是指任何一种周期性的变化，如销售旺季、旅游淡季。含有季节成分的时间序列可能含有趋势，也可能不含有趋势。

周期性是指时间序列中呈现出来的围绕长期趋势的一种波浪式或震荡式波动。周期性不同于趋势，趋势是朝着单一方向的持续变化，而周期性是涨落相间的交替波动；周期性也不同于季节性，季节性有比较固定的规律，周期性无固定规律，且周期长短不一。

随机性是指除去趋势、季节性和周期性成分后的偶然性因素对时间序列产生的影响，致使时间序列呈现出某种随机波动。

2. 时间序列分析实例

Excel 表分析工具的预测功能模块采用时序算法，该功能模块的作用是对选定的表进行预测，预测值会添加到原始表中并突出显示。该功能模块可以在单独的工作表中会生成一个图表，并显示序列的当前发展趋势和预测发展趋势。

预测的操作步骤如下。

步骤 1：在 Excel 数据挖掘的示例数据中，选择"预测"（Forecasting）工作表，单击"分析"选项卡中的"预测"按钮。

步骤 2：打开"SQL Server 数据挖掘-预测"对话框，如图 8-27 所示。选择 Europe Amount（欧洲总销量）、NorthAmerica Amount（北美总销量）、Pacific Amount（太平洋地区总销量）作为要预测的列，要预测的时间单位数采用默认的 5，其他选项也均使用默认值。

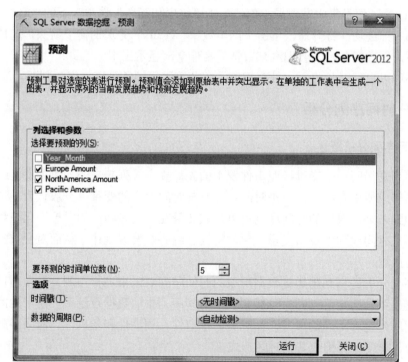

图 8-27 "SQL Server 数据挖掘-预测"对话框

步骤 3：单击"运行"按钮进行预测分析，预测分析完成后，生成如图 8-28 所示的预测报表。

图 8-28 的预测报表采用实线展示历史演化过程，采用虚线展示预测的未来演化趋势，同时在原始 Excel 表中，追加预测值，并突出显示。

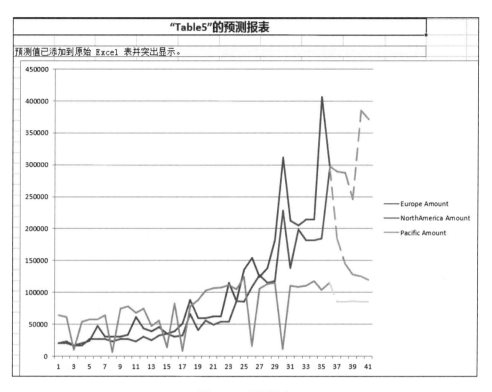

图 8-28　预测报表

8.4　数据可视化

数据可视化是指进一步优化数据分析的结果，用更加直观、有效的方式将数据展现出来。常见的数据可视化方式有条件格式、迷你图和图表。本节介绍数据可视化，包括条件格式、图表的类型、如何创建和编辑图表等。

8.4.1　条件格式

条件格式是把数据按一定的顺序排列在表格中，对单元格中的数据进行判断，对符合条件的单元格使用特殊定义的格式来展示。在每个单元格中都可以添加多种不同的条件判断和相应的显示格式，通过这些规则的组合，让表格通过颜色和图标等方式自动标识数据从而实现数据的可视化。

1. 基于各类特征设置条件格式

Excel 内置了多种基于特征设置的条件格式，可以按数值、日期、重复值等特征突出显示单元格，也可以按大于或小于前 10 项、高于或低于平均值等项目要求突出显示单元格。

设置条件格式的操作简单，基本操作步骤如下：

步骤 1：选中基于特征设置的数据区域，在"开始"选项卡中单击"条件格式"选项。

步骤 2：在"条件格式"选项卡中选择要设置的特征条件，如图 8-29 所示。

步骤3：在右侧下拉列表中选择或设置所需的格式后，单击"确定"按钮即可。

图 8-29　条件格式设置

2．内置的单元格图形效果样式

Excel 在条件格式功能模块中提供了"数据条""图标集""色阶"三种内置的单元格图形效果样式。操作步骤简单，参照图 8-29。

（1）数据条

在包含大量数据的表格中，有时要轻松、快捷地读懂数据规律和趋势并不容易，因此使用条件格式中的"数据条"功能，让数据在单元格中产生类似条形图的效果，直观展示数据规律和趋势。

（2）图标集

除了用"数据条"的形式展示数值的大小，还可以用条件格式中的"图标集"来展现分段数据，根据不同的数值等级显示不同的图标图案。

（3）色阶

"色阶"也是数据展示的方式之一，使用不同的色彩来表达数值的大小分布。条件格式中的"色阶"功能可以通过色彩反映数据的大小，形成"热图"。

3．自定义规则的应用

除了内置的条件规则，还可以通过自定义规则和显示效果的方式创建条件格式。如将日期时间函数和条件格式相结合的方式，可以在表格中设计自动报警或到期提醒功能。

8.4.2　基础图表

1．基础图表介绍

Excel 按图表外观可分为以下 4 种常见的基础图表：

（1）柱形图

柱形图是 Excel 默认的图表类型，也是最基础的图表之一。通常利用柱子的高度，反映数据的差异和不同项目之间的分类对比。

（2）折线图

折线图是用直线段将各数据点连接起来的图表，以折线的方式显示数据变化的趋势，清晰地反映出数据的增减波动状态及统计数量的增减变化情况。

（3）饼图

饼图通常以一组数据系列作为源数据，将一个圆划分为若干个扇形，每个扇形表示数据系列中的一项数据值，显示各个组成部分所占的比例。

（4）散点图

散点图显示了多个数据系列数值间的关系，将两组数据绘制成 *XOY* 坐标系中的一个数据系列，即数据点在直角坐标系平面上的分布图，表示因变量随自变量变化的大致趋势，因而通常用散点图来反映数据之间的相关性和分布特性。

在数据分析过程中，要根据数据的特点、分析的目标、解决的问题等多种因素来选择合适的图表类型。

2．如何创建图表

创建图表的过程通常包括以下几个步骤：

步骤 1：选取数据区域，可包括数据区域的列字段，以便作为建立数据图表中的系列名称和图例名称。

步骤 2：单击"插入"菜单的"图表"选项卡，在该选项卡中选择所要创建的图表类型，然后根据向导操作，创建图表。

步骤 3：创建完一个图表后，选中图表，在菜单中会出现"图表工具"选项，包括"设计""布局""格式"三个命令，通过其中的命令修改、美化图表。

3．案例分析

【例 8.5】已知某软件公司 2021 年的前三季度销售额，为了稳步提高超市的销售额，用数据可视化方法预测 2021 年第四季度的销售额。

（1）案例数据描述

2021 年某软件公司前三季度的销售额如图 8-30 所示，其原始数据保存在"8.3.2 原始数据_趋势线图表"中，用月趋势线法预测 2021 年第四季度的销售额。

2021年某软件公司各月销售额	
月份	销售额(元)
1月	1415509.5
2月	1425148.2
3月	1459200
4月	1505000
5月	1806000
6月	1873590
7月	1906000
8月	1984000
9月	2058000
10月	
11月	
12月	

图 8-30　2021 年某软件公司前三季度的销售额

（2）操作步骤。

步骤 1：打开"8.3.2 原始数据_趋势线图表"文件，选取数据区域 A2:B14。

步骤 2：按上述"如何创建图表"步骤，生成一个嵌入式柱形图表。

步骤 3：依次选中"图标设计"→"图标布局"→"添加图标元素"命令，在弹出的下拉式菜单中依次选择"趋势线"→"线性预测"命令，在图表中添加趋势线。

步骤 4：右击趋势线，在弹出的快捷菜单中选择"设置趋势格式"命令，在随后弹出的对话框中，设置线性，并选中"显示公式"复选框。此时，公式在趋势线上显示出来，根据公式，即可求出未来三个月的准确销售额，如图 8-31 所示。

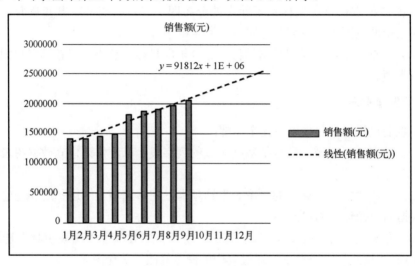

图 8-31　案例结果图

8.4.3　组合图表

在进行数据分析过程中，可以发现数据的特点是多样、复杂，单一的图表类型很难满足实际的需求，组合图表更易于展示数据组合，突出重点信息，使图形结构更加直观、形象、生动、更有说服力。常用的组合图表包括柱形图+折线图、折线图+面积图、柱形图+散点图几种。本节以柱形图+折线图为例介绍组合图表的创建与使用。

柱形图+折线图是一种具有对比性质的组合图表，在柱形图上添加一条折线作为参考线，可以使图表表达的信息更清晰。

【例 8.6】已知 2021 年某公司经营数据，对比年初目标销售额和实际销售额，如图 8-32 所示，分析该公司的 2021 年的经营状况。

（1）案例的数据描述

已知 2021 年某公司的经营数据，保存在"柱形图+折线图"文件中，经营数据如图 8-32 所示，用组合图表分析目标销售额与实际销售额的关系。

（2）案例的操作步骤

步骤 1：打开"柱形图+折线图"文件，选取数据区域 A2:C14，依次选择"插入"→"图表"选项卡。

步骤 2：在"图表"选项卡中，单击"插入组合图"按钮，在其弹出的对话框中单击【簇状柱形图-折线图】图标后即可快速生成柱形图+折线图的组合图，如图 8-33 所示。

月	目标销售额	实际销售额
1	5321000	4130000
2	5450000	4320000
3	5735000	4589000
4	5968000	5785000
5	6217000	6032999
6	6476000	6354000
7	6735000	6853030
8	6994000	7055030
9	7253000	7265320
10	7512000	7865320
11	7771000	8765320
12	8030000	9865320

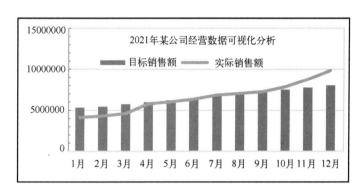

图 8-32　2021 年某公司经营数据　　　　　图 8-33　柱形图+折线图的组合图

从图 8-33 的组合图中可以看出，目标销售额和实际销售额的数据显示一目了然，第一季度的实际销售额低于目标销售额，第二季度的实际销售额与目标销售额基本接近，第三季度的实际销售额与目标销售额基本持平，第四季度的实际销售额已远超过目标销售额。

8.4.4　动态图表

动态图表又被称为交互式图表，是指数据图表的数据源可以根据需要进行动态变化，从而使得数据图表也做相应的变化。常规图表是静态的，在选择相应的数据生成图表后，也是固定不变的，但在数据分析可视化过程中，通常会遇到变化较多的数据，用常规图表难以表现数据，动态图表能够随着数据的变化而不断变化，更能有效、快捷地展现数据的变化过程。Excel 通常使用函数创建动态图表。

使用函数制作动态图表，就是使用函数来定义图表的数据源，引入辅助数据区域，从而得到动态图表展示。

【例 8.7】已知 2021 年某公司某产品的销售数据，用动态图表分析该产品的销售数据。

（1）案例的数据描述

已知 2021 年某公司某产品前 6 个月的相关数据，该数据保存在"8.3.4_原始数据_index _动态数据区域图表.xlsx"文件中，相关数据如图 8-34 所示，用 IDEX 函数设计辅助区域制作动态图表，分析该产品前 6 个月的销售情况。

月份	目标销售额	实际销售额	广告费	社会网络费
1月	5380000	5280000	2456000	339400
2月	5700000	5601000	2130400	305600
3月	6229000	6469000	914536	326800
4月	6968000	7480000	728000	328000
5月	7217000	7532999	516800	339200
6月	7476000	7854000	416800	359200

图 8-34　2021 年某公司某产品前 6 个月的相关数据

（2）案例的基本操作

步骤 1：打开原始文件，依次单击"开发工具"→"控件"→"插入"命令。若没有"开发工具"菜单，可通过依次单击"文件"→"选项"→"自定义功能区"→"开发工具"命令进行加载。

步骤 2：在弹出的"表单控件"界面中，选择第一排第二列的组合框（窗体控件），在 A10 单元格中插入组合框控件，右击该控件，弹出"设置控件格式"对话框，在"控制"选项卡的"数据源区域"文本框中选择"$A$3:$A$8"，在"单元格链接"文本框中选择"$A$11"，单击"确定"按钮后，在组合框中选择某个月份，则在单元格 A11 中就显示对应的数字。

步骤 3：在 A9 中输入公式"=INDEX(A3:A8,$A$11)"，可以拖动填充柄至 G9 单元格，构建动态图表的辅助数据区域。

步骤 4：选择单元格区域 A2:E2 和 A9:E9，依次单击"插入"→"图表"→"柱形图"→"簇状柱形图"命令，生成的动态柱形图如图 8-35 所示。当在组合框中选择不同月份时，图表将进行动态更新。

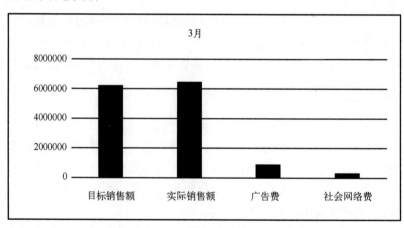

图 8-35　辅助数据区域的动态柱形图

本案例通过组合框和 INDEX 函数设计数据辅助区域，随着组合框选取不同月份数据，在数据辅助区域和图表区域显示对应月份数据，方便按月份观察销售数据。

8.4.5　数据透视表

数据透视表是 Excel 中的一种数据分析工具，它简单易用、功能强大。用户在不使用函数和公式的情况下，通过拖动该工具，就可以创建基于大量数据的分析报表，这样对函数和公式不熟悉的用户来说，就可以使用数据透视表轻松地制作专业报表了，进而提高数据处理和分析的效率。

1．创建数据透视表进行数据分析

创建数据透视表的基本流程如图 8-36 所示。

图 8-36　创建数据透视表的基本流程

（1）原始数据规整

若原始数据的格式符合格式规范，则可跳过此步骤；否则需要对数据的格式进行规整，以免在创建数据透视表时出现错误或出现数据丢失的情况。

（2）打开数据透视表设计窗口

基于已规整好的原始数据，单击"插入"命令，插入数据透视表，呈现一个空白的数据透视表设计窗口。

（3）拖动字段进行布局

通过将不同的字段拖动到数据透视表的不同区域中，来构建具有实际意义的报表。若需要对数据透视表中的数据进行一些特定的计算，则可拖动计算字段和计算列。使用"计算字段"和"计算列"两个功能，用户可以通过编制公式，对数据透视表中的数据进行所需的自定义计算，从而在数据透视表中添加新的汇总数据，以满足对报表的统计汇总结果有特定需求的用户。

（4）对数据进行排序、筛选、分组

可以像对普通单元格区域中的数据那样，对数据透视表中的数据进行排序和筛选。使用单元格右侧的下拉按钮进行筛选。若需要从不同的角度查看和分析数据，则可以对数据透视表中的数据按照所需的方式进行组合。

（5）设置数据的格式

完成前面的步骤后，对不再需要改变的数据设置格式，以更直观地展示数据的含义，如为表示"金额"的数据设置货币符号。

2. 数据透视表应用案例

【例 8.8】已知某产品 2019—2021 年在北京、上海、广州三地的销售数据，用数据透视表分析各销售人员的销售情况。

（1）案例的数据描述

某产品部分销售数据如图 8-37 所示。针对图中的销售数据，制作数据透视表，其中包括各销售人员的订单总金额、平均金额。

（2）案例的基本操作步骤

步骤 1：光标定位在数据列表中，依次选择"插入"→"表格"→"数据透视表"命令。

193

步骤 2：在"创建数据透视表"对话框中，选择"新工作表"选项，单击"确定"按钮。

步骤 3：在设置"数据透视表字段"列表中，将"销售人员"字段拖动到"行标签"中，连续两次将"订单金额"字段拖动到Σ数值中，如图 8-38 所示。

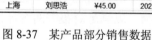

	A	B	C	D	E
1	城市	销售人员	订单金额	订单日期	订单ID
2	广州	陈晓彤	¥440.00	2019/7/16	10329
3	广州	吴刚	¥1,863.40	2019/7/10	10330
4	上海	谢斯明	¥1,552.60	2019/7/12	10331
5	上海	刘思浩	¥654.06	2019/7/15	10332
6	上海	谢斯明	¥3,597.90	2019/7/11	10333
7	上海	刘思浩	¥1,444.80	2019/7/16	10334
8	广州	陈晓彤	¥556.62	2019/7/23	10335
9	广州	林之敏	¥2,490.50	2019/7/15	10336
10	上海	刘思浩	¥517.80	2019/7/17	10337
783	上海	秦兰兰	¥8,902.50	2021/4/23	11110
784	广州	赵一萌	¥3,232.80	2021/4/23	11111
785	上海	伊恩	¥539.40	2021/4/27	11112
786	上海	秦兰兰	¥1,754.50	2021/4/25	11113
787	上海	伊恩	¥1,692.00	2021/4/22	11114
788	广州	赵一萌	¥60.00	2021/4/27	11115
789	上海	张平	¥732.60	2021/4/30	11116
790	上海	刘思浩	¥1,773.00	2021/5/1	11117
791	上海	秦兰兰	¥405.75	2021/5/1	11118
792	广州	陈晓彤	¥210.00	2021/4/29	11119
793	上海	谢斯明	¥591.60	2021/5/1	11120
794	上海	伊恩	¥1,485.80	2021/4/24	11121
795	广州	赵一萌	¥817.87	2021/5/1	11122
796	广州	赵一萌	¥525.00	2021/4/30	11123
797	上海	刘思浩	¥1,332.00	2021/5/1	11124
798	上海	秦兰兰	¥3,055.00	2021/4/29	11125
799	上海	伊恩	¥3,740.00	2021/5/1	11126
800	上海	刘思浩	¥45.00	2021/5/1	11127

图 8-37　某产品部分销售数据

图 8-38　设置数据透视表字段

步骤 4：光标移至含有"求和项:订单金额"的单元格，单击右键，弹出快捷菜单，单击"值字段设置(N)"命令。在弹出的"值字段设置"对话框的"自定义名称"文本框中输入"订单总金额"，在"值汇总方式"的"计算类型"列表框中选择"求和"后，单击"确定"按钮。

步骤 5：按步骤 4 的方法，将"求和项:订单金额 2"的列字段改名为"平均金额"，在"计算类型"列表框中选择"平均值"，然后单击"确定"按钮。

最终生成的数据透视表如图 8-39 所示。

3	行标签	订单总金额	平均金额
4	陈晓彤	68792.25	1637.910714
5	林之敏	75048.04	1830.44
6	刘思浩	201241.27	1597.152937
7	秦兰兰	162503.78	1766.345435
8	吴刚	72527.63	1115.809692
9	谢斯明	225763.68	1495.123709
10	伊恩	123034.67	1242.774444
11	张平	182500.09	1559.829829
12	赵一萌	116962.99	1745.716269

图 8-39　最终生成的数据透视表

习　题　8

一、单项选择题

1. 下列函数中能够返回正态分布函数值的函数是_____。

   A．POISSON.DIST( )　　　　　　　　　　B．NORM.INV( )

   C．NORM.DIST( )　　　　　　　　　　　D．EXPON.DIST( )

2. 下列_____不是 Excel 可以提供的简单相关分析方法。

   A．相关分析函数　　　B．散点图+趋势线　　　C．直方图法　　　　D．相关分析工具

3. 利用 Excel 绘制饼图时，对所选区域中的数值行列而言，_____。

   A．只有最前一行或最前一列有用　　　　　B．只有最末一行或最末一列有用

   C．各列都有用　　　　　　　　　　　　　D．各行都有用

4. 在 Excel 中，使用工作表中的数据建立图表后，当改变工作表的内容时，_____。

   A．图表也不会变化　　　　　　　　　　　B．图表将立刻随之改变

   C．图表将在下次打开工作表时改变　　　　D．图表需要重新建立

5. 在 Excel 当前工作表中有学生的数据表（包含学号、姓名、专业、课程、成绩等字段），为查询指定专业的每门课程的平均成绩，下列选项中最合适的方法是_____。

   A．数据透视表　　　B．筛选　　　　　　　C．排序　　　　　　D．建立图表

6. 以下关于数据分析描述不正确的是_____。

   A．在聚类分析中，不需要知道样本的类别

   B．回归分析是研究变量之间关系的一种分析方法

   C．时间序列分析中的数据点越多，预测结果越准确

   D．回归分析不能用来进行预测

7. 在下列两个变量之间的关系中，_____是线性关系。

   A．学生的性别与他（她）的数学成绩

   B．人的工作环境与身体健康状况

   C．儿子的身高与父亲的身高

   D．正方形的边长与周长

8. 一种研究因变量和自变量之间关系的统计分析方法是_____。

   A．分类　　　　　　B．聚类　　　　　　　C．回归　　　　　　D．相似匹配

9. 已知 y 与 x 的相关系数，能说明两者相关度最高的相关系数是_____。

   A．0.7　　　　　　　B．0.8　　　　　　　C．0.9　　　　　　　D．1

10. 在相关性分析中，若两个变量之间的相关系数为 0.55，则它们之间的关系为_____。

   A．不相关　　　　　B．低度相关　　　　　C．显著相关　　　　D．高度相关

二、判断题

1. 正态分布是一种均值和中位数相等的分布。

2. 相关分析研究两个变量间的关系，即一个变量发生变化时，另一个变量会如何变化。

3. 负相关表现为一个变量的数值增大，另外一个变量的数值减小。

4. 相关系数是研究变量之间线性相关程度的量，是一种反映两个变量间线性相关关系的统计指标。

5. 相关分析研究两个变量 x、y 之间的密切程度，没有自变量、因变量之分。

6. 相关分析中所涉及的变量全是随机变量。

7. 在回归分析中，因变量 y 是随机变量，通常将自变量 x 假定为非随机的确定变量。

8. 关联规则的支持度是规则发生或出现的概率，反映了规则的普遍程度。

9. 关联规则的置信度是在前项 X 发生的前提下，后项 Y 发生的概率。

10. 聚类分析可以把相似的事物归入合适的类别中，使同类中的事物尽可能地相似，而类与类之间保持显著的差异。

三、简答题

1. 什么是数据分析？什么是数据可视化？

2. 什么是相关分析？举例说明在 Excel 中如何进行相关分析。

3. 什么是回归分析？举例说明在 Excel 中如何进行回归分析。

4. 什么是关联分析？举例说明在 Excel 中如何进行关联分析。

5. 什么是聚类分析？举例说明在 Excel 中如何进行聚类分析。

6. 什么是时间序列分析？举例说明在 Excel 中如何进行时间序列分析。

四、应用题

1. 已知某中学 15 名高三学生最后一次模拟考试成绩和高考成绩，如表 8-2 所示。要求采用三种相关分析方法进行回归分析，并比较三种方法的分析结果。

表 8-2　某中学 15 名高三学生最后一次模拟考试成绩和高考成绩

考号	模拟考试成绩	高考成绩	考号	模拟考试成绩	高考成绩
202101	628	645	202109	576	541
202102	535	556	202110	653	624
202103	545	518	202111	537	568
202104	560	585	202112	439	416
202105	535	505	202113	542	570
202106	522	488	202114	687	640
202107	549	572	202115	696	710
202108	597	665			

2. 利用互联网和搜索工具，收集 2010—2020 年每年全国总人口数及人口增长率的数据，利用 Excel 数据分析工具，对未来三年的全国总人口和人口年增长率进行预测。

3. 利用互联网和搜索工具，收集 2020 年全国各省城镇居民家庭人均消费支出统计数据，可以根据城镇居民家庭人均消费支出的不同分为高等、中等、低等。利用 Excel 数据分析工具，对城镇居民家庭人均消费支出进行聚类分析，并对分析结果进行解释说明。

4. 利用互联网和搜索工具，在大众点评网站上收集某饭店用户填写的喜欢菜品的信息，利用 Excel 数据分析工具对菜品进行关联分析，并对分析结果进行解释说明。在用户点菜的时候通过关联推荐可以增加菜品的销售量。

参 考 文 献

[1] 贝赫鲁兹·佛罗赞著，吕云翔，杨洪洋，等译. 计算机科学导论[M]. 4 版. 北京：机械工业出版社，2020.

[2] 樊昌信，曹丽娜编著. 通信原理（第 7 版）[M]. 北京：国防工业出版社，2012.

[3] 兰德尔 E. 布莱恩特著，龚奕利，贺莲译. 深入理解计算机系统（第 3 版）[M]. 北京：机械工业出版社，2016.

[4] 特南鲍姆，韦瑟罗尔著，严伟，潘爱民译. 计算机网络（第 5 版）[M]. 北京：清华大学出版社，2012.

[5] 维贾伊·库图，巴拉·德斯潘德著，黄智濒，白鹏译. 数据科学概念与实践（第 2 版）[M]. 北京：机械工业出版社，2020.

[6] Andrew S. Tanenbaum，Herbe 著，陈向群，马洪兵译. 现代操作系统（第 2 版）[M]. 北京：机械工业出版社，2017.

[7] 刘小丽，杜宝荣等编著. 计算机科学基础[M]. 北京：清华大学出版社，2020.

[8] 余宏华，刘小丽主编. 计算机科学基础习题与解析[M]. 北京：清华大学出版社，2020.

[9] 陆汉权编著. 数据与计算（第 4 版）[M]. 北京：电子工业出版社，2019.

[10] 孙玉娣 顾锦江主编. 数据分析基础与案例实战：基于 Excel 软件[M]. 北京：人民邮电出版社，2020.

[11] 陈斌编. Excel 在数据分析中的应用[M]. 北京：清华大学出版社，2021.

[12] 朝乐门主编. 数据科学理论与实践[M]. 北京：清华大学出版社，2017.

[13] 吴思远主编. 数据挖掘实践教程[M]. 北京：清华大学出版社，2017.

[14] 白玥 等主编. 数据分析与大数据实践[M]. 上海：华东师范大学出版社，2020.

[15] 刘一臻 等主编. VB+VBA 多功能案例教程[M]. 北京：电子工业出版社，2020.

[16] 孟学多主编. VB 程序设计基础与 VBA 应用[M]. 杭州：浙江科学技术出版社，2011.

Excel 常用函数

1．数学函数

数学函数是大家熟悉的一类函数，主要用于数值计算，如取整函数、随机函数等。常用的数学函数如表 A-1 所示。

表 A-1　常用的数学函数

函数名及语法格式	函数功能参数说明
INT()	向下取整，将数值向下取整为最接近的整数
RAND()	返回一个 0～1 的随机数，括号内无参数。如返回一个[a,b]之间的随机整数，可输公式 "=a+INT(RAND()*(b-a))"
GCD(number1, number2,…)	计算 N 个数的最大公因子
MOD(number, divisor)	返回两个数相除后的余数
SQRT(number)	返回数值的平方根
ROUND(number, num_digits)	对 number 进行四舍五入，保留 num_digits 位的小数

2．统计函数

数据统计是 Excel 数据计算中的一项重要内容，用户通过数据统计可以方便、快捷地从复杂的数据中筛选出有效的数据并进行统计分析。常用的统计函数如表 A-2 所示。

表 A-2　常用的统计函数

函数名及语法格式	函数功能参数说明
COUNT(value1, value2,…)	计数。括号中的参数为数值型数据，可以是数值或含有数值的单元格引用
COUNTA(value1, value2,…)	计算引用中非空单元格的个数。引用中可包含各种不同类型的数据
COUNTIF(range, criteria)	对满足条件的单元格进行计数。括号中的参数分别为计数区域和计数条件
AVERAGE(number1, number2,…)	对单元格引用求均值。括号中的参数可以是数值或含有数值的单元格引用
AVERAGEIF(range, criteria, average_range)	对满足给定条件的单元格引用求均值。range 为进行计算的单元格引用，criteria 为被定义的比较条件式，average_range 用于求均值的实际单元格引用
SUM(number1, number2,…)	求和函数。各参数为待求和的数值或单元格引用。
SUMIF(range, criteria, sum_range)	对满足条件的单元格引用求和。range 为进行计算的单元格引用，criteria 为被定义的比较条件，sum_range 用于求和的实际单元格引用
MAX((number1, number2,…)	计算最大值。参数为数值或非空单元格的引用
RANK(number, ref, order)	计算排名。number 为查找要排名的数值或单元格，ref 为一组或对一个数据列表的引用。order 为可选项，若缺省或值为零，则为降序；若值为非零，则为升序

续表

函数名及语法格式	函数功能参数说明
FREQUENCY(data_array, bins_array)	计算数据的频率分布。data_array 是计算频率的一个数组，或数组单元格区域的引用。bins_array 是数据间隔点（对 data_array 进行频率计算的分段点）所在区域的引用。因为计算结果是一个数组，公式输入完成后，必须按 Ctrl+Shift+Enter 组合键

3．日期函数

在运用 Excel 进行数据计算时，通常也会使用到日期和时间函数来处理与日期、时间有关的数据。常用的日期函数如表 A-3 所示。

表 A-3   常用的日期函数

函数名及语法格式	函数功能参数说明
TODAY()	返回当前日期
DATE(yy, mm, dd)	生成日期。yy 代表年份；mm 代表月份；dd 代表天数
Year(serial_number)	获取年份，返回日期的年份值。serial_number 是指进行日期及时间计算的日期序列数
MONTH(serial_number)	获取月份，返回日期的月份值。serial_number 是指进行日期及时间计算的日期序列数
DAY(serial_number)	获取天，返回日期的天数。serial_number 是指进行日期及时间计算的日期序列数。

4．逻辑函数

逻辑函数是进行条件匹配、真假值判断的函数。常用的逻辑函数有 IF()、AND()、OR()、NOT()，如表 A-4 所示。

表 A-4   常用的逻辑函数

函数名及语法格式	函数功能参数说明
IF(logical_test,value_if_true, value_if_false)	通过设置的条件进行逻辑判断。根据判断条件的真假，自动选择不同表达式进行计算。logical_test：被计算为 true 或 false 的条件表达式；value_if_true：当 logical_te 为 true 时的返回值；value_if_false：当 logical_test 为 false 时的返回值
AND(logical1, logical2, ···)	逻辑与。当参数均为 true 时，返回 true；否则返回 false
OR(logical1, logical2, ···)	逻辑或。参数只需有一个为 true 就能返回 true，当所有参数均为 false 时，才返回 false
NOT(logical)	逻辑否。当括号中的参数为 true 时，就返回 false，当为 false 时就返回 true

5．文本函数

文本函数是指在 Excel 数据计算中用来处理字符串的函数。常用的文本函数如表 A-5 所示。

表 A-5   常用的文本函数

函数名及语法格式	函数功能参数说明
LEN(text)	计算字符串长度。返回文本的字符个数
LEFT(text, num_chars)	从左侧提取字符。text：要提取的文本；num_chars：要提取的字符个数
RIGHT(text, num_chars)	从右侧提取字符。text：要提取的文本；num_chars：要提取的字符个数
MID(text, start_num, num_chars)	从文本中提取字符。start_num：提取第一个字符的位置；num_chars：要提取的字符个数
LOWER(text)	转换为小写英文字母。将一个文本中的所有英文字母均转换成小写形式。
UPPER(text)	转换为大写英文字母。将一个文本中的所有英文字母均转换成大写形式。
SUBSITUTE(text, old_text, new_text, instance_num)	文本替换。old_text 为要被替换的字符串，new_text 是用于替换 old_text 的新字符串，instance_num 用来替换第 num 次出现的 old_text，若缺省则替换所有的 old_text
TRIM(text)	删除多余空格。除了单词之间的单个空格，删除文本中的所有空格

6. 金融函数

常见的金融函数如表 A-6 所示。

表 A-6　常见的金融函数

函数名及语法格式	函数功能参数说明
IPMT(rate, per, nper, pv, fv, type)	计算利息。rate 为各期利率，per 用于计算其利息数额的期数（1～nper），nper 为总投资期，pv 为现值（本金），fv 为未来值（最后一次付款后的现金余额，若省略，则假设其值为 0），type 指定各期的付款时间是在起初还是期末（1 为起初，0 为期末，一般可省略）
PMT(rate, nper, pv, fv, type)	计算本金与利息总额。rate 为贷款利率，nper 为该项贷款的付款总额。pv、fv、type 的含义与在 IPMT 函数中的含义相同
PPMT(rate, per, nper, pv, fv, type)	计算本金。rate 为各期利率

7. 查找与引用函数

常见的查找与引用函数如表 A-7 所示。

表 A-7　常见的查找与引用函数

函数名及语法格式	函数功能参数说明
VLOOKUP(lookup_value, table_array, col_index_num, Range_lookup)	在首列中搜索指定值。lookup_value 为要查找的项，table_array 为需要在其中搜索数据项的数据列表，col_index_num 为满足条件的单元格在 table_array 中的列序号，首列序号为 1，range_lookup 为返回近似匹配或精确匹配，其指示为 1/true 或 0/false
MATCH(lookup_value, lookup_array, [match_type])	在范围单元格中搜索特定的项，然后返回该项在此区域中的相对位置。lookup_value 为要在 lookup_array 中匹配的值，lookup_array 为要搜索的单元格区域，match_type 为可选参数，其值为–1、0 或 1，默认值为 1。MATCH 查找小于或等于 lookup_value 的最大值，lookup_array 参数中的值必须以升序排序。–1 表示 MATCH 查找大于或等于 lookup_value 的最小值，lookup_array 参数中的值必须按降序排列
OFFSET(reference, rows, cols, [height], [width])	以指定的引用作为参照系，然后给定偏移量得到新的引用。reference 为要基于偏移量的引用，引用必须引用单元格或相邻单元格区域；否则 OFFSET 函数返回#VALUE! 错误值。rows 为左上角单元格引用的向上或向下行数，cols 为左上角单元格引用的从左到右的列数，height 为返回引用的行高，width 为返回引用的列宽

附录 B

常用控制符的 ASCII 表

ASCII 值	控制字符	ASCII 值	控制字符	ASCII 值	控制字符	ASCII 值	控制字符
0	NUT	32	(space)	64	@	96	、
1	SOH	33	!	65	A	97	a
2	STX	34	”	66	B	98	b
3	ETX	35	#	67	C	99	c
4	EOT	36	$	68	D	100	d
5	ENQ	37	%	69	E	101	e
6	ACK	38	&	70	F	102	f
7	BEL	39	,	71	G	103	g
8	BS	40	(	72	H	104	h
9	HT	41	)	73	I	105	i
10	LF	42	*	74	J	106	j
11	VT	43	+	75	K	107	k
12	FF	44	,	76	L	108	l
13	CR	45	-	77	M	109	m
14	SO	46	.	78	N	110	n
15	SI	47	/	79	O	111	o
16	DLE	48	0	80	P	112	p
17	DCI	49	1	81	Q	113	q
18	DC2	50	2	82	R	114	r
19	DC3	51	3	83	X	115	s
20	DC4	52	4	84	T	116	t
21	NAK	53	5	85	U	117	u
22	SYN	54	6	86	V	118	v
23	TB	55	7	87	W	119	w
24	CAN	56	8	88	X	120	x
25	EM	57	9	89	Y	121	y
26	SUB	58	:	90	Z	122	z
27	ESC	59	;	91	[	123	{
28	FS	60	<	92	/	124		
29	GS	61	=	93	]	125	}
30	RS	62	>	94	^	126	~
31	US	63	?	95	—	127	DEL

反侵权盗版声明

电子工业出版社依法对本作品享有专有出版权。任何未经权利人书面许可，复制、销售或通过信息网络传播本作品的行为；歪曲、篡改、剽窃本作品的行为，均违反《中华人民共和国著作权法》，其行为人应承担相应的民事责任和行政责任，构成犯罪的，将被依法追究刑事责任。

为了维护市场秩序，保护权利人的合法权益，我社将依法查处和打击侵权盗版的单位和个人。欢迎社会各界人士积极举报侵权盗版行为，本社将奖励举报有功人员，并保证举报人的信息不被泄露。

举报电话：（010）88254396；（010）88258888

传　　真：（010）88254397

E-mail：　dbqq@phei.com.cn

通信地址：北京市海淀区万寿路 173 信箱

　　　　　电子工业出版社总编办公室

邮　　编：100036